無線工学A
無線機器

完全マスター

一之瀬 優 著

CDSK 一般財団法人 情報通信振興会

まえがき

　情報通信は現代社会における重要なインフラ（社会基盤）の一つである。このインフラを支える情報通信技術（ICT）は、情報の大容量高速伝送の必要性から、今後もますます進化発展していくことが予想される。これに伴って必要になるのが大量の電波であり、その需要はますます増加していくことになる。しかし、電波は限られた資源であり、無秩序に使えば互いに妨害し合って社会そのものが成り立たなくなってしまう。このため、電波は国によって管理され、資格が与えられた無線従事者によって維持される。陸上無線技術士はこのために用意されたものであり、この資格を得るには必要な国家試験に合格しなければならない。

　この国家試験には「法規」「無線工学の基礎」「無線工学A」「無線工学B」の4科目がある。このうち、「法規」を除く工学3科目の参考書として、完全マスターのシリーズが情報通信振興会から刊行されていて、いずれも無線関係の最高の資格である第一級陸上無線技術士（一陸技）の試験を受験する人たちのために編集したものである。したがって、この「無線工学A」においても内容はかなり高度なものとなっているが、高等学校卒業程度の学力があれば理解できるように、できるだけ分かりやすい説明を付け加えた。このため、第二級陸上無線技術士と第一級総合（海上）無線通信士の資格を目指す受験者にとっても理解しやすい参考書になると思う。また、国家試験に出題されたことのあるテーマや新しいテーマをなるべく広く扱ったつもりであるが、技術の進歩は早く次々と新技術が生まれてくるので、今後の改訂版でそれらを徐々に補っていきたい。

「無線工学 A」の試験範囲は、送信機、受信機、電波航法、電源、測定の 5 分野であり、受験者が各分野別々に参考書を購入する必要がないように、この 5 分野すべてをこの 1 冊にまとめた。しかし、国家試験に出る問題は基礎から応用まで非常に範囲が広く、またページ数に限りがあるこの本にはとてもすべてを網羅しきれないので、特に基礎に重点を置き、その上に必要最低限の専門的知識が得られるようにした。

　本書は受験生の良き参考書として、また、実務に就いた後の座右の書として、末長く使えるものと思う。執筆にあたり、巻末に掲載した多くの書籍を参照させていただいたことに心から謝意を表したい。

一陸技 第一級陸上無線技術士

無線工学A
無線機器

目　次

第3章

送信機 *45*

第4章

受信機 *79*

第5章

多重通信 ･･････････････････ *137*

第6章

デジタル無線伝送 ･･････････ *187*

第7章

衛星通信 ……………… 229

第8章

放送用送受信機 ················· *249*

第9章

航行支援システム ················· *291*

第10章

電　源 ············· 333

第11章

測定用機器 …………………… *363*

第12章

測 定 ················ 391

付 録

公式集 ······················ 425

第一級陸上無線技術士について

　第一級陸上無線技術士は、無線局の無線設備の技術操作または操作の監督を行うことができる資格です。放送局の無線設備、航空機が安全に運航するための航空局の無線設備、国や地方自治体が設置した防災行政無線の無線設備、電気通信事業者が設置した固定および移動系の無線設備、人工衛星局および地球局の無線設備など、すべての無線局の無線設備の技術操作を行うことができる資格です。これらの操作の内には第二級陸上無線技術士などの資格でも操作することができる無線設備も含まれていますが、特に、一陸技の資格が必要な無線設備には、キー局と呼ばれる放送局の大電力送信設備などがあります。

　また、無線局の無線設備の技術操作または操作の監督を行うことに加えて、無線設備を点検し保守を行う登録点検事業者の点検員として従事することができます。

　現在、無線技術士、無線通信士、特殊無線技士、アマチュア無線技士など無線従事者の資格の取得数は600万を超えています。そのうち、トップクラスの一陸技の資格取得数は約46,000（平成30年総務省資料）ですが、放送、固定通信、衛星通信、陸上移動通信用の無線局数の伸びに伴って資格取得数は増加しています。

　国家試験は日本無線協会（http://www.nichimu.or.jp/）により、通常は毎年1月と7月の年間2回実施されており、受験者数は毎年約5,000人、合格率は約30％です。また、科目合格や科目免除などの制度もありますので、日本無線協会のホームページなどを参考にしてください。

一般財団法人 情報通信振興会

第1章

無線通信の概要

　電波法によると「無線通信とは、電波を使用して行うすべての種類の記号、信号、文言、影像、音響又は情報の送信、発射又は受信をいう」と規定されている（電波法施行規則第二条十五）。無線通信を文字通りに解釈すると、線の無い通信ということになるので音声通信や手旗信号なども無線通信ということになるが、電波法では電波による通信に限っているので、現在では無線通信といえば電波を使った通信を指す。電気による通信の始まりはモールス電信による有線通信であり、その後開発された電波による通信は有線通信に対する名称として「無線通信」とされたものであろう。この章では、無線通信システムを学ぶときに知っていると便利な知識をまとめて解説する。

1.1　無線通信の形態

　無線通信の形態と形式には多種多様なものがあるが、大別すると、①情報を一つの局から送信し多数の局で受信する放送と、②送信と受信を相互に行うことのできる一般通信の二つに分類できる。

　現在行われている放送には、音声によるラジオ放送、画像によるテレビジョン放送、文字放送があり、これらは送信設備により地上波放送と衛星放送に分けられる。

　放送は、一般大衆向けに娯楽、教養、ニュースなどの一般情報を送るものである。

　一般通信は通常、相互に意思の交換ができるものであり、不特定多数のユーザが加入する公衆通信と特定のユーザが使う業務用通信がある。

　業務用通信は、送受信装置の設置場所により、陸上固定通信、陸上と海上及び航空の移動体通信に分類される。

　通信方式には、単信方式と複信方式があり、単信方式は、通信を行

う二つの局が交互に送受を行うもので、１周波方式と２周波方式がある。複信方式は、通信相手の二つの局が同時に送受ができるもので、会話をスムーズに行うことができるが、周波数を２波使用する必要がある。このほか、半複信方式、同報通信方式などがあり、それぞれ目的に合った通信方式が採用されている。

1.2　電波の周波数帯

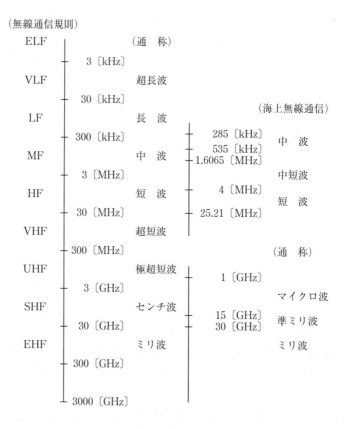

図1.1　電波の周波数範囲と名称

　無線通信に使用される電波の周波数は、電波法第二条の一により、3×10^{6}〔MHz〕以下の周波数の電磁波と定められている。伝搬路や伝搬媒質の影響は周波数によって異なるため、周波数を適当な間隔で区切って、それぞれ異なった名称を付けることにより各周波数区間の電波伝搬の性質を理解している。図1.1は国際的に取り決められた無線通信規則による各周波数範囲とその名称及び我が国で使用されている波長による通称、海上無線通信で使用されている通称、高い周波数の波長による通称である。このほか、レーダや衛星通信などで使用される周波数帯（バンド）の名称を表1.1に示す。

表1.1　バンドの名称

バンド	周波数の範囲〔GHz〕
L	1〜2
S	2〜4
C	4〜8
X	8〜12.5
Ku	12.5〜18
K	18〜26.5
Ka	26.5〜40

1.3 電波の型式

　電波に情報を乗せることを変調といい、変調の方法により異なった電波の型式となる。電波の型式は電波法施行規則第四条の二★に規定されており、これをまとめると表1.2〜1.4のようになる。これらの3個の表から、送信する電波の型式に合った記号をそれぞれ選び3文字によって電波の型式を表す。例えば、音声によって振幅変調された中波放送のような電波の型式をA3E、FM放送などの電波の型式をF3E、衛星放送の電波の型式をF9Wなどのように表す。

★電波法施行規則　第四条の二「電波の主搬送波の変調の型式、主搬送波を変調する信号の性質及び伝送情報の型式は、次の各号に掲げるように分類し、それぞれ当該各号に掲げる記号をもつて表示する。ただし、主搬送波を変調する信号の性質を表示する記号は、対応する算用数字をもつて表示することがあるものとする。」

表1.2　主搬送波の変調の型式

変　調　の　型　式	記号
1．無変調	N
2．振幅変調	
(1)　両側波帯	A
(2)　全搬送波による単側波帯	H
(3)　低減搬送波による単側波帯	R
(4)　抑圧搬送波による単側波帯	J
(5)　独立側波帯	B
(6)　残留側波帯	C
3．角度変調	
(1)　周波数変調	F
(2)　位相変調	G
4．同時に、または一定の順序で振幅変調及び角度変調を行うもの	D
5．パルス変調	
(1)　無変調パルス列	P
(2)　変調パルス列	
ア．振幅変調	K
イ．幅変調または時間変調	L
ウ．位置変調または位相変調	M
エ．パルスの期間中に搬送波を角度変調するもの	Q
オ．アからエまでの各変調の組合わせ、またはほかの方法によって変調するもの	V
6．1から5までに該当しないもので、同時に、または一定の順序で振幅変調、角度変調またはパルス変調のうち2以上を組合わせて行うもの	W
7．その他のもの	X

表1.3　主搬送波を変調する信号の性質

信　号　の　性　質	記号
1．変調信号のないもの	0
2．デジタル信号である単一チャネルのもの	
(1)　変調のための副搬送波を使用しないもの	1
(2)　変調のための副搬送波を使用するもの	2
3．アナログ信号である単一チャネルのもの	3
4．デジタル信号である2以上のチャネルのもの	7
5．アナログ信号である2以上のチャネルのもの	8
6．デジタル信号の1または2以上のチャネルとアナログ信号の1または2以上のチャネルを複合したもの	9
7．その他のもの	X

表1.4　伝送情報の型式

情　報　の　型　式	記号
1．無　情　報	N
2．電　　信	
(1)　聴覚受信を目的とするもの	A
(2)　自動受信を目的とするもの	B
3．ファクシミリ	C
4．データ伝送、遠隔測定または遠隔指令	D
5．電話（音響の放送を含む）	E
6．テレビジョン（映像に限る）	F
7．1から6までの型式の組合わせのもの	W
8．その他のもの	X

第2章

増幅と変調理論

　無線通信機器のうち、送信機は高周波の発振と増幅、変調の機能により情報を電波に乗せて送り出し、受信機では受信した電波を増幅し復調する機能により送られてきた情報の抽出を行う。これらの機能のうちで発振と復調は第3章以降で解説することにして、ここでは増幅と変調について解説する。

2.1　増幅

　トランジスタ増幅回路には、接地方法によりエミッタ接地回路、ベース接地回路、コレクタ接地回路がある。

　ベース接地回路は入力インピーダンスが低く、出力インピーダンスは高い。電流増幅度はほぼ1であり、電力利得は中程度である。コレクタ接地回路は入力インピーダンスが高く、出力インピーダンスは低い。電圧増幅度はほぼ1であり、電力利得は小さい。エミッタ接地回路は、ほかの二つに比べて周波数特性は悪いが、電流増幅度と電力増幅度が比較的大きく、入出力インピーダンスはそれぞれ中程度で使いやすいため、高周波増幅

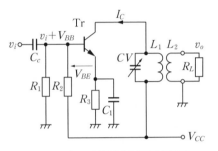

図2.1　エミッタ接地高周波増幅回路

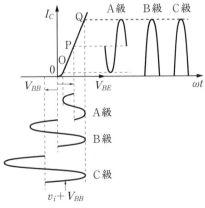

図2.2　各級の動作点と出力電流波形

19

回路として一般に使われる。図2.1はエミッタ接地回路の例である。

アナログ信号を増幅する場合、A級、B級、C級と呼ばれる増幅方式がある。これらの増幅回路は、動作点がそれぞれ異なるため出力電流波形が異なる。図2.2は、コレクタ電流 I_C とベース－エミッタ間電圧 V_{BE} の関係を表す V_{BE} - I_C 特性曲線と各級の動作点及び入力波形と出力波形を示す。

2.1.1　A級増幅とB級増幅

A級増幅では、図2.2の V_{BE} - I_C 特性曲線の直線部分 OQ を使用して増幅を行うために、動作点は OQ の中点 P になるようにバイアス電圧 V_{BB} が設定され、入力の振幅もこの直線部分を出ないようにする。このため入力と出力は比例するので、主に小信号の増幅や音声などの増幅に使われる。

B級増幅は、特性曲線の原点 0 から Q までの範囲を使用して入力信号の正の半サイクルだけを増幅する方式であり、コレクタ電流が 0になるときのベース－エミッタ間電圧にバイアス電圧が設定される。出力電流波形は、正の半サイクルのみであるからこのままでは音声の増幅には使用できないが、負の半サイクルを同様にして増幅して合成するプッシュプル増幅回路を使用することにより音声増幅ができる。また、周波数が一定の高周波の場合には、負荷に同調回路を使用すると共振により負の半サイクルが作られるので、出力は入力に比例するようになる。

また、動作点がA級とB級の中間にある増幅を **AB級増幅** という。

2.1.2　C級増幅

C級増幅は、B級増幅と同じ特性曲線の範囲を使用し、入力信号波形の正の頭部だけを増幅するようにバイアスがB級増幅のときより負に設定されている。このため、非常にひずみの多い出力電流となるが、負荷に同調回路（**タンク回路**）を使うことにより、入力に比例した出力波形を取り出すことができる。C級増幅はコレクタ効率が良いので

高周波電力増幅として多く使用されている。

(1) コレクタ効率（電力効率）

一般に、増幅回路は直流電力を加えて、これを交流電力に変換して取り出すものと考えられる。取り出した交流電力を P_{AC}、加えた直流電力を P_{DC} とすれば、コレクタ効率 η は次式で定義される。

$$\eta = \frac{P_{AC}}{P_{DC}} \times 100 \ \text{〔％〕} \qquad \cdots(2.1)$$

C級増幅の出力はひずみ波であるので、直流成分とともに多くの高調波成分が含まれている。コレクタ電圧を V_{CC}、出力電流の直流成分を I_C とすれば、直流電力 P_{DC} は、

$$P_{DC} = V_{CC} I_C \qquad \cdots(2.2)$$

であり、また、同調回路の両端に生ずる基本波電圧と電流の振幅をそれぞれ v_b と i_b とすれば、基本波成分の電力 P_b は次式で表される。

$$P_b = \frac{v_b}{\sqrt{2}} \cdot \frac{i_b}{\sqrt{2}} = \frac{1}{2} v_b i_b \qquad \cdots(2.3)$$

したがって、基本波のコレクタ効率 η_b は次式で与えられる。

$$\eta_b = \frac{P_b}{P_{DC}} = \frac{1}{2} \left(\frac{v_b}{V_{CC}} \right) \left(\frac{i_b}{I_C} \right) \qquad \cdots(2.4)$$

上式において、v_b/V_{CC} を**電圧利用率**、i_b/I_C を**電流利用率**という。

(2) コレクタ電流中の直流成分と基本波成分

図2.3は、図2.2からC級増幅の出力電流だけを取り出して描いたものであり、網点（ハーフトーン）を施した部分が出力電流である。出力電流が流れている時間を電気角で表した $2\theta_p$ を**流通角**といい、その半分 θ_p を**動作角**という。正弦波電流（半波）の振幅を I_m、流通角が $2\theta_p$ の間に流れるコレクタ電流を i_C とすれば、i_C は次式で表される。

$$i_C = I_m \cos \omega t - I_m \cos \theta_p$$
$$= I_m(\cos \omega t - \cos \theta_p) \qquad (-\theta_p < \omega t < \theta_p) \quad \cdots (2.5)$$

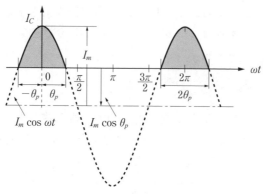

図2.3　C 級増幅の出力電流

上式から、i_C に含まれる直流成分と基本波成分をフーリエ級数展開によって求めると、次のようになる。

式 (2.5) は偶関数であるから、フーリエ級数の偶関数の係数を求める展開式を使って直流成分 I_C を求めると、次式のようになる。

$$I_C = \frac{1}{2\pi}\int_{-\theta_p}^{\theta_p} I_m(\cos \omega t - \cos \theta_p)\,d(\omega t)$$

$$= \frac{I_m}{\pi}\int_0^{\theta_p}(\cos \omega t - \cos \theta_p)\,d(\omega t) = \frac{I_m}{\pi}\Big[\sin \omega t - \omega t \cos \theta_p\Big]_0^{\theta_p}$$

$$= \frac{I_m}{\pi}(\sin \theta_p - \theta_p \cos \theta_p) \qquad \cdots (2.6)$$

同様にして、基本波成分 i_b は次式のようになる。

$$i_b = \frac{1}{\pi}\int_{-\theta_p}^{\theta_p} I_m(\cos \omega t - \cos \theta_p)\cos \omega t\,d(\omega t)$$

$$= \frac{2I_m}{\pi}\int_0^{\theta_p}(\cos^2 \omega t - \cos \theta_p \cos \omega t)\,d(\omega t)$$

$$= \frac{2I_m}{\pi}\int_0^{\theta_p}\left(\frac{1}{2} + \frac{1}{2}\cos 2\omega t - \cos \theta_p \cos \omega t\right)d(\omega t)$$

$$= \frac{2I_m}{\pi}\left[\frac{1}{2}\omega t + \frac{1}{4}\sin 2\omega t - \cos\theta_p \sin\omega t\right]_0^{\theta_p}$$

$$= \frac{I_m}{\pi}\left(\theta_p + \frac{1}{2}\sin 2\theta_p - 2\cos\theta_p \sin\theta_p\right)$$

$$= \frac{I_m}{\pi}\left(\theta_p - \frac{1}{2}\sin 2\theta_p\right) \quad \cdots(2.7)$$

したがって、基本波に対するコレクタ効率は、電圧利用率 v_b/V_{CC} が1のとき、式 (2.6) と (2.7) を式 (2.4) へ代入して次式となる。

$$\eta_b = \frac{1}{2}\cdot\frac{\frac{I_m}{\pi}(\theta_p - \frac{1}{2}\sin 2\theta_p)}{\frac{I_m}{\pi}(\sin\theta_p - \theta_p\cos\theta_p)} = \frac{1}{2}\cdot\frac{\theta_p - \frac{1}{2}\sin 2\theta_p}{\sin\theta_p - \theta_p\cos\theta_p} \quad \cdots(2.8)$$

B級増幅では動作角は $\theta_p = \pi/2$ であるから、電流利用率は約157〔%〕であり、電圧利用率を100〔%〕とすれば、コレクタ効率は式 (2.4) より約79〔%〕となる。C級増幅において動作角が $\theta_p = \pi/3$ の場合は、電流利用率は約179〔%〕であり、電圧利用率を100〔%〕とすれば、コレクタ効率は約90〔%〕となる。実際には、電圧利用率は80〜90〔%〕であるから、コレクタ効率はこれより小さくなる。このように、動作角が小さくなるほどコレクタ効率は大きくなることが分かる。ただし、動作角が小さくなりすぎると出力電力が低下するので、適当な値が選ばれる。

2.1.3 D級増幅とE級増幅

D級とE級増幅はA〜C級増幅とは異なり、信号波をデジタル化して増幅するものである。ただし、D級のDはデジタル (digital) のDではなく、C級の後に開発されたのでアルファベットのCに続くDとし、さらにその後に開発された増幅器もE級と呼ばれるようになった。D級以後の増幅器はすべてデジタル化した増幅器であるので設計の自由度が大きいため、その方式は多数あるが、ここでは最も基本的な方式について説明する。

　図2.4は D 級増幅の原理的な構成例である。信号波を高い周波数（250〔kHz〕以上）の三角波によって ON/OFF することで PWM 波を作る。図2.5は、三角波発生器（OSC）で作られた三角波と入力した信号波を PWM 変調器に加えて PWM 波を作る方法である。このようにして作られた PWM 波を整形、増幅した後、二つの MOSFET（P チャネルと N チャネル）で構成されたスイッチング回路に加える。もし PWM 波が正の大きな値になれば、N チャネル FET が ON になり P チャネル FET が OFF になるので、大きな V_{DD} 電圧がそのまま出力される。PWM 波が負の大きな値のときには、これと逆に N チャネル FET が OFF、P チャネル FET が ON になるので出力は 0〔V〕になる。こうして増幅された PWM 波を L と C で構成された低域フィルタを通すことで、入力信号に比例した大きなアナログ信号を結合コンデンサ C_C を通して取り出すことができる。D 級増幅の特徴は、C 級増幅に比べて電力効率が良く、回路の構成は簡単であるが不完全なフィルタを使うと雑音を出すことがある。

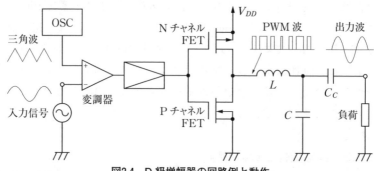

図2.4　D 級増幅器の回路例と動作

　D 級増幅では FET が導通のときドレインに電圧 V_{DD} が加わりドレイン電流 I_D が流れるので、その積に比例した電力損失が発生する。デジタル増幅器では回路を小型化するためにスイッチングの周波数を高くしなければならない。しかし、単位時間に発生する電力損失はスイッチング回数に比例するので、FET 内で 1 回のスイッチングで発生する電力損失をできるだけ少なくする必要がある。E 級増幅はこの

電力損失を限りなく 0 にしようとするもので、スイッチング回路として の FET は 1 個であり、また共振回路を備えていて、ドレイン電圧 と I_D が交互に 0 になるように回路を設計することにより、電力損失 が D 級増幅よりさらに小さくなるように工夫されている。

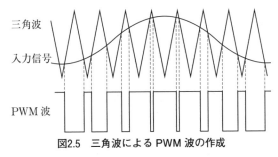

図2.5　三角波による PWM 波の作成

2.2　変調理論

　電波を使用して情報を送る場合、電波（**搬送波**：carrier wave）に 情報（信号波：signal wave）を乗せることが必要であり、この操作 を**変調**（modulation）という。変調によってできた高周波を被変調波 （modulated wave）という。この変調の方式には大きく分けて、搬送 波の振幅を変化させる振幅変調、搬送波の周波数や位相を変化させる 角度変調がある。また、パルス変調にもそれぞれ振幅、周波数、位相 による変調がある。

2.2.1　振幅変調
　振幅変調（amplitude modulation、以下 **AM** という）は、搬送波の 振幅を信号波の振幅に比例して変化させる変調方式である。さらに、 AM によって得られる電波には DSB 波と SSB 波がある。

(1)　DSB 波
　波形を図2.6に示す。いま、搬送波の振幅を V_c、角周波数を ω とし、 信号波の振幅を V_p、角周波数を p として、搬送波 v_c と信号波 v_p は 次式で与えられるものとする。

$$v_c = V_c \sin \omega t \qquad\qquad \cdots (2.9)$$

$$v_p = V_p \cos pt \qquad\qquad \cdots (2.10)$$

ただし、$\omega = 2\pi f_c$、$p = 2\pi f_p$ であり、f_c は搬送波周波数、f_p は信号波周波数である。

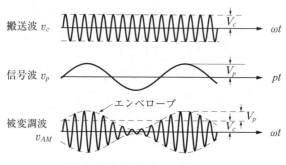

搬送波 v_c　　　　　　　　　　　　　　V_c　　　ωt

信号波 v_p　　　　　　　　　　　　　　V_p　　　pt

　　　　　　　　　エンベロープ

被変調波　　　　　　　　　　　　　　V_p

v_{AM}　　　　　　　　　　　　　　V_c　　　ωt

図2.6　振幅変調された高周波波形

v_c を v_p によって AM すれば、出力波（被変調波）v_{AM} は次式のようになる。

$$v_{AM} = (V_c + v_p) \sin \omega t = (V_c + V_p \cos pt) \sin \omega t$$

$$= V_c \left(1 + \frac{V_p}{V_c} \cos pt \right) \sin \omega t = V_c (1 + m \cos pt) \sin \omega t \cdots (2.11)$$

ここに、$m = V_p / V_c$ を**変調度**（modulation factor）、これを〔%〕で表したものを変調率といい、変調の深さを表す。ひずみの少ない変調を行うためには $m < 1$ とする。ただし、電波法でいう変調度は上記の変調率を指すので注意が必要である。

図2.6は周波数 f_c の搬送波を周波数 f_p の信号波で変調したときの出力波形（被変調波）v_{AM} を示す。被変調波の高周波の最大振幅を連ねてできる線を**包絡線**または**エンベロープ**（envelope）と呼ぶ。包絡線は信号波の形に比例する。

式（2.11）を展開すると、次式のようになる。

$$v_{AM} = V_c \sin \omega t + m V_c \cos pt \sin \omega t$$
$$= V_c \sin \omega t + \frac{1}{2} m V_c \sin (\omega + p)t + \frac{1}{2} m V_c \sin (\omega - p)t \quad \cdots (2.12)$$

　単一周波数の信号波で変調すると、被変調波は搬送波 f_c のほかに $f_c + f_p$、$f_c - f_p$ の2個の周波数成分ができ、その強度は搬送波を V_c とすれば、それぞれ $m V_c /2$ となる。上式の第1項は搬送波、第2項は**上側波**、第3項は**下側波**を表している。これをスペクトル図に描くと図2.7(a)のように、搬送波周波数 f_c を中心にして上下対称に信号波周波数 f_p だけ離れた二つの側波、上側波と下側波ができる。一般に、信号波は音声などのように広い周波数成分を持っているので、上下の側波は多数の周波数成分を持った側波の集まりとなる。そのスペクトル分布は図2.7(b)のように、搬送波を中心にして上下対称に、各周波数成分の強度に比例した分布となる。側波がある周波数帯を**側波帯**（side band）といい、搬送波の上側の側波帯を上側波帯（**USB**：upper side band）、下側の側波帯を下側波帯（**LSB**：lower side band）と呼び、両者を併せて両側波帯（**DSB**：double side band）と呼ぶ。AM によって得られる電波は搬送波と両側波帯を持つので DSB 波と呼ばれ、音声信号で変調されたときの DSB 波の電波型式を **A3E** 波という。

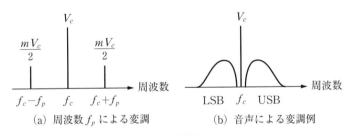

(a) 周波数 f_p による変調 　　(b) 音声による変調例

図2.7　DSB 波の周波数スペクトル

　DSB 波の送信電力 P_{DSB} は送信機の負荷抵抗を R とすれば、式(2.12)から次式のようになる。

$$P_{DSB} = \frac{(V_c/\sqrt{2})^2}{R} + \frac{2(mV_c/2\sqrt{2})^2}{R} = \frac{V_c^2(1+m^2/2)}{2R}$$
$$= P_c\left(1+\frac{m^2}{2}\right) \qquad\cdots(2.13)$$

ここに、$V_c^2/(2R) = P_c$ は搬送波の電力である。

上式より、変調率 100〔%〕（$m=1$）の場合、全送信電力は搬送波電力の1.5倍となる。

(2) **SSB波**

DSB波から上側または下側の側波帯を何らかの方法で取り除いた電波を単側波帯（single side band）波または **SSB波** と呼ぶ。SSB波はDSB波の約半分の周波数帯幅で済み、周波数資源を有効に利用できる。さらに、搬送波を取り除くと送信電力の節減ができ、電力効率が改善される。搬送波を減衰させる程度により電波型式が異なる。図2.8は電波型式の異なる3種類のUSBによるSSB波の周波数スペクトル（実線）を描いたものである。当然LSBによるSSBもあるが、我が国では使われないので、図では省略した。

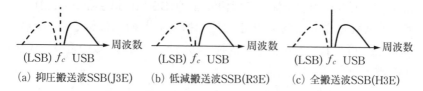

(a) 抑圧搬送波SSB(J3E)　(b) 低減搬送波SSB(R3E)　(c) 全搬送波SSB(H3E)

図2.8　搬送波強度の異なるSSB波の周波数スペクトル

抑圧搬送波SSB は同図(a)のように、搬送波を大きく（無線設備規則ではSSB波の平均電力より40〔dB〕）減衰させたもので、電波型式はJ3Eであり、通常のSSB通信で主に使われている。このSSB波を受信すると搬送波はほとんど受からないので、復調（送られた元の信号波を取り出すこと）する際には、送信側と同じ周波数の搬送波を受信側で作る必要がある。

低減搬送波SSB は同図(b)に示すように、搬送波をある程度（16〜20〔dB〕）減衰させて少し残したものであり、電波型式はR3Eで

表示する。この R3E 波の場合には減衰されている搬送波を本来の大きさまで増幅するか、または、受信機内で作った搬送波の周波数を送られてきた搬送波と自動的に一致させて使用することができるので、J3E 波を受信するときのような手間が省ける。

全搬送波 SSB は一方の側波帯のみを取り除き、搬送波はそのまま残したもので、電波型式は H3E で表示され、周波数スペクトルは同図(c)のようになる。H3E 波の受信には通常の DSB 受信機を使うことができるが、送信のとき DSB 波に近い電力を必要とする。

SSB 波（J3E）の電力は、DSB 波の一方の側波帯電力に等しいから、式（2.13）の第 2 項の値の半分となり、次式で与えられる。

$$P_{SSB} = P_c \frac{m^2}{4} \qquad \cdots (2.14)$$

SSB 波は片方の側波だけで元の信号を復調できるが、同じ大きさの復調信号を得るための DSB 波は両側波と搬送波で構成されているので、その電力比 S_p は次式で与えられる。

$$S_p = \frac{P_c(1+m^2/2)}{P_c(m^2/4)} = 2 \times (1 + \frac{2}{m^2}) \qquad \cdots (2.15)$$

DSB 波と SSB 波を平均送信電力で比較すれば、$m=1$ のとき、SSB は DSB の 1/6 の電力で済むことになる。しかし、検波して得られる受信出力は、DSB 波では両側波帯を使用するので SSB 波の 2 倍になるため、同じ受信品質にするとすれば、SSB は DSB の 1/3 の電力でよいことになる。また、SSB 波を受信するときに必要な受信機の帯域幅は、DSB 波の約半分でよいから雑音電力も 1/2 になり、**選択性フェージング**（周波数によって異なる変動をするフェージング）の影響も 1/2 になると考えられる。選択性フェージングは必ずしも常時存在するものではないが、遠距離の短波通信ではしばしば観測され、このフェージングの影響を受けると受信信号がひずむ。

このように SSB 方式の DSB 方式に対する改善効果は、上記 3 種

類の改善効果を掛け合わせたものとなるから、12倍改善されることになる。

DSB 通信方式と比較したときの SSB（J3E）通信方式の長所をまとめると、以下のようになる。

① 占有周波数帯幅が約半分になり、周波数利用率が上がる。したがって、同一の周波数帯幅を使用する場合、伝送容量は 2 倍になる。

② 送信電力を低減できる。100〔%〕変調のとき、DSB 波の搬送波電力の 1/4 で、約 −6〔dB〕となり、また、全電力に対しては 1/6 で、約 −8〔dB〕となる。さらに、無変調時には電波が出ないから電力効率が大きく改善される。

③ **信号対雑音比**（*S/N*）が改善される。SSB 波と DSB 波の平均送信電力を等しくし、それぞれ 100〔%〕変調したとき、SSB 波の *S/N* を DSB 波と比較すると、信号出力で 3 倍、雑音電力で 2 倍改善され、全体の改善度は 6 倍、約 8〔dB〕良くなる。

④ 選択性フェージングの影響が少なくなるため、信号波形のひずみが少なくなり、受信品質の劣化が少ない。

⑤ 搬送波がないため、隣接チャネルの搬送波との間でビート（うなり）妨害が発生しない。また、変調がないときには電波が出ないから混信妨害を与えたり受ける機会が少なくなる。

⑥ 変調の多重化（一つの搬送波に複数の情報を乗せる方法）が容易になる。振幅の大きい搬送波がなく、占有周波数帯幅が狭いために、送信機における増幅器の直線範囲を有効に利用でき、ひずみや漏話の発生が少なくなるので多重化が容易になる。

一方、これに対して短所は以下の通りである。

① 送信機と受信機の回路構成が複雑になる。送信機では平衡変調器などが必要であり、受信機では送信側の搬送波に同期した搬送波（基準搬送波）を発生する局部発振器が必要である。

② 送信側の搬送波と受信側の基準搬送波の周波数がわずかに異なっても大きなひずみが発生する。この周波数を合わせる（同期

させる）ために、以前はスピーチクラリファイア（同期調整）が
必要であったが、現在の受信機では、PLL を使った発振器によ
り周波数を 1〔Hz〕程度まで決定できるので、スピーチクラ
リファイアは必要でなくなった。

2.2.2　角度変調

角度変調（angle modulation）は、信号波の振幅に応じて搬送波の
位相角を変化させる変調方式であり、位相変調と周波数変調がある。

⑴　位相変調

位相変調（phase modulation、以下 **PM** という）の搬送波 v_c と信
号波 v_p が、それぞれ次式で与えられるものとする。

$$v_c = V_c \sin(\omega t + \theta) \qquad \cdots (2.16)$$

$$v_p = V_p \sin pt \qquad \cdots (2.17)$$

ただし、$\omega = 2\pi f_c$、$p = 2\pi f_p$ とし、f_c を搬送波周波数、f_p を信号波
周波数とする。

搬送波の位相を信号波の最大振幅 V_p で $\Delta\theta$ だけ変化させると被変
調波の位相 θ は、

$$\theta = \Delta\theta \sin pt \qquad \cdots (2.18)$$

となるので、これを式（2.16）の位相角の代わりに代入すれば、PM
波 v_{PM} は次式で表される。

$$v_{PM} = V_c \sin(\omega t + \Delta\theta \sin pt) \qquad \cdots (2.19)$$

$\Delta\theta$ は信号波が最大振幅のときの位相偏移であるので、これを**最大
位相偏移**と呼ぶ。また、これは**位相変調指数**でもある。これを m_p と
し、$m_p = \Delta\theta$ とすれば、式（2.19）は次式のようになる。

$$v_{PM} = V_c \sin(\omega t + m_p \sin pt) \qquad \cdots (2.20)$$

上式は、PM 波の一般式である。

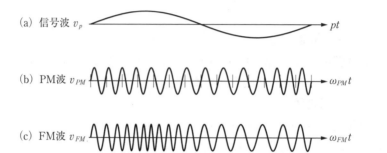

(a) 信号波 v_p pt

(b) PM 波 v_{PM} $\omega_{PM}t$

(c) FM 波 v_{FM} $\omega_{FM}t$

図2.9　PM 波と FM 波

　図2.9（b）は PM 波の例であり、搬送波の振幅は変わらないが、位相が信号波の変化に比例して変わる。

　PM 波の**瞬時角周波数** ω_{PM} は式（2.19）の括弧の中を t で微分して、

$$\omega_{PM} = \frac{d}{dt}(\omega t + \Delta\theta \sin pt) = \omega + p\Delta\theta \cos pt \qquad \cdots (2.21)$$

となる。また、**瞬時周波数** f_{PM} は上式を 2π で割って、

$$f_{PM} = \frac{\omega_{PM}}{2\pi} = f_c + f_p\Delta\theta \cos pt \equiv f_c + \Delta F \cos pt \qquad \cdots (2.22)$$

となる。

　ここに、$\Delta F = f_p\Delta\theta = f_p m_p$ であり、ΔF は最大の等価周波数偏移である。すなわち、瞬時周波数は信号周波数 f_p と最大位相偏移 $\Delta\theta$ の積に比例する。

(2)　**周波数変調**

　周波数変調（frequency modulation、以下 **FM** という）の搬送波 v_c と信号波 v_p が、それぞれ次式で与えられるとする。

$$v_c = V_c \sin \omega t \qquad \cdots (2.23)$$

$$v_p = V_p \cos pt \qquad \cdots (2.24)$$

ただし、$\omega = 2\pi f_c$、$p = 2\pi f_p$ とし、f_c を搬送波周波数、f_p を信号波周波数とする。

FM では搬送波の周波数が信号波の振幅に比例して変化するから、被変調波の周波数 f_{FM} は次式で表される。

$$f_{FM} = f_c + k V_p \cos pt \equiv f_c + \Delta F \cos pt \qquad \cdots (2.25)$$

ここに、k を定数として $\Delta F = k V_p$ であり、ΔF は信号波が最大振幅のときの周波数偏移であるから**最大周波数偏移**である。

FM 波の角周波数 ω_{FM} は、式 (2.25) を 2π 倍して、

$$\omega_{FM} = 2\pi f_{FM} = 2\pi f_c + 2\pi \Delta F \cos pt \equiv \omega + \Delta\omega \cos pt \qquad \cdots (2.26)$$

となる。ただし、$\Delta\omega = 2\pi\Delta F$ で、**最大角周波数偏移**である。

瞬時位相角 θ_{FM} は上式を t で積分して、

$$\theta_{FM} = \int_0^t \omega_{FM}\,dt = \int_0^t (\omega + \Delta\omega \cos pt)\,dt$$

$$= \omega t + \frac{\Delta\omega}{p} \sin pt = \omega t + m_f \sin pt \qquad \cdots (2.27)$$

となる。

ここに、$m_f = \Delta\omega/p = \Delta F/f_p$ であり、これを**周波数変調指数**という。

したがって、FM 波の一般式は次式で与えられる。

$$v_{FM} = V_c \sin(\omega t + m_f \sin pt) \qquad \cdots (2.28)$$

図2.9(c)は、FM 波の例であり、搬送波の周波数が信号波の振幅に比例して変化する。

⑶ PM 波と FM 波の側波帯

　PM 波と FM 波の基本式 （2.20） と （2.28） を比べると数式の形式は全く同じであり、変調指数の定義が異なるだけである。そこでここでは、PM 波と FM 波をまとめて角度変調波 v_{AG} として解析する。

　式 （2.20） と （2.28） から、角度変調波 v_{AG} を次式のように表す。

$$
\begin{aligned}
v_{AG} &= V_c \sin(\omega t + m \sin pt) \\
&= V_c \{\sin \omega t \cos(m \sin pt) + \cos \omega t \sin(m \sin pt)\} \quad \cdots(2.29)
\end{aligned}
$$

ただし、m は m_p と m_f を代表した**変調指数**とする。

　上式中の $\cos(m \sin pt)$ と $\sin(m \sin pt)$ を、それぞれ第 1 種ベッセル関数で展開すると次のようになる。

$$
\left.
\begin{aligned}
\cos(m \sin pt) &= J_0(m) + 2J_2(m) \cos 2pt + 2J_4(m) \cos 4pt + \cdots \\
\sin(m \sin pt) &= 2J_1(m) \sin pt + 2J_3(m) \sin 3pt \\
&\qquad\qquad + 2J_5(m) \sin 5pt + \cdots
\end{aligned}
\right\}
$$
$$
\cdots(2.30)
$$

この展開式を使えば式 （2.29） は次式となる。

$$
\begin{aligned}
v_{AG} =\ & V_c \{J_0(m) \sin \omega t + 2J_1(m) \sin pt \cos \omega t \\
& + 2J_2(m) \cos 2pt \sin \omega t + 2J_3(m) \sin 3pt \cos \omega t \\
& + 2J_4(m) \cos 4pt \sin \omega t + 2J_5(m) \sin 5pt \cos \omega t + \cdots\} \\
=\ & V_c \lfloor J_0(m) \sin \omega t \\
& + J_1(m) \{\sin(\omega + p)t - \sin(\omega - p)t\} \\
& + J_2(m) \{\sin(\omega + 2p)t + \sin(\omega - 2p)t\} \\
& + J_3(m) \{\sin(\omega + 3p)t - \sin(\omega - 3p)t\} \\
& + J_4(m) \{\sin(\omega + 4p)t + \sin(\omega - 4p)t\} \\
& + J_5(m) \{\sin(\omega + 5p)t - \sin(\omega - 5p)t + \cdots \rfloor \qquad \cdots(2.31)
\end{aligned}
$$

上式において、第 1 項は搬送波、第 2 項は第 1 側波、第 3 項は第 2 側波、…第 n 項は第 $n-1$ 側波を表している。搬送波周波数は f_c、信号波周波数は f_p であるから、各側波の周波数は以下のようになる。

	上側波	下側波
第 1 側波	f_c+f_p	f_c-f_p
第 2 側波	f_c+2f_p	f_c-2f_p
$\vdots$	$\vdots$	$\vdots$
第 n 側波	f_c+nf_p	f_c-nf_p

このように AM と異なり、信号波の周波数が一つであっても側波は理論的に無限に発生する。各側波相互の間隔は信号波周波数 f_p によって変わり、f_p が高くなるほど広くなり、各側波の大きさは、$J_0(m)$、$J_1(m)$、$J_2(m)$、…、$J_n(m)$ のベッセル関数値に比例する。$J_n(m)$ は次式で与えられる。

$$J_n(m)=\frac{m^n}{2^n\,n!}\left\{1-\frac{m^2}{2^2\times1!\,(n+1)}+\frac{m^4}{2^4\times2!\,(n+1)\,(n+2)}\right.$$
$$\left.-\frac{m^6}{2^6\times3!\,(n+1)\,(n+2)\,(n+3)}+\cdots\cdots\right\}\cdots(2.32)$$

表2.1 第 1 種ベッセル関数表（一部）

m ＼ J_n	J_0	J_1	J_2	J_3	J_4	J_5
0.0	1	－	－	－	－	－
0.2	0.99	0.10	－	－	－	－
0.4	0.96	0.20	0.02	－	－	－
0.6	0.91	0.29	0.04	－	－	－
0.8	0.85	0.37	0.08	0.01	－	－
1.0	0.77	0.44	0.11	0.02	－	－
1.5	0.51	0.56	0.23	0.06	0.01	－
2.0	0.22	0.58	0.35	0.13	0.03	0.01

表2.1は上式で計算した第１種ベッセル関数値の一部である。また、図2.10は変調指数をパラメータとした第１種ベッセル関数のグラフの一部である。各側波の分布は、例えば $m=3$ の場合、図2.11のようになる。

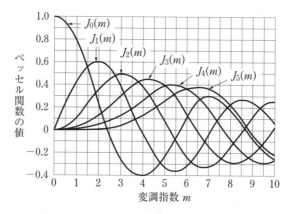

図2.10　第１種ベッセル関数 $J_n(m)$ のグラフ

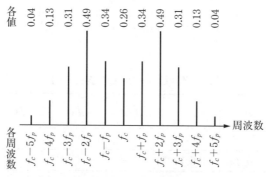

図2.11　変調指数 $m=3$ の場合の周波数スペクトル

(4)　PM と FM の占有周波数帯幅

占有周波数帯幅は、電波法施行規則第二条六十一で全放射電力の99〔％〕を含む範囲の周波数帯幅であると規定されている。FM 波では、式（2.31）において $m = m_f = \Delta F/f_p$ であるから、信号波の周波数 f_p が高くなるにしたがって m_f は小さくなるため、高次の側波の振幅が小さくなる。このため、前述した f_p が高くなることによる側波帯の広がりが抑えられる。占有周波数帯幅 B は、中に含まれる側波の数が多い場合には次式の近似式が成立する。

$$B \fallingdotseq 2(f_p + \Delta F) = 2f_p(1 + m_f) \qquad \cdots (2.33)$$

上式において、$1 \ll m_f$ のときには次式の簡略式が使える。

$$B \fallingdotseq 2f_p m_f \qquad \cdots (2.34)$$

一方、PM 波の場合には、式（2.31）において $m = m_p = \Delta\theta$ であるから、m_p は信号波周波数と無関係であり、f_p が高くなっても $J_n(m)$ は変わらない。したがって、高次の側波の振幅は小さくならないので、f_p が高くなることによって側波帯が広がり、PM 波の占有周波数帯幅は非常に広くなる。これが FM 波との大きな相違点である。

2.2.3　パルス変調

信号波をいったんパルスに変えてから、そのパルスによって搬送波を変調する方法を**パルス変調**という。信号波は高周波パルスとして伝送され、受信側で元の信号波に復元される。パルス変調波は、伝送途中において発生する信号の誤りを訂正できるため、比較的良質な信号の伝送が可能である。

(1)　パルス変調の種類

パルス変調には以下の種類がある。図2.12に信号波の振幅に対するそれぞれの変調パルスを示す。

(a) **PAM**（pulse amplitude modulation）またはパルス振幅変調は、パルス幅と周期が一定で、その振幅 A が信号波の振幅に比例して変化する変調である。

(b) **PPM**（pulse phase modulation）またはパルス位相（位置）変調は、パルス幅と振幅が一定で、その位相 θ（または位置）が信号波の振幅に比例して変化する変調である。

(c) **PWM**（pulse width modulation）またはパルス幅変調は、パルスの振幅と周期が一定で、パルス幅 W が信号波の振幅に比例して変化する変調である。

(d) **PCM**（pulse code modulation）またはパルス符号変調は、一定の振幅と幅の複数のパルスで構成されたパルス列（パルスコード）が、信号波の振幅に応じて変化する変調である。

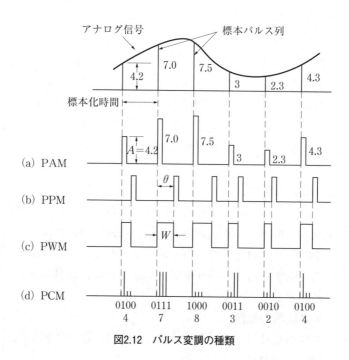

図2.12　パルス変調の種類

　このほかに、パルス数を変える PNM（pulse number modulation）
や周波数を変える PFM（pulse frequency modulation）などがある。
　これらのパルス信号により高周波を振幅変調すると、図2.13に示
すような高周波パルスが得られ、これが送信電波となる。変調に使
われるパルス信号は、PPM 以外、同図のような周期性のパルス列
であり、その特性は周期 T とパルス幅 τ によって特徴付けられる。
周期 T に対するパルス幅 τ の比を**衝撃係数**または**デューティファ
クタ**（duty factor）、デュー
ティサイクル（duty cycle）
などと呼び、これを D と
すれば、D はパルスの平均
値 V_{av} と最大振幅（せん
頭値）V_p の比との間に次
式の関係がある。

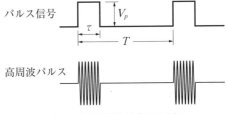

図2.13　高周波パルスの例

$$D = \frac{\tau}{T} = \frac{V_{av}}{V_p} \qquad \cdots (2.35)$$

　このような周期性パルス $f(t)$ の周波数成分は、次式のフーリエ
級数展開によって求められる。

$$f(t) = V_{av} + V_{av} \sum_{n=-\infty}^{\infty} \left(\frac{\sin x}{x} \right) \cos(n\omega_0 t) \qquad \cdots (2.36)$$

　ただし、$x = n\omega_0 \tau/2$、（n は整数）、$\omega_0 = 2\pi f_0 = 2\pi/T$ である。
なお、$\sin x/x$ は **sinc 関数**（シンク関数）または**カーディナル・サ
イン**と呼ばれ、デジタル信号関連の理論ではよく出てくる関数であ
る。また、

$$\lim_{x \to 0} \frac{\sin x}{x} = 1 \qquad \cdots (2.37)$$

であり、この関係はよく使われる。

　式（2.36）の第1項は直流成分でパルス振幅の平均値であり、第2項は高調波成分である。図2.14は、$D = 1/3$ の場合について第2項を展開し、各周波数成分を求めて描いたものである。また、$D = 1/4$ の場合についてはエンベロープのみを破線で描いた。このように D が小さくなると、高い方の高調波成分が相対的に大きくなる。すなわち、パルス幅が細いほど周波数スペクトルが広がることになる。

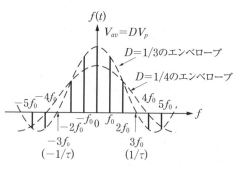

図2.14　周期性パルス（D=1/3）の周波数スペクトル

　パルスはこのように多くの高調波を含んでいるので、パルス変調された高周波パルスは図2.15に示すように、搬送波周波数 f_c を中心にして上下に広い側波帯を持つ。高調波成分の値が0になる周波数は f_c を中心に $f_s(=1/\tau = 1/(TD))$ の整数倍の周波数である。

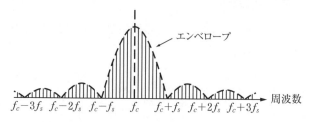

図2.15　高周波パルスの電力スペクトルの例

(2)　パルス列の種類

　パルス列には、振幅電圧が0から正または負の一方向だけに振れる単極性パルスまたは**単極パルス**（unipolar pulse）と正負交互に両方向に振れる**複極性パルス**または**両極パルス**（bipolar pulse）がある。これらのパルス列は、パルスごとにいったん0になる **RZ**（return to zero）符号と0にならない **NRZ**（nonreturn to zero）符号に分けられる。RZ符号の両極パルスには、「1」が来るたびに

符号を反転する **AMI**（alternate mark inversion）**符号**があり、平均値（直流成分）が0となる。表2.2にこれらの符号形式とその波形をまとめておいた。各符号は用途により使い分けられる。

表2.2　パルス列の形式

符　　号	極　　性	波　　形
NRZ 符号	単極性	0 1 1 0 0 1 0 
	複極性（両極性）	0 1 1 0 0 1 0 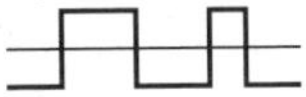
RZ 符号	単極性	0 1 1 0 0 1 0 
	複極性（両極性）	0 1 1 0 0 1 0 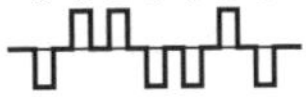
	AMI	0 1 1 0 0 1 0 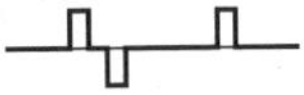

　伝送路で使われるパルス列に要求される条件は、およそ以下の通りである。

① 　クロック（時刻）当たりの情報量が多い。

② 　雑音に強いとともに同じ信号が続いても同期信号が取り出せる。

③ 　高調波成分が少ない。

④ 　伝送路の監視に便利である。

　この各符号にはそれぞれ特徴があり、これらすべての条件を同時に満足するものはないが、表から使用目的に最も適した符号が選ばれる。

(3)　**標本化定理**

パルス変調を行うには、まず信号波の振幅を一定の周期で取り出す

標本化（サンプリング：sampling）を行い、その振幅の大きさに比例した振幅、幅などを持つパルスを作り、これによって搬送波を変調する。この標本化を行う周期は、長すぎると作られたパルス列から元の信号波を忠実に再生することができず、また、短すぎると忠実な再生はできるが経済的に不利である。

　標本化定理（sampling theorem）は、標本化で得られたパルス列から元のアナログ信号が正しく再現できる最長の周期または最低の周波数を与える。すなわち、「信号波の持つ最高周波数を f_p とすれば、$2f_p$ 以上の周波数で標本化すれば元の信号波を再現できる」というものである。音声などの通常の信号の場合には無数の周波数成分が含まれているので、その最高周波数が f_m のとき、標本化周波数 f_s を $f_s \geqq 2f_m$ にして標本化すれば、得られた標本化データから元の信号を完全に再現できることになる。例えば、電話による音声の周波数範囲は 300〔Hz〕〜3.4〔kHz〕とされているので、標本化定理を適用すると最低 6.8〔kHz〕の標本化周波数であれば元の波形を再現できることになるが、実際の通信回線ではこれより少し高く 8〔kHz〕としている。したがって、この標本化周期は、（1/8 000＝）125〔μs〕となる。このほか、標準化されている標本化周波数は、CD が 44.1〔kHz〕、衛星放送の音声 A モード 32〔kHz〕などがある。

　なお、原信号をひずみなく再生できる最低の標本化周波数 f_s を**ナイキストレート**（Nyquist rate）、標本化周期 $1/f_s$ を**ナイキスト間隔**（Nyquist interval）、標本化周波数の半分 $f_s/2$ を**ナイキスト周波数**（Nyquist frequency）と呼ぶ。

練 習 問 題 Ⅰ　　令和元年7月施行「一陸技」(A−5)

　次の記述は、$e = A \cos \omega t + Am \cos pt \cos \omega t$ 〔V〕で表される振幅変調(A3E)波 e について述べたものである。____内に入れるべき字句の正しい組合せを下の番号から選べ。ただし、A〔V〕は搬送波の振幅、ω〔rad/s〕は搬送波の角周波数、p〔rad/s〕は変調信号の角周波数を表すものとする。また、変調度を $m \times 100$〔%〕とし、$0 < m \leq 1$ とする。

(1)　変調度が20〔%〕のとき、A3E波 e の上側波帯の電力と下側波帯の電力の和の値は、搬送波電力の値の___A___である。

(2)　変調をかけたときとかけないときとで、搬送波電力の値は___B___。

(3)　A3E波 e は、___C___の周波数成分が含まれる。

	A	B	C		A	B	C
1	1/50	異なる	三つ	2	1/50	変わらない	三つ
3	1/50	異なる	二つ	4	1/25	変わらない	三つ
5	1/25	異なる	二つ				

練 習 問 題 Ⅱ　　平成30年7月施行「一陸技」(A−2)

　FM(F3E)波の占有周波数帯幅に含まれる側帯波の次数 n の最大値として、正しいものを下の番号から選べ。ただし、最大周波数偏移を60〔kHz〕とし、変調信号を周波数が15〔kHz〕の単一正弦波とする。また、m を変調指数としたときの第1種ベッセル関数 $J_n(m)$ の2乗値 $J_n^2(m)$ は表に示す値とし、$n = 0$ は搬送波を表すものとする。

1　1
2　2
3　3
4　4
5　5

$J_n^2(m)$ n	$J_n^2(1)$	$J_n^2(2)$	$J_n^2(3)$	$J_n^2(4)$
0	0.5855	0.0501	0.0676	0.1577
1	0.1936	0.3326	0.1150	0.0044
2	0.0132	0.1245	0.2363	0.1326
3	0.0004	0.0166	0.0955	0.1850
4	0	0.0012	0.0174	0.0790
5	0	0	0.0019	0.0174

練習問題 Ⅲ　　令和元年7月施行「一陸技」（A-2）

　最大周波数偏移が入力信号のレベルに比例する FM（F3E）変調器に 800〔Hz〕の正弦波を変調信号として入力し、その出力をスペクトルアナライザで観測した。変調信号の振幅を零から徐々に大きくしたところ、2〔V〕で搬送波の振幅が零となった。図に示す第1種ベッセル関数のグラフを用いて、変調信号の振幅を3〔V〕にしたときの最大周波数偏移の値として、最も近いものを下の番号から選べ。ただし、m_f は変調指数とする。

1　1,440〔Hz〕

2　1,920〔Hz〕

3　2,060〔Hz〕

4　2,880〔Hz〕

5　3,840〔Hz〕

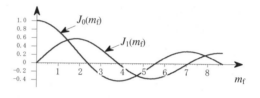

第3章

送信機

いろいろな情報を電波として発射できる形式の電気信号に変換する装置を一般に送信機という。送信機には携帯電話のような小電力局から大電力を送信する放送局まで種々あり、特に大きな電力を扱う局では、誤った操作により装置の損傷や不要電波の放射などの事故を起こすことがあるので、送信機の動作をよく知っておくことが必要である。

3.1　基本構成と動作

送信機には電波型式や使用形態によって種々の構成があるが、基本的な機能として、(a) 搬送波を作る機能、(b) 信号波を増幅する機能、(c) 搬送波を信号波で変調する機能、(d) アンテナから送信するのに必要な電力まで増幅する機能から構成されている。図3.1に代表的な構成例を示す。この例は、高電力変調方式と呼ばれ、電力増幅器の大電力を制御して変調する方式であり、これに対して、低電力変調方式は、励振増幅器以前の比較的小さい電力を制御して変調する方式である。

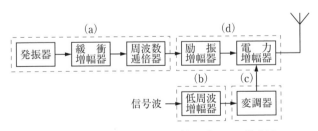

図3.1　AM送信機の代表的な機能ブロック構成例

3.1.1　発振器

　現在、主に使われている発振器は水晶発振器であり、PLL 発振器も水晶発振器が使われている。このほかに、SSB 送信機ではトーン発振器として自励発振器が使われることがある。以下に代表的な発振器について述べる。

⑴　ハートレー発振器

　図3.2 (a) の基本図において、増幅器の増幅率を μ とすれば、発振周波数 f と発振するための条件は次式で与えられる。

$$f = \frac{1}{2\pi\sqrt{(L_1 + L_2)C}} \qquad \cdots(3.1)$$

$$\mu = \frac{L_2}{L_1} \qquad \cdots(3.2)$$

　ハートレー水晶発振器の実際の回路例を同図 (b) に、その原理回路を同図 (c) に示す。この回路は、基本図の誘導性リアクタンスに水晶振動子 X を使用したもので、**ピアース B−E 回路**とも呼ばれる。同図 (a) との比較から分かるように、水晶振動子は誘導性であり、この回路が発振するためには C_2、L_2 で作られる同調回路が誘導性でなければならない。発振周波数は水晶振動子によって決まる。

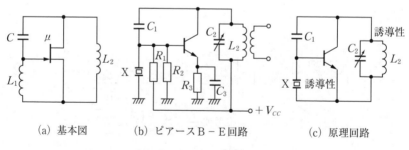

　　(a) 基本図　　　(b) ピアース B − E 回路　　　(c) 原理回路

図3.2　ハートレー発振回路

(2)　コルピッツ発振器

　コルピッツ水晶発振器の回路及び原理回路は、図3.2（b）と（c）において X と C_1 を入れ替えたものとなる。基本回路は図3.3のようになり、この回路の誘導性リアクタンスに水晶振動子を使用したもので、**ピアース C－B 回路**とも呼ばれる。回路が発振するためには、同調回路が容量性でなければならない。

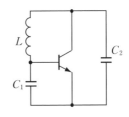

図3.3　コルピッツ発振回路の基本図

　図3.3の回路において、発振周波数と発振条件は以下の式で与えられる。

$$f = \frac{1}{2\pi\sqrt{LC_1C_2/(C_1+C_2)}} \qquad \cdots(3.3)$$

$$\mu = \frac{C_1}{C_2} \qquad \cdots(3.4)$$

(3)　PLL 周波数シンセサイザ

　PLL（phase locked loop）回路は、**位相同期ループ回路**とも呼ばれ、入力信号の位相に自励発振器出力の位相を同期させる回路である。**PLL 周波数シンセサイザ**は、高安定度の水晶発振器からの出力を PLL 回路の入力信号として使い、安定した目的の周波数を作り出すものである。

(a)　PLL の動作原理

　図3.4の PLL 基本構成において、自励発振器として動作する**電圧制御発振器**（**VCO**：voltage controlled oscillator）の出力周波数 f_o と入力周波数 f_i とを**位相比較器**（**位相検波器**とも呼ばれる）で比較し、その位相差に応じた電圧 v_r を取り出す。位相比較器の出力には高周波成分や雑音を含むので、これを LPF（low pass filter：低域フィルタ）で取り除き、誤差電圧 V_d のみを取り出す。V_d は VCO の制御電圧となり、f_o と f_i の位相が常に一致するように発振周波数を制御

する。位相が一致したとき $V_d=0$ となる。この状態を同期状態あるいは位相ロック状態といい、$f_o=f_i$ が成立する。f_o が f_i に追従できる範囲を**ロックレンジ**といい、この範囲でのみロック状態が得られる。

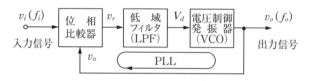

図3.4　PLL の基本構成

(b) PLL 周波数シンセサイザの構成と動作

　PLL を使った基本的な周波数シンセサイザの構成を図3.5に示す。シンセサイザで周波数を変えるためには、f_o を $1/N$ にする分周器が必要となる。この分周器の分周比 N を可変にすれば、希望する周波数を外部から指定できるようになる。基準発振器として、水晶発振器などの発振周波数の安定なものを使い、固定分周器で基準発振器の発振周波数 f_s を $1/M$ に分周した周波数 f_i を位相比較へ入力すれば、ロック状態では $f_i=f_o/N$ であるから、出力周波数は $f_o=Nf_i=Nf_s/M$ となる。したがって、N を変えることにより f_o は、N が 1 変化したとき変わる周波数変化量（ステップ周波数：f_s/M）の間隔でとびとびの発振周波数が得られることになる。この方式の最低の出力周波数は f_i であり、最高値は分周器の最高動作周波数以内で決定される。

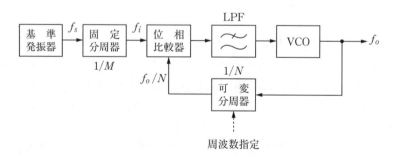

図3.5　PLL 周波数シンセサイザの構成例

⑷　発振器の特性と条件

⒜　周波数

発振周波数は送信周波数のもととなるものであるから安定していなければならないが、一般に安定であるとして使われている水晶発振器においても種々の原因で多少変動する。その主なものは、周囲の温度変化、電源電圧の変動、機械的な振動、負荷の変動などがある。これらはその原因を取り除くことにより解決できる。

⒝　振幅及び波形

図3.6はハートレー水晶発振器のコレクタ電流と共振回路のリアクタンスとの関係を表したものである。静電容量を変えると共振回路のリアクタンスが誘導性から容量性まで変わり、それに伴って発振強度が変わる。共振回路が純抵抗になる直前の点 A で発振強度が最も強くなる。この点で出力の振幅も最大となるが、回路電圧等のわずかな変動で発振が停止するなど不安定な発振状態となる。そこで発振強度も比較的強く安定な B 点付近が使われる。波形のひずみは、水晶振動子が不必要な振動を起こし基本波に重畳したときに発生するが、出力回路に Q （quality factor：**せん鋭度**）が大きい共振回路を使うことにより、不要振動波はかなり取り除かれる。

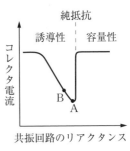

図3.6　共振特性

3.1.2　緩衝増幅器

発振器の負荷として周波数逓倍器や変調器などが接続されているので、これらの入力電力が変化すると発振器の負荷が変動することになり、発振周波数が不安定になる。これを避けるためには、発振器と負荷との結合をできるだけ疎にして、取り出す出力を小さくすればよいが、次段の入力電力もある程度の大きさが必要な場合には増幅器を挿入する。これを**緩衝増幅器（バッファーアンプ）**といい、周波数逓倍も同時に行わせる場合には C 級増幅器が使われる。

3.1.3 周波数逓倍器

一般に、水晶発振器の発振周波数は水晶振動子の物理的限界からあまり高くできないので、必要とする周波数が非常に高い場合には、水晶発振器の発振周波数を何倍かする周波数逓倍器が使われる。

⑴ 周波数逓倍の方法

ひずみ波は多くの高調波からなっているので、これらの高調波から必要な n 次高調波を何らかの方法で取り出せば、n 逓倍波が得られる。図3.7は周波数逓倍回路の例であり、エミッタを直接アースし、ベース抵抗 R_B とベース電流で作られたバイアス電圧を使用する C 級増幅器である。増幅器に周波数 f の大きな入力電圧を加えると、出力電流は正弦波の半サイクルに近いひずみ波形となるから、これを必要な周波数 nf（n は正の整数）に同調した共振回路（VC_2、L_3）を通して取り出せば、周波数が n 逓倍された高周波電圧が得られる。しかし、実際には倍数が多くなるにしたがって取り出し得る出力が弱くなり、C 級増幅器を使った逓倍回路では 3 倍程度が限度とされている。このほかに、バラクタダイオードを使った逓倍回路などがある。

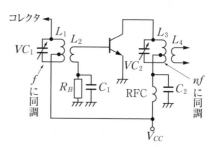

図3.7　周波数逓倍回路

⑵ 位相変調波の逓倍

位相変調波を $v = A_c \sin(\omega t + m \sin pt)$ とし、逓倍器の出力電流が $i = a_1 v + a_2 v_2^2$ で表されるとき出力は、

$$i = a_1 A_c \sin(\omega t + m \sin pt) + a_2 A_c^2 \sin^2(\omega t + m \sin pt)$$

$$= a_1 A_c \sin(\omega t + m \sin pt) + \frac{a_2 A_c^2}{2} - \frac{a_2 A_c^2}{2} \cos(2\omega t + 2m \sin pt)$$

$$\cdots(3.5)$$

となる。ただし、A_c を位相変調波の振幅、ω、p をそれぞれ搬送波と信号波の角周波数、m を変調指数、a_1、a_2 を定数とする。

この式の第3項を取り出せば2逓倍された波が得られると同時に、この項の変調指数も2倍になっていることが分かる。すなわち、周波数を n 逓倍すると、変調指数も n 倍になる。

3.1.4 低周波増幅器と変調器

低周波増幅器には音声などの微弱な信号を、変調に必要な大きな信号電力までひずみなく増幅するための直線増幅が必要であり、通常A級増幅器などが使われる。高電力変調では大きな電力を必要とするのでAB級やB級などのプッシュプル増幅器が使われることがある。

変調器は、変調方式によってその構造と挿入される場所が全く異なり、その送信機の特徴を決定付けるものである。例えば、DSB送信機では、変調トランスなどを使い励振増幅器や電力増幅器に付加するが、SSB送信機ではリング変調器などを使って、緩衝増幅器と周波数逓倍器などの間に挿入する。

3.1.5 励振増幅器と電力増幅器

(1) 励振増幅器（ドライバ）

周波数逓倍器などの出力は非常に小さいから、これをこのまま電力増幅器の入力としても、電力増幅器の利得が限られているため、電波として送信するのに十分な電力が得られないことがある。**励振増幅器**は電力増幅器の入力としては不十分な小さな電力を必要な大きさまで増幅するために使われる。通常、C級増幅器が使われるが、SSB送信機のように波形を忠実に維持しなければならない場合には、AB級またはB級のプッシュプル増幅器が使われる。

(2) 電力増幅器（パワーアンプ）

励振増幅器より前段では増幅に使う直流電力はほとんど要しないが、送信機の最終段には、アンテナから放射される電波の電力が受信点で十分な大きさが得られるようにするために、電力増幅器が必要で

ある。高電力変調を使用する送信機では、通常、効率の良いC級増幅が使われるが、ひずみの少ない増幅が必要な場合、例えば低電力変調を使用しているときなどにはAB級やB級プッシュプル増幅が使われる。電力は電圧と電流の積であるから、どちらを主に増幅してもよいが、トランジスタなどの固体化された回路ではコレクタ電圧 V_{CC} を大きくできないので主に電流増幅となる。

3.1.6 送信機の特性と必要条件

送信機として重要なことは電波の質を適切なレベルに維持することである。電波の質を悪化させる主な原因とその対策を以下に述べる。

(1) スプリアス発射

目的以外の周波数の不要波をスプリアスといい、これが送信機からアンテナを通して外へ発射されることがある。高調波と低調波はその代表的なものである。

(a) 高調波

高調波は、電力増幅器に非直線性がある場合や逓倍増幅器の出力中に含まれている目的外の高調波が、フィルタなどによって十分に取り除かれていない場合などに発生する。これらの高調波を取り除くには、終段の増幅回路において同調回路の Q を高くし、アンテナ回路との結合を疎にするとともに、C級増幅器では流通角（または動作角）を必要以上に小さくしないことである。

(b) 低調波

低調波とは基本波の整数分の一の周波数を意味しているが、理論的には存在しない。しかし、周波数を逓倍して目的の周波数を作っている場合には逓倍する前の低い周波数の波が漏れ出すことがあり、この波を低調波と呼んでいる。これを防止するにはフィルタを使うとともに、周波数逓倍器を多段使用している場合には段間のシールド（遮蔽）を完全にする。

(c) 寄生振動

高い周波数帯の増幅器では、回路の配線のインダクタンスや配線と

基板間の浮遊容量等が発振回路を構成し、増幅周波数とは無関係の周波数で発振する寄生振動が発生しやすい。これを防止するには配線をできる限り短くする。

(d)　相互変調積

増幅器が非直線特性を持っている場合、入力に二つ以上の周波数の波を加えると、これらの周波数や高調波相互の和と差の周波数成分が生ずる。これを相互変調積という。何らかの原因で送信機に他局の電波が侵入して非直線特性回路を通過した場合、自局の周波数との間で相互変調積を生じ、増幅されて放射されることがある。これが不要輻射として問題になるのは、両周波数が接近しているときの第3次の相互変調積である。これを防止するには外部からの強い電波が送信機へ侵入しないように、アンテナ相互間の結合を小さくし、特性の良いフィルタやサーキュレータを送信機の出力側へ挿入する（4.1.3項(2)(b)参照）。

(2)　占有周波数帯幅

DSB送信機では、過変調などによる振幅ひずみの発生あるいは位相ひずみなどを伴うと占有周波数帯が広がる。この内、過変調を防止するためには変調器の前に振幅制限回路を挿入する。FM送信機の占有周波数帯幅は最大周波数偏移で決まり、最大周波数偏移は信号波の最大振幅で決まるので、信号波の振幅を規定以上に大きくすると占有周波数帯幅が広がる。また、間接FM送信機では、信号波の振幅が急激に変化したときに大きな周波数偏移を生ずるので、瞬時周波数偏移制御回路（IDC）を変調器の前に付加しなければならない。

3.2　DSB送信機

AM送信機の代表的なものとして、放送などで使われているDSB（A3E）送信機と船舶などで多く使われているSSB（J3E）送信機がある。

図3.8はDSB送信機の構成例である。この例は、周波数変換を行っ

て周波数を高くし、変調を励振増幅器で行う**低電力変調方式**であり、高電力変調方式に比べてひずみが多くなるが変調に要する電力は小さくて済む。また、任意の搬送波周波数を選定できるように PLL シンセサイザを使用している。

　これに対して変調を終段の電力部で行う**高電力変調方式**は、ひずみが少ないが、変調に要する電力が大きい。高電力変調方式では、電力増幅器として C 級増幅、変調用の低周波増幅器として B 級プッシュプル増幅などの効率の良い増幅器が使える。

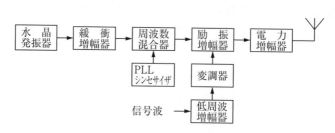

図3.8　DSB 送信機の構成

3.2.1　DSB 変調回路

(1)　ベース変調回路

　図3.9はベース変調回路の例である。トランジスタは B 級または C 級で動作するようにバイアス抵抗 R_E と R_1、R_2 を決める。C_c は結合コンデンサ、C_1、C_E は高周波成分を短絡するバイパスコンデンサである。図3.10はこの回路の動作特性である。ベースには搬送波と信号波の和の電圧 v_{BE} が加えられ、コレクタ電流は信号波の包絡線を持つ半波整流波となる。

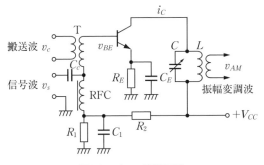

図3.9　ベース変調回路

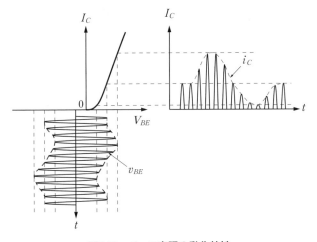

図3.10　ベース変調の動作特性

　トランジスタの $V_{BE}-I_C$ 特性は一般に非直線特性であり、入力電圧を v とすれば、コレクタ電流 i_C は次式のように表される。ただし、比例定数を a_0、a_1、a_2、…とする。

$$i_C = a_0 + a_1 v + a_2 v^2 + a_3 v^3 + \cdots \qquad \cdots(3.6)$$

　搬送波電圧を $v = A_c \sin \omega t$、信号波電圧を $v_s = A_s \cos pt$ とすれば、$v_{BE} = A_c \sin \omega t + A_s \cos pt$ となるから、簡単のため $V_{BE}-I_C$ 特性が

55

2乗特性であるとして式 (3.6) の第4項以後の高次項を無視し、v_{BE} を第2項と第3項の v へ代入すると次式が得られる。

$$i_C = a_0 + a_1(A_c \sin\omega t + A_s \cos pt) + a_2(A_c \sin\omega t + A_s \cos pt)^2$$

$$= a_0 + \frac{a_2 A_c^2}{2} + \frac{a_2 A_s^2}{2} + a_1 A_s \cos pt + \frac{a_2 A_s^2}{2} \cos 2pt$$

$$+ a_1 A_c \sin\omega t + a_2 A_c A_s \sin(\omega+p)t$$

$$+ a_2 A_c A_s \sin(\omega-p)t - \frac{a_2 A_c^2}{2} \cos 2\omega t \qquad \cdots(3.7)$$

このコレクタ電流から、同調回路により搬送波と両側波を取り出せば、変調された電圧 v_{AM} が得られる。式 (3.7) の右辺第6項から第8項が取り出す波に相当し、比例定数を z とすれば次式となる。

$$v_{AM} = z i_C$$

$$= z a_1 A_c \sin\omega t + z a_2 A_c A_s \sin(\omega+p)t + z a_2 A_c A_s \sin(\omega-p)t$$

$$= z a_1 A_c \left\{ \sin\omega t + \frac{a_2 A_s}{a_1} \sin(\omega+p)t + \frac{a_2 A_s}{a_1} \sin(\omega-p)t \right\}$$

$$\cdots(3.8)$$

$$= z a_1 A_c \left(1 + 2\frac{a_2 A_s}{a_1} \cos pt \right) \sin\omega t \qquad \cdots(3.9)$$

式 (3.8) の第1項は搬送波、第2項は上側波、第3項は下側波を表している。また、DSB 変調の基礎理論では、DSB 波は $A_c(1+m \cos pt)\sin\omega t$ と表されるから、この式に対応して式 (3.9) から変調度 m は、$m = 2a_2 A_s/a_1$ となる。また、実際には3乗項以上の高次高調波も含まれているので、ひずみの比較的多い変調である。

この回路において、信号波をエミッタに加えるとエミッタ変調となる。エミッタ変調は、ベース変調と原理、特性ともにほとんど同じである。

(2) コレクタ変調

図3.11はコレクタ変調回路の例である。C_1 は搬送波に対するバイ

パスコンデンサ、C_E は搬送波と信号波に対するバイパスコンデンサ
である。トランジスタを C 級で動作させ、信号波がないときでもコ
レクタ電流は常に飽和状態になるように十分大きな搬送波電圧を加え
ておく。図3.12はコレクタ変調の動作特性である。コレクタ電圧は、
信号波電圧と電源電圧 V_{CC} との和であるから、V_{CC} を中心にして信
号波に応じて変動する。このため負荷線が一定勾配のまま信号波に応
じて平行に振動する。コレクタ電流 i_C は飽和した高周波の半波整流

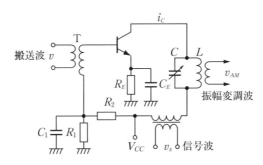

図3.11 コレクタ変調回路

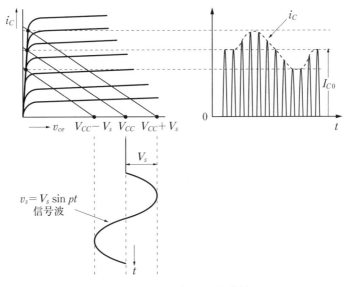

図3.12 コレクタ変調の動作特性

波となり、その振幅が信号波に応じて変動して変調が行われる。コレクタ変調はベース変調に比べてひずみが少なく、効率も良いので大電力の放送用などに向いている。

3.2.2 A1A、A2A 電信送信機

振幅変調によるモールス符号の送信には、搬送波が断続する A1A 波を使う方法と断続した一定音（トーン）で搬送波が変調された A2A 波を使う方法があり、A2A 波にはモールス符号のスペースの間に搬送波が出ているものと出ていないものがある。図3.13はこれらの波の関係を表したものである。A2A 波は DSB 受信機で受信できるが、A1A 波は受信できても認識できないのでビート発振器を使って可聴音にする必要がある。

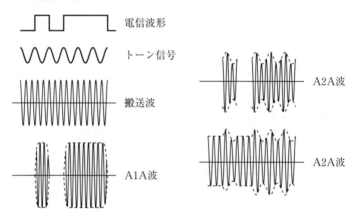

図3.13　電信波形の形式

(1) 電信送信機の構成と電けん回路

A1A 送信機の構成は、図3.8の DSB 送信機の構成において、変調器以前を取り除き、搬送波を電けんによって断続できるような回路を励振増幅器の前に挿入したものである。A2A 送信機の場合にはこのほかにトーン発振器が必要であり、図3.8と同じ構成となる。

(a) 電けん回路

A1A 波は搬送波を断続すれば得られるので種々の方法が考えられ

るが、ベース電圧を制御して搬送波を断続する回路の例を図3.14に示す。この回路は、電けん K が接のときコレクタ電流が流れて搬送波が送られ、断のときに流れないように V_{BB} の値を決める。この方法では電けんの接点に流れる電流が少なく大電力の制御ができる特徴がある。

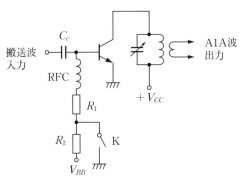

図3.14　ベース制御電けん回路

（b）　トーン発振器（低周波発振器）

　図3.15は、オペアンプ（OP アンプ）を使用した進相形のトーン発振器、または**移相形 CR 発振器**である。出力 v_o の位相が入力 v_i より180°変わる増幅器を使い、その出力を入力 v_i と同位相になるように抵抗とコンデンサで構成した位相推移回路を通して入力へ戻してやる。発振条件は、増幅器の増幅度を A とすれば、

$$A = \frac{v_o}{v_i} = -29 \qquad \cdots (3.10)$$

である。また、発振周波数 f は次式で与えられる。

$$f = \frac{1}{2\pi\sqrt{6}\,CR} \qquad \cdots (3.11)$$

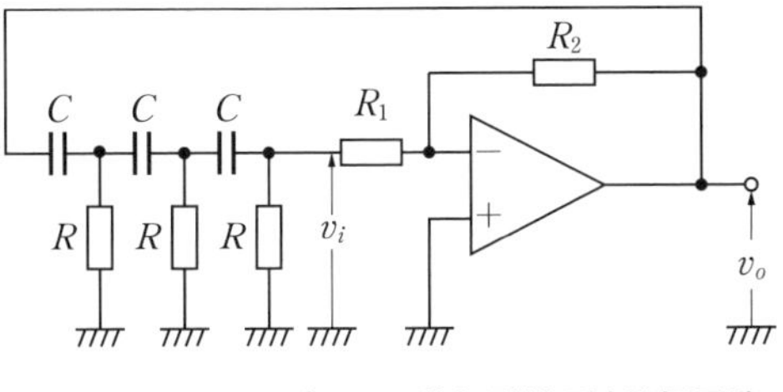

図3.15　OP アンプによる移相形低周波発振回路

すなわち、増幅度が29未満では発振できない。負号は v_o と v_i の位相が180°異なることを意味している。トーン発振器は A2A 波を作るときなどに使われる。

3.3 SSB 送信機

DSB 波では、全電力に対する搬送波電力の割合は非常に大きく、情報はすべて側波帯に含まれているので効率が悪い。このため、搬送波を抑圧し、さらに一方の側波帯のみにより情報を送る SSB 通信が現在多く使用されている。その反面、回路が多少複雑になり、受信側で明りょうに受信するための回路や操作が必要になる。

3.3.1 搬送波を抑圧する方法

⑴ リング変調器

特性の揃った4個のダイオードを図3.16のようにリング状に接続し、信号波と搬送波を入力して搬送波を抑圧した両側帯波を作るものであり、**2重平衡変調器**とも呼ばれる。

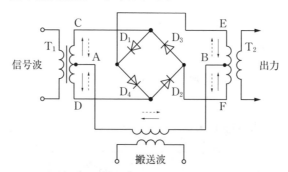

図3.16 リング変調器

この回路に搬送波のみを加えると、端子 A が正のとき電流は A から T_1 の中点→それぞれ D_1 と D_2 →点 E、F → T_2 の中点を通って B へ流れる。このときトランス T_2 の中点から両側に流れる電流の大きさは等しく逆方向であるので、T_2 の出力には電圧が現れない。端子

Bが正に変わったとき、電流はD₃、D₄を通りAへ流れ、同様に出力には電圧が現れない。

次に、信号波のみを加えると、T_1の出力がC（正）、D（負）のときはD_1とD_4により、また極性が反転したときはD_3とD_2によりそれぞれ短絡されるので、T_2の2次側への出力はない。

図3.17はリング変調器の各端子の入出力波形を描いたものである。図のように搬送波と信号波を同時に加えた場合、C–B間とD–B間に加わる電圧は図のようになり、これらの電圧がD_1とD_2によってそれぞれクリップされてE–BとF–Bに流れる電流となる。これら

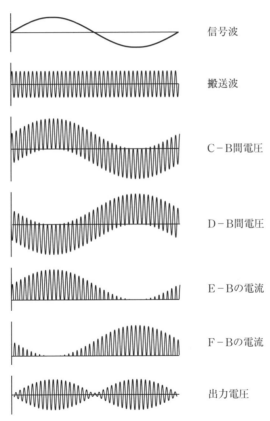

信号波

搬送波

C–B間電圧

D–B間電圧

E–Bの電流

F–Bの電流

出力電圧

図3.17　リング変調器の各端子入出力波形

の電流が T_2 の1次側に流れることにより2次側に図のような合成された出力電圧が現れる。

(2) 平衡変調器

図3.18は平衡変調回路の構成図である。図のように、二つの AM 変調器に位相が π 異なる搬送波と信号波をそれぞれ加え振幅変調し、その出力の差をとると、搬送波のない DSB 波出力が得られる。

搬送波電圧を $v_c = A_c \sin \omega t$、信号波電圧を $v_s = A_s \cos pt$ とし、これらの和 $(v_c + v_s)$ と差 $(v_c - v_s)$ の電圧を非直線特性の式（3.6）の第3項までへ代入すれば、和の変調器出力電流 i_1 と差の変調器出力電流 i_2 は次式となる。ここで、$-v_s$ は v_s の位相を π だけ変えたものと同じである。

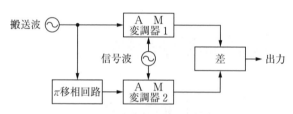

図3.18 平衡変調回路の構成

$$i_1 = a_0 + a_1 (A_c \sin \omega t + A_s \cos pt) + a_2 (A_c \sin \omega t + A_s \cos pt)^2$$
$$= a_0 + a_1 A_c \sin \omega t + a_1 A_s \cos pt + a_2 A_c^2 \sin^2 \omega t$$
$$+ 2a_2 A_c A_s \sin \omega t \cos pt + a_2 A_s^2 \cos^2 pt \qquad \cdots (3.12)$$

$$i_2 = a_0 + a_1 (A_c \sin \omega t - A_s \cos pt) + a_2 (A_c \sin \omega t - A_s \cos pt)^2$$
$$= a_0 + a_1 A_c \sin \omega t - a_1 A_s \cos pt + a_2 A_c^2 \sin^2 \omega t$$
$$- 2a_2 A_c A_s \sin \omega t \cos pt + a_2 A_s^2 \cos^2 pt \qquad \cdots (3.13)$$

二つの電流の差は、

$$i_1 - i_2 = 2a_1 A_s \cos pt + 4a_2 A_c A_s \sin \omega t \cos pt$$

となるが、直流分と低周波分は高周波トランスを使用することによって取り除かれるので、出力電圧 v_o は次式のように上下側波のみとなる。ただし、z を定数とする。

$$v_o = 4za_2 A_c A_s \sin \omega t \cos pt$$
$$= 2za_2 A_c A_s \{\sin (\omega+p)t + \sin (\omega-p)t\} \qquad \cdots(3.14)$$

3.3.2　片側波を取り出す方法

リング変調器や平衡変調器の出力は上下両側波を持っているから、SSB 波にするにはこの一方のみを取り出さなければならない。SSB 波を作る方法には、フィルタ法、移相法、ウェーバー法などがある。

⑴　**フィルタ法**

式（3.14）の上下の側波のうち必要とする側（USB または LSB）の側波を **BPF**（band pass filter：帯域フィルタ）で取り出す方法である。この方法は、スプリアスが少なく調整が容易であるが、しゃ断特性の良い BPF が必要であり、また、発射周波数を変えたとき BPF を変えなければならない。

⑵　**移相法**

図3.19に移相法による SSB 変調器の構成を示す。平衡変調器を2個使用し、一方には搬送波と信号波をそのまま加え、他方には搬送波と信号波の位相をともに $\pi/2$ だけ変えた波を加えてそれぞれ平衡変調し、得られた二つの抑圧搬送波と両側波を合成すると SSB 波が得られる。

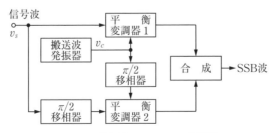

図3.19　移相法による SSB 変調器

搬送波を $v_c = A_c \sin \omega t$、信号波を $v_s = A_s \cos pt$ とすると、平衡変調器 1 の出力 v_1 は式 (3.14) から、

$$v_1 = kA_c A_s \sin \omega t \cos pt$$

$$= \frac{k}{2} A_c A_s \{\sin(\omega+p)t + \sin(\omega-p)t\} \qquad \cdots (3.15)$$

平衡変調器 2 の出力は、搬送波と信号波の位相が上式よりそれぞれ $\pi/2$ 異なるので次式となる。ただし、k を定数とする。

$$v_2 = kA_c A_s \cos \omega t \sin pt$$

$$= \frac{k}{2} A_c A_s \{\sin(\omega+p)t - \sin(\omega-p)t\} \qquad \cdots (3.16)$$

両者を合成した出力 v_o は、

$$v_o = v_1 + v_2 = kA_c A_s \sin(\omega+p)t \qquad \cdots (3.17)$$

となって、上側波帯の SSB 波が得られる。下側波帯の SSB 波は v_1 と v_2 の差をとることにより得られる。

この方法では、信号波の広い周波数範囲にわたって一様に $\pi/2$ 移相することが必要であるが、アナログ回路でこれを実現することは困難であり、二つの平衡変調器のバランスやスプリアスの低減などで問題がある。しかし、デジタル位相器が開発され、これを実現できるようになり、この方法が容易に使われるようになった。この位相法では搬送波の周波数を任意に選ぶことができる。

3.3.3 SSB 波の周波数ステップアップ

水晶発振器の発振周波数より高い周波数の搬送波を得る方法には、周波数逓倍と周波数変換による方法が考えられる。

SSB 波を $v = A_c m \sin(\omega+p) t$ として、これを式 (3.6) へ代入して 2 逓倍波の電流 i を求めてみる。ただし、簡単のため 2 逓倍に関係し

ない第1項と第3項以後を省略する。

$$i = a_2 A_c^2 m^2 \sin^2(\omega + p)t$$

$$= \frac{1}{2} a_2 A_c^2 m^2 \{1 - \cos(2\omega + 2p)t\} \qquad \cdots(3.18)$$

　この式の第2項より、搬送波の周波数が2逓倍されるとともに、信号波も2逓倍され角周波数が$2p$となることが分かる。したがって、逓倍波の信号波成分は元の信号波から変わってしまい、この方法はSSB波には使用できないことになる。

　次に、局部発振周波数を$A_l \cos \omega_l t$として同じSSB波を周波数変換し、その出力電流iを求める。ただし、zを定数とする。

$$i = z A_c\, m \sin(\omega + p)t \cdot A_l \cos \omega_l t$$

$$= \frac{1}{2} z A_c A_l\, m \{\sin(\omega + \omega_l + p)t + \sin(\omega - \omega_l + p)t\} \qquad \cdots(3.19)$$

　すなわち、$\omega + \omega_l$と$\omega - \omega_l$の搬送波角周波数のSSB波が生じ、いずれも信号波成分の角周波数pは変わらないことが分かる。以上の理由によりSSB波の周波数ステップアップには、周波数逓倍は使用できず周波数変換が使用されることが分かる。

3.4　FM送信機

　FM送信機には、信号波によって発振周波数を直接変化させる直接FM方式と、発振周波数を変えないで後段で位相を変化させてFM波にする間接FM方式がある。

3.4.1　直接FM方式送信機

　この構成例を図3.20に示す。**直接FM方式**は、自励発振器であるVCOの共振回路に可変容量ダイオード、リアクタンストランジスタなどの可変リアクタンスを使用し、信号波によりそのリアクタンスの

大きさを変えて発振周波数を変化させる方法である。これは自励発振器を使うので中心周波数の安定に注意を払わなければならないが、周波数偏移を大きくとることができる。中心周波数の安定化方法には**自動周波数制御**（**AFC**：automatic frequency control）や**自動位相制御**（**APC**：automatic phase control）等がある。図3.20の構成は PLL 回路による APC 回路を使用している。

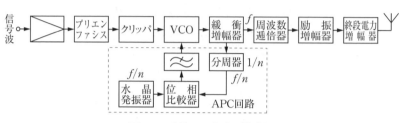

図3.20　直接 FM 方式の構成例

⑴　プリエンファシス回路

　我々が通常耳にする音声の周波数分布は図3.21（a）のように、400〔Hz〕付近で最も振幅が大きくなっている。一方、FM 受信機で検波された雑音出力電圧は、同図（b）のように、周波数に比例する。この雑音電圧の分布は零から一定の周波数 f_n までを考えると三角形になるため**三角雑音**という。このため、この状態のまま信号を送受信す

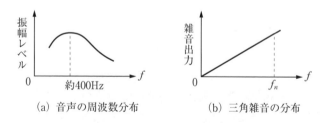

(a) 音声の周波数分布　　　　　(b) 三角雑音の分布

図3.21　音声と雑音の周波数分布

ると、約400〔Hz〕以上の周波数では周波数が高くなるのに伴って S/N が悪くなることが分かる。この現象を防ぐために、送信側であらかじめ信号波の周波数分布を高域で強調して送信する。この強調する操作を**プリエンファシス**（pre-emphasis）という。受信側ではこれ

と逆特性の回路で元の周波数分布に戻す。これを**デエンファシス**（de-emphasis）という。

図3.22（a）（b）はともにプリエンファシス回路である。同図（a）は微分回路であり、出力の振幅が周波数に比例して増加する。同図（b）の回路の周波数特性を求めるために、入力電圧 v_i を加えたときの出力電圧 v_o を求める。

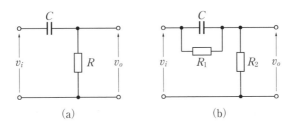

図3.22　プリエンファシス回路

$$v_o = \frac{R_2 v_i}{1/(1/R_1 + j\omega C) + R_2} = \frac{R_2 + j\omega C R_1 R_2}{R_1 + R_2 + j\omega C R_1 R_2} v_i \quad \cdots(3.20)$$

上式において、$CR_1 = \tau$ とおけば、

$$\frac{v_o}{v_i} = \frac{R_2 + j\omega\tau R_2}{R_1 + R_2 + j\omega\tau R_2} \quad \cdots(3.21)$$

となり、これをさらに $\omega = 0$ のときの値で割れば、周波数特性 $F(\omega)$ は次式となる。

$$F(\omega) = \frac{1 + j\omega\tau}{1 + j\omega\tau R_2/(R_1 + R_2)} \quad \cdots(3.22)$$

上式の分母第2項を $\omega\tau R_2/(R_1 + R_2) \ll 1$ に選ぶと、$F(\omega)$ の絶対値は次式となる。

$$|F(\omega)| \fallingdotseq \sqrt{1 + \omega^2 \tau^2} \quad \cdots(3.23)$$

したがって、周波数特性は図3.23のプリエンファシス特性のように
なり、τによって決まる一定の周波数以上で出力電圧が周波数にほぼ
比例する。

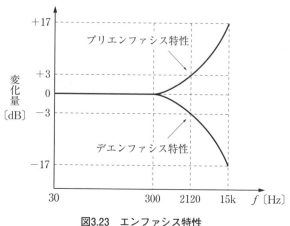

図3.23　エンファシス特性

　デエンファシス回路は図3.22（a）において、CとRを入れ換えた
ものとなり、同図（b）ではCR_1並列回路とR_2を入れ換えたものと
なる。周波数特性はプリエンファシス特性の逆特性となる。時定数τ
はそれぞれの放送設備、通信設備で決められていて、例えば、FM放
送では50〔μs〕となっている。

(2) 直接FMのIDC回路（リミッタ）

　IDC（instantaneous deviation control：**瞬時偏移制御**）回路は、送
信周波数の広がりを一定値以下に制限するものである。FM波の瞬時
周波数f_{FM}は、搬送波の周波数をf_c、信号波の角周波数をp、最大周
波数偏移をΔf_{max}とすると、次式で与えられる。

$$f_{FM} = f_c + \Delta f_{max} \sin pt \qquad \cdots (3.24)$$

上式において瞬時周波数偏移を一定値以下にするには、式（2.25）から分かるように、信号波の最大振幅を制限すれば良いことになる。この目的で使われるのが図3.24に示すような**リミッタ（振幅制限器）**であり、直接 FM における IDC 回路として使用される。

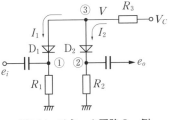

図3.24　リミッタ回路の一例

　この回路では、信号がないとき二つのダイオードにはそれぞれ I_1〔A〕と I_2〔A〕が流れて、R_3 の電圧降下により点③は V〔V〕に保たれている。入力電圧 e_i が加わり、正に振れれば点①の電位が点③の電位に近付くため、I_1 は減少し、R_3 の電圧降下が少なくなって点③の電位を上昇させる。このため、I_2 が増加し点②の電圧 e_o を上昇させる。さらに e_i が上昇し、点①の電位が点③の電位以上になると D_1 には逆電圧が加わることになるため、I_1 は流れなくなり、I_2 はそれ以上増加しない。このようにして、e_i の振幅が制限されることになる。

　リミッタによって信号波の過大な振幅がクリップされたとき、高調波雑音が発生する。この雑音を制限するために、リミッタ回路の後に**スプラッタフィルタ**（splatter filter）と呼ばれる低域フィルタが使われることがある。スプラッタフィルタは不要放射をまき散らす（splatter）ことを防ぐためのフィルタである。

(3)　直接 FM 変調回路

(a)　可変容量ダイオードによる変調法

　可変容量ダイオード（バラクタダイオード：variable reactor diode）は、PN 接合（ダイオード）に逆バイアスを加えたときに生ずる空乏層を誘電体とする一種のコンデンサで、バイアス電圧の値により空乏層の厚さが変化するため静電容量が変化する。可変容量ダイオードを自励発振器の同調回路に使用し、信号電圧を加えて静電容量を変化させると発振周波数が信号電圧に応じて変わり FM が行われる。図3.25(a) は可変容量ダイオードを使用した直接 FM の回路例であり、可

69

変容量ダイオード Dv に適切な逆バイアス電圧を与えるように R_1 と R_2 が決められている。Dv の静電容量を C_d とし、C_C は同調周波数に対して十分小さいリアクタンスを持つとすれば、同調回路の等価回路は同図（b）のようになり、発振周波数 f_0 は次式となる。

$$f_0 \fallingdotseq \frac{1}{2\pi\sqrt{L(C+C_d)}}$$

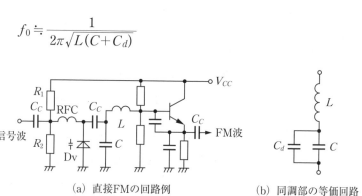

(a) 直接FMの回路例　　　　(b) 同調部の等価回路

図3.25　直接 FM 変調回路

　この変調回路は自励発振を使っているため FM 波の中心周波数が不安定になる欠点がある。

(b)　PLL 回路を使用した変調法

　PLL 回路は可変容量ダイオードを使用して VCO の周波数を制御しているので、VCO の入力へ信号電圧を加えることによって FM が行える。図3.26は、PLL 変調器を使用した直接 FM 送信機の構成例であり、破線内は PLL 回路である。PLL は水晶発振器を使用しているため、FM 波の中心周波数を安定に保つことができる。

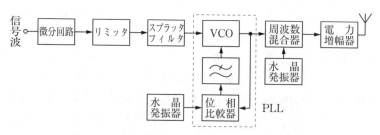

図3.26　PLL 変調器による直接 FM 送信機の構成例

3.4.2 間接FM方式送信機

間接FMは、あらかじめ加工した信号波でPMした後でFM波に変換するものであり、図3.27に基本構成例を示す。この方式は、水晶発振器を使用するので中心周波数が安定しており、AFCやAPCなどが不要となる反面、PMをFMにするためにIDC回路が多少複雑になり、また、変調を深くするための逓倍が必要となる。

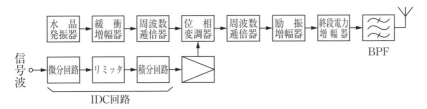

図3.27 間接FM方式の構成

(1) PMとFMの相違

間接FMではPMが使われるので、間接FM送信機の説明の前にFMとPMの相違について述べておく。

第2章で述べたように、式（2.22）から瞬時周波数f_{PM}は次式のように表される。

$$f_{PM} = f_c + f_p \Delta\theta \cos pt \qquad \cdots(3.25)$$

上式から、PMの瞬時周波数は信号波の周波数f_pと最大位相偏移の積に比例することが分かる。

一方、FMの場合は、搬送波の周波数を信号波で変調するから、FM波の瞬時周波数は式（2.25）から次式のように表される。

$$f_{FM} = f_c + \Delta F \cos pt \qquad \cdots(3.26)$$

PMとFMの相違は、式（3.25）と（3.26）のそれぞれ第2項であり、FMにおけるΔFがPMでは$f_p \Delta\theta$となっていることである。

$\varDelta F$ と $\varDelta\theta$ とはともに信号波の最大振幅に比例するという意味で同じであるから、根本的な相違点は被変調周波数が信号波周波数 f_p に関係するかしないかである。PM 波を FM 波と同等にするためには、PM 波が f_p に関係しないようにすれば良いから、信号波をあらかじめ信号波周波数に反比例するような回路を通した後、PM すれば信号波周波数 f_p との関係がなくなることになる。このような回路は積分回路であり、これを**前置補償回路**（または**前置ひずみ回路**）という。

(2) 間接 FM の IDC 回路

直接 FM の IDC は信号波の最大振幅を制限するのみで良かったが、間接 FM では最初 PM を行うので、これだけでは不十分である。すなわち、前項で述べた通り、PM の瞬時周波数は等価周波数偏移 $f_p\varDelta\theta$ に比例するので、等価周波数偏移の最大値を制限するためには、信号波の周波数と最大振幅の積を制限しなければならないことが分かる。図3.28（a）は図3.27の IDC 回路部を取り出したものである。

図3.28（a）の微分回路の入力に v_1 の電圧を加えたとき、点①の電圧 v_2 は次式となる。

$$v_2 = \frac{R_1 v_1}{R_1 + 1/(jpC_1)} = \frac{jpC_1 R_1 v_1}{jpC_1 R_1 + 1} \fallingdotseq jpC_1 R_1 v_1 \qquad \cdots (3.27)$$

ただし、p は信号波の角周波数であり（式（2.17）参照）、$pC_1 R_1 \ll 1$ とする。

すなわち、点①の電圧は式（3.27）から、信号波の周波数と入力の振幅に比例する。これをグラフに描くと同図（b）の特性（A）のようになる。この直線の勾配は周波数 f_p が $2f_p$ になると、v_2 は 2 倍（6〔dB〕）となる。これを 6〔dB/oct〕の周波数特性という。このように、微分回路は信号波の高域の周波数を相対的に強める働きをする。この微分回路を通すと信号レベル全体が低くなるので、次のリミッタ回路が働く程度まで増幅してやる必要がある。

リミッタは、増幅した点①の電圧を一定レベルでクリップする回路であり、点②では特性（B）のように、入力が大きくなるほど低い周

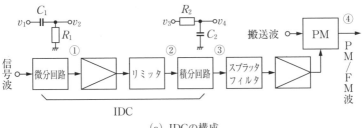

(a) IDCの構成

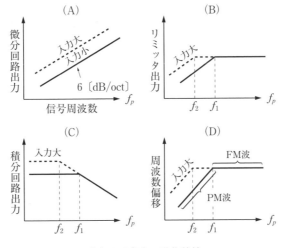

(b) IDC各点の動作特性

図3.28 IDC の構成と動作特性

波数でクリップされる。

　積分回路の出力電圧 v_4 は、微分回路と同様にして求めると、次式となる。

$$v_4 = \frac{v_3 / (jpC_2)}{R_2 + 1/(jpC_2)} = \frac{v_3}{jpC_2R_2 + 1} \fallingdotseq \frac{v_3}{jpC_2R_2} \quad \cdots (3.28)$$

ただし、$pC_2R_2 \gg 1$ とする。

　これは微分回路とは逆の特性で、6〔dB/oct〕の減衰特性となり、高域の周波数が相対的に弱められる。リミッタの出力は微分回路を通

っているので、これを逆特性の回路を通すと特性（C）のように元の特性に制限が加えられた特性となる。すなわち、点③の電圧は信号波の周波数が高いほど小さな入力で制限されることになり、両者の積が一定値以下に制限されることになる。

　このIDC出力でPMを行えば、その出力点④では、特性（D）のような周波数偏移の特性となり、信号波の周波数が高くなっても、また、振幅が大きくなっても、周波数偏移が一定値以下に抑えられる。このIDC回路では、微分した後にさらに積分をしているので、リミッタで制限されない範囲の低い周波数では元の特性の信号に戻っている。このため、このような周波数範囲と振幅では、瞬時周波数は式（3.25）で与えられるのでPMである。一方、リミッタで制限された範囲では微分されないことになり積分のみの効果が現れるので、PMからFM波への変換が行われる。

　積分回路に入る前の特性（B）は、クリップレベルより低い信号レベルにおいてプリエンファシスと同じ特性であり、これをそのままFMすれば、エンファシスが付加された送信波が得られる。このように、図3.28（a）の回路から積分回路を取り除いて周波数変調した送信機をエンファシス付加FM送信機という。

(3)　間接FM変調回路

(a)　移相法

図3.29（a）のような並列同調回路に高周波電源を接続し、周波数

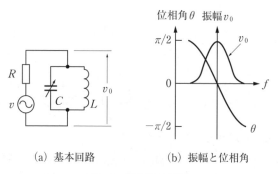

　　(a)　基本回路　　　　　　(b)　振幅と位相角

図3.29　移相法の原理

を変えたときの端子電圧及び位相の関係を描くと同図（b）のように
なる。もし、周波数を一定にしておき、可変コンデンサの容量を変え
れば同調点が移動するので、同調回路のインピーダンスが容量性また
は誘導性に変わり、位相が変化する。この原理を応用して、可変コン
デンサの代わりに可変容量ダイオードやリアクタンストランジスタを
使用し、これに信号波電圧を
加えて位相変調する方法が移
相法である。

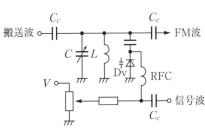

図3.30　可変容量ダイオードによる
間接FM変調回路の例

　図3.30は可変容量ダイオー
ドを使用した間接FM回路
の例である。この同調回路を
多段設けてそれぞれに位相変
調をかけると、周波数偏移を
大きくすることができる。

（b）　ブリッジ位相変調法

　図3.31（a）のように、L、C、Rで構成したブリッジ回路の端子①
②間に高周波電圧 $V_i \sin \omega t$ を加えたとき、端子③④間に現れる電圧
を考えてみる。C の両端の電圧 V_C と R の両端の電圧 V_R は常に $\pi/2$
の位相差があり、その和は端子①②間の電圧 V_i に等しいから、C の
リアクタンスと R の値が等しければ、これら電圧のベクトル関係は、
同図（b）のように左右に対称な直角二等辺三角形となる。もし、V_C
または V_R が変われば、図のように二辺の長さが異なる直角三角形と

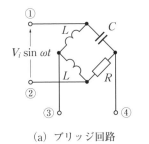

（a）　ブリッジ回路

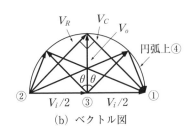

（b）　ベクトル図

図3.31　ブリッジ位相変調法の原理

なり、ベクトル V_R（端子④の電圧）の軌跡は V_i を直径とする半円周上を移動する。端子③の電圧は $V_i/2$ 一定であるから、端子③④間の電圧 V_o の大きさは常に一定であるが、位相 θ は V_C または V_R の変化に応じて変わる。

このブリッジ回路を変調器として使用するには、C または R の値を信号波によって変えればよく、C は可変容量ダイオード、R は PIN ダイオードなどを使い、その両端にバイアス電圧とともに信号波電圧を加える。

図3.32は PIN ダイオードを使用したブリッジ位相変調回路の例である。変成器の2次側の中点がブリッジ回路の端子③に、また、出力端子が端子④に対応している。PIN ダイオードは順方向バイアス電圧の変化に対する動作抵抗の変化が大きく、接合容量が小さい特性を持っているので、同図のようにブリッジ回路の R として PIN ダイオード D_p を使い、信号波電圧を加えて抵抗値を変え、位相変調を行っている。

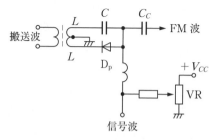

図3.32　PIN ダイオードによる
　　　　ブリッジ位相変調回路

この間接 FM 変調法は上で述べたように、出力電圧の大きさが一定であるため AM 成分を含まない特徴がある。

練 習 問 題 Ⅰ 　平成28年7月施行「一陸技」（A-3）

次の記述は、振幅変調（A3E）波について述べたものである。 □□□ 内に入れるべき字句の正しい組合せを下の番号から選べ。ただし、搬送波を $A\cos\omega t$〔V〕、変調信号を $B\cos pt$〔V〕とし、A〔V〕は搬送波の振幅、B〔V〕は変調信号の振幅、ω〔rad/s〕は搬送波の角周波数、p〔rad/s〕は変調信号の角周波数を表すものとし、$A\geq B$ とする。また、変調度を m とする。

(1) A3E波 e は、次式で表される。

$$e = \boxed{\text{ A }}\ \text{〔V〕}$$

(2) 変調度 m は、次式で表される。

$$m = \boxed{\text{ B }}\times 100\ \text{〔\%〕}$$

(3) 変調度が50〔%〕のとき、A3E波の上側波帯の電力と下側波帯の電力の和の値は、搬送波電力の値の $\boxed{\text{ C }}$ である。

	A	B	C
1	$B\cos\omega t+Bm\cos pt\cos\omega t$	B/A	$1/4$
2	$B\cos\omega t+Am\cos pt\cos\omega t$	A/B	$1/8$
3	$A\cos\omega t+Am\cos pt\cos\omega t$	B/A	$1/4$
4	$A\cos\omega t+Am\cos pt\cos\omega t$	B/A	$1/8$
5	$A\cos\omega t+Am\cos pt\cos\omega t$	A/B	$1/4$

練 習 問 題 Ⅱ 　平成31年1月施行「一陸技」（A-4）

AM（A3E）送信機において、搬送波を二つの単一正弦波で同時に振幅変調したときの平均電力の値として、正しいものを下の番号から選べ。ただし、搬送波の電力は10〔kW〕とする。また、当該搬送波を一方の単一正弦波のみで変調したときの変調度は30〔%〕であり、他方の単一正弦波のみで変調したときの平均電力は10.8〔kW〕である。

1　7.50〔kW〕　　2　11.25〔kW〕　　3　14.35〔kW〕
4　15.00〔kW〕　　5　22.50〔kW〕

練習問題 Ⅲ 　平成30年7月施行「一陸技」（A−3）

次の記述は、図に示す送信機 T_1 及び T_2 の間で生ずる3次の相互変調積について述べたものである。 内に入れるべき字句の正しい組合せを下の番号から選べ。ただし、3次の相互変調積は、送信周波数 f_1〔Hz〕の送信機 T_1 に、送信周波数が f_1 よりわずかに高い f_2〔Hz〕の送信機 T_2 の電波が入り込み、T_1 において伝送帯域内に生ずる可能性のある周波数成分とする。また、T_1 及び T_2 の送信電力は等しく、アンテナ相互間の結合量を $1/k$（$k>1$）とする。

(1) 3次の相互変調積が発生したときの周波数成分は、 A の二つの成分である。

(2) (1)の二つの周波数成分のうち、振幅が大きいのは周波数の B 方の成分である。

(3) T_1 及び T_2 の送信電力がそれぞれ1〔dB〕減少すると、(2)の振幅が大きい周波数成分の電力は、 C 〔dB〕減少する。

	A	B	C
1	$3f_1-2f_2$〔MHz〕及び $3f_2-2f_1$〔MHz〕	高い	3
2	$3f_1-2f_2$〔MHz〕及び $3f_2-2f_1$〔MHz〕	低い	6
3	$2f_1-f_2$〔MHz〕及び $2f_2-f_1$〔MHz〕	高い	6
4	$2f_1-f_2$〔MHz〕及び $2f_2-f_1$〔MHz〕	低い	3
5	$2f_1-f_2$〔MHz〕及び $2f_2-f_1$〔MHz〕	低い	6

アンテナ ⇝ f_1

送信機 T_1　　結合量 $1/k$

アンテナ ⇝ f_2

送信機 T_2

第4章

受信機

　受信機は目的とする電波を選択して受信し、必要な形式の出力を得るものである。受信機にはストレート方式（または高周波同調方式）とスーパヘテロダイン方式がある。ストレート方式は希望波を同調回路で選択し、そのまま高周波（RF）増幅した後、検波して低周波増幅するものであり、構成は簡単であるが高周波段で増幅度を大きくすると不安定になる欠点があるので、特殊目的以外ほとんど使用されていない。スーパヘテロダイン方式は、受信した希望波を増幅しやすい周波数に変換し増幅した後、検波するものであり、感度、選択度及び安定度が優れているため、現在ほとんどの受信機に採用されている。このほかに受信機の IC 化に伴って、ダイレクトコンバージョン受信機が携帯電話などで採用されている。

4.1　受信機の基本構成と特性

　受信機は使用する電波型式によって異なるが、受信機内で大きく異なる所は復調器であり、他の回路はほぼ同じ構成になっている。そこで、ここでは共通部分を基本構成としてまとめ、さらに受信機の一般的特性について述べる。

4.1.1　基本構成

　現在、最も一般的な受信機はスーパヘテロダイン方式であり、AM（DSB）受信機、SSB 受信機、FM 受信機のいずれでも採用されているので、この本では受信機としてスーパヘテロダイン受信機を取り上げる。

　スーパヘテロダイン受信機の構成例を図4.1に示す。アンテナから取り込まれた多くの電波から同調回路などの入力回路により希望波を選択し、高周波増幅器で増幅する。この出力と局部発振器（LO：

local oscillator）からの高周波（RF：radio frequency）を周波数混合器（MIX：mixer）で混合して中間周波数（IF：intermediate frequency）に変換し、中間周波増幅器で検波可能な大きさまで増幅する。検波器は、AM、SSB、FMなどの電波型式によって異なった回路が使われる。低周波増幅器は、検波出力をスピーカを駆動するなどの必要なレベルまで増幅する。

　上記のように、周波数変換部が一組の場合、シングル・スーパヘテロダイン受信機と呼ぶことがあり、これに対して図4.2のように、周波数変換部が二段で構成されている場合、ダブル・スーパヘテロダイン受信機と呼ぶ。この方式は、第1周波数変換で高い中間周波数を作り、第2中間周波数を低く選んでイメージ周波数妨害と近接周波数選択度の両方を同時に改善する方法である。この改善はシングル・スーパヘテロダイン受信機では不可能である。周波数選択には第1または第2周波数変換のどちらかを可変にし、他方は固定で良いが、最近で

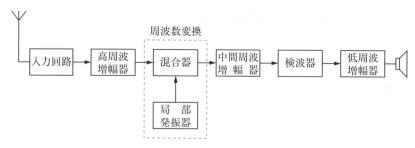

図4.1　スーパヘテロダイン受信機の構成例

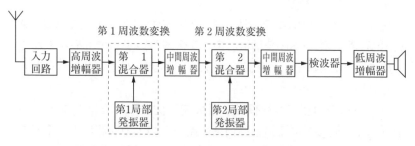

図4.2　ダブル・スーパヘテロダイン受信機の構成例

は第1局部発振器として PLL シンセサイザを使用し、第1周波数変換を可変に、第2周波数変換を固定にする構成が主流となっている。なお、第1周波数変換を固定に、第2周波数変換を可変にする方法はコリンズ方式と呼ばれる。

スーパヘテロダイン方式をストレート方式と比較したとき、次のような長所がある。

① 受信した希望波をいったん希望波周波数より低い固定の中間周波数に変換するので、遮断特性の良い帯域フィルタを使うことができ、近接周波数選択度を良くできる。

② 中間周波数は希望波より低いので安定に増幅でき、利得を大きく取れるので感度が良い。

③ AGC（automatic gain control：自動利得制御）回路を採用し、安定に動作させることができるので、希望波の強度変化に対して出力を比較的安定に保つことができる。

これに対して短所は、

① 影像周波数妨害（**イメージ周波数妨害**）がある。これは希望波を中間周波数に変換するために発生するものであり、スーパヘテロダイン方式固有の妨害である。

スーパヘテロダイン受信機で受信周波数を中間周波数に変換するには、二つの周波数を合成したときにできるビート周波数（うなり周波数）を取り出す方法を使う。希望波の周波数を f_d、局部発振周波数を f_o とすれば、これらの二つを合成したときにできるビート周波数は $f_o - f_d$、$(f_d < f_o)$ または $f_d - f_o$、$(f_d > f_o)$ であり、これが中間周波数 f_i となる。したがって、$f_d < f_o$ の場合、次式の関係がある。

$$f_i = f_o - f_d \qquad \cdots (4.1)$$

このとき同時に $f_o + f_i$ を満足する周波数 f_u の電波が受信機に入ってくると、

$$f_u - f_o = f_o + f_i - f_o = f_i \qquad \cdots(4.2)$$

となって、やはり中間周波数 f_i ができることになり、希望波に
混信妨害を与えることになる。この妨害を与える周波数 f_u を**影
像周波数（イメージ周波数）**という。そこで、影像周波数と希望
波周波数の関係を調べてみる。式（4.2）に式（4.1）の f_o を代入
すると次式が得られる。

$$f_u = f_o + f_i = f_d + f_i + f_i = f_d + 2f_i$$

すなわち、$f_d < f_o$ の場合、影像周波数は希望波周波数より中
間周波数の2倍だけ高い周波数である。同様に、$f_d > f_o$ の場合
の影像周波数は $f_d - 2f_i$ となるから、希望波周波数より中間周波
数の2倍だけ低い周波数となる。

4.1.2　受信機の基本回路

⑴　入力回路

入力回路の目的は、①同調回路などにより希望波のみを選択して取
り出す、②アンテナ回路と高周波増幅回路の入力インピーダンスの整
合をとる、③アンテナから入る雑音を減らし S/N を改善するなどで
ある。これらの目的を達するためになるべく Q の大きな同調回路を
使い、コイルの1次巻線と2次巻線の比を変えるか、または中間タッ
プを設けて整合をとる。例えば、高周波増幅回路の入力インピーダン
スが FET のように高い場合は、図4.3（a）のように並列同調回路を
そのまま FET の入力とし、また、バイポーラトランジスタのように
低い場合は、同図（b）のように同調回路のコイルから中間タップを
出し、その出力インピーダンスを低くする。入力回路は、このような
同調回路のほかに BPF が使用されることがある。一台の受信機で広
い周波数範囲の電波を受信する全波受信機では、全周波数範囲を
BPF により数個の周波数帯に分割して受信する。

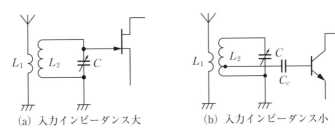

(a) 入力インピーダンス大　　　　(b) 入力インピーダンス小

図4.3　入力回路

(2)　高周波増幅回路

(a)　高周波増幅器を使用する利点

高周波増幅器を使用することの利点について以下にまとめる。

① 雑音制限感度の改善

雑音制限感度とは、定められた S/N で規定出力を得ることができる最小の受信機入力レベルのことである。受信機の出力端における S/N は、受信機入力段における S/N でほぼ決まってしまい、入力における S/N が悪いとそれ以後の増幅段等において、利得をいくら大きくしても S/N は改善されない。このため、受信機入力段に雑音の発生が少ない素子を使用した高周波増幅器を設けて S/N を良くし高感度受信機とする。

② 影像周波数妨害の軽減

影像周波数に相当する電波を受信しないようにするためには、同調回路の Q を大きくすればよい。高周波増幅器を設けると通常その出力側にも同調回路を設けるため、同調回路が2段になる。中心周波数の同じ同調回路の数を増せば全体の Q が大きくなる。

③ 混変調と相互変調による妨害の軽減

混変調と相互変調は、希望波以外の強い電波が受信機に入った場合、増幅回路の非直線性や妨害波相互の周波数関係によって出力に現れるものである。高周波増幅器を設けることにより、同調周波数に対する離調周波数での減衰量を大きくできる。

④ このほか、受信機内部で作られる局部発振器などからの電波が不要発射として外部へ漏れ出すことを防ぐことができる。

第4章　受信機

(b) 高周波増幅器の利得と単一同調回路の帯域幅

図4.4（a）に単一同調を使用した高周波増幅器の基本回路を、同図（b）にこの等価回路を示す。この回路が同調したときの角周波数を ω_0 とすれば、インピーダンス Z は、

$$Z = \frac{1}{\dfrac{1}{R} + j\left(\omega C - \dfrac{1}{\omega L}\right)} = \frac{R}{1 + jR\left(\omega C - \dfrac{1}{\omega L}\right)}$$

$$= \frac{R}{1 + j\omega_0 CR\left(\dfrac{\omega}{\omega_0} - \dfrac{1}{\omega_0 \omega CL}\right)} \quad \cdots(4.3)$$

並列同調回路の Q は、

$$Q = \frac{R}{\omega_0 L} = \omega_0 CR \quad \cdots(4.4)$$

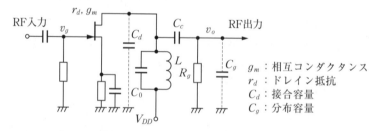

（a）単一同調増幅器

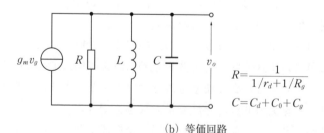

（b）等価回路

図4.4　高周波増幅器

であるから、式（4.3）は次式となる。

$$Z = \frac{R}{1 + jQ\left(\dfrac{\omega}{\omega_0} - \dfrac{\omega_0}{\omega}\right)} \qquad \cdots(4.5)$$

上式のかっこの中は、同調点の付近では $\omega = \omega_0$ としてよいから、次のようになる。

$$\frac{\omega}{\omega_0} - \frac{\omega_0}{\omega} = \frac{\omega^2 - \omega_0{}^2}{\omega_0 \omega} = \frac{\omega + \omega_0}{\omega} \cdot \frac{\omega - \omega_0}{\omega_0} \fallingdotseq 2\frac{\omega - \omega_0}{\omega_0}$$

$$= 2\frac{f - f_0}{f_0} = 2\delta \qquad \cdots(4.6)$$

ここで、$\delta = (f - f_0)/f_0$ を**離調度**と定義する。

ゆえに、式（4.5）は次式のように表される。

$$Z = \frac{R}{1 + j2\delta Q}$$

したがって、出力電圧 v_o は図4.4（b）を参照して次式となる。

$$v_o = -g_m v_g Z = \frac{-g_m R}{1 + j2\delta Q} v_g \qquad \cdots(4.7)$$

上式より、電圧増幅度 A は、

$$A = \frac{v_o}{v_g} = \frac{-g_m R}{1 + j2\delta Q}$$

同調したときには、$\delta = 0$ であるので、このときの電圧増幅度を A_0 とすれば $A_0 = -g_m R$ であり、増幅度の絶対値 A は次式となる。

$$A = |A| = \frac{A_0}{\sqrt{1 + (2\delta Q)^2}} \qquad \cdots(4.8)$$

周波数に対する A の値をグラフにすると、図4.5のようになる。A の値が最大値 A_0 の $1/\sqrt{2}$ になるときの周波数を f_1、f_2 とすれば、式 (4.8) が $A_0/\sqrt{2}$ に等しいとして、次式が導かれる。

$$2\delta Q = \pm 1$$

一方、式 (4.6) から、

$$\delta = \frac{f-f_0}{f_0} = \frac{f}{f_0} - 1$$

上 2 式から、

$$f = f_0 \left(1 \pm \frac{1}{2Q} \right) \quad \cdots (4.9)$$

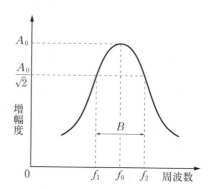

図4.5　単一同調回路の同調特性

上式から f_1 と f_2 は次式となる。

$$\left. \begin{array}{l} f_1 = f_0 \left(1 - \dfrac{1}{2Q} \right) \\[2mm] f_2 = f_0 \left(1 + \dfrac{1}{2Q} \right) \end{array} \right\} \qquad \cdots (4.10)$$

したがって、帯域幅（正しくは 3 dB 帯域幅）B は次式で与えられる。

$$B = f_2 - f_1 = \frac{f_0}{Q} \qquad \cdots (4.11)$$

　すなわち、帯域幅 B は同調周波数が低いほど、また、Q が大きいほど狭くなる。

（c）　**高周波増幅回路**

　図4.6は可変容量ダイオードを 2 段の同調回路に使用した高周波増幅回路の例である。可変容量ダイオードのバイアス電圧を PLL シンセサイザの VCO 制御電圧から供給することにより受信周波数を変えることができる。

全波受信機の場合は、図4.7のように受信帯域を BPF を使用して $f_1{\sim}f_2$、$f_3{\sim}f_4$、…のように分割し、希望波以外の強い電波が受信機になるべく入り込まないようにして、混変調や相互変調による妨害を減らすように考慮されている。

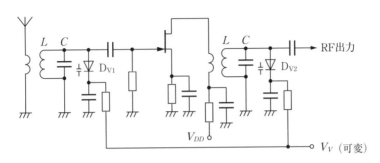

図4.6　高周波増幅回路の例

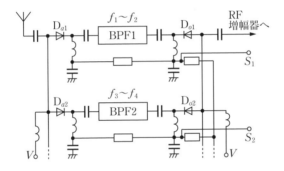

図4.7　高周波入力回路の切替

(3)　周波数変換器

　周波数変換の目的は、受信波の周波数を増幅及び選択作用の容易な中間周波数に変換することであり、周波数変換器は周波数混合器（単に混合器またはミキサともいう）と局部発振器から構成されている。

(a)　周波数変換の原理

　周波数変換は図4.8のように、周波数 f_c の受信波電圧と f_o の局部発振電圧を、非直線特性を持つ周波数混合器に加えて、両周波数の差 $(f_c{\sim}f_o)$ の周波数 f_i の出力を取り出すことである。ここで、記号「$\sim$」

は大きい方から小さい方を引く意味である。受信波電圧を $v_c = V_c \sin \omega_c t$、局部発振電圧を $v_o = V_o \sin \omega_o t$ とし、非直線特性を $i = a_1 v + a_2 v^2 + a_3 v^3 + \cdots$ とする。ただし、ここでは簡単のため、両者の差の周波数に関係する $a_2 v^2$ 項だけについて計算する。

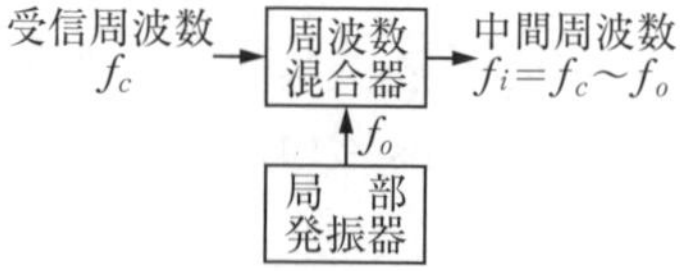

受信周波数 f_c → 周波数混合器 → 中間周波数 $f_i = f_c \sim f_o$

↑ f_o

局部発振器

図4.8　周波数変換器の構成

$$i = a_2 v^2 = a_2 (V_c \sin \omega_c t + V_o \sin \omega_o t)^2$$
$$= a_2 (V_c^2 \sin^2 \omega_c t + 2 V_c V_o \sin \omega_c t \cdot \sin \omega_o t + V_o^2 \sin^2 \omega_o t)$$
$$\cdots (4.12)$$

上式の第1項と第3項は、差の周波数に関係しないので、第2項のみを取り出して書き換えると、

$$2a_2 V_c V_o \sin \omega_c t \cdot \sin \omega_o t$$
$$= a_2 V_c V_o \{\cos (\omega_c - \omega_o) t - \cos (\omega_c + \omega_o) t\}$$
$$= a_2 V_c V_o \{\cos 2\pi (f_c - f_o) t - \cos 2\pi (f_c + f_o) t\} \qquad \cdots (4.13)$$

となり、差の周波数の出力は V_c と V_o の積に比例する。また、f_c と f_o はどちらが大きくても良く、式 (4.13) において、$f_c - f_o$ は $f_c \sim f_o$ と書くことができる。$f_o > f_c$ のとき $f_o - f_c = f_i$ を**上側ヘテロダイン**、$f_o < f_c$ のとき $f_c - f_o = f_i$ を**下側ヘテロダイン**といい、差の周波数 f_i を中間周波数（IF）という。

(b) 変換利得

図4.9(a) は周波数変換器の基本図を示す。図において、i_o はドレイン電流中の中間周波成分であり、同調したときのインピーダンスを Z とする。同調回路が中間周波数成分に同調しているとき、i_o を $i_o = g_c v_c$ とおいて、g_c を**変換コンダクタンス**と呼んでいる。

この等価回路は $r_d \gg Z$ であるので、同図 (b) のようになる。

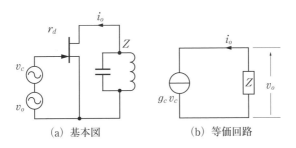

(a) 基本図　　　　　　(b) 等価回路

図4.9　周波数変換器と等価回路

図から次式が得られる。

$$g_c = \frac{\Delta i_o}{\Delta v_c} \qquad \cdots(4.14)$$

周波数変換器の増幅度を A_c とすれば、次式となる。

$$A_c = \frac{i_o Z}{v_c} = \frac{g_c Z v_c}{v_c} = g_c Z \qquad \cdots(4.15)$$

g_c は局部発振電圧によって変わり、g_c と A_c が最大となるときの電圧を最適ヘテロダイン電圧という。また、周波数変換によって得られる利得を**変換利得**という。

なお、一般の増幅回路では**相互コンダクタンス** g_m が使われる。増幅器の入力電圧を v_i、出力電流を i_o とすれば、$g_m = \Delta i_o / \Delta v_i$ である。

(c)　**周波数変換器の自励式と他励式**

周波数混合器（MIX）と局部発振器（LO）の二つの機能を一つの素子（トランジスタ等）で行うことができ、これを自励式周波数変換回路という。回路が簡単であるため簡易な受信機で採用されているが、強い受信波の周波数に発振周波数が引き込まれる**引込現象**や周波数安定度などの点で問題がある。これに対して、局部発振器を混合器とは別に持つ方法を他励式周波数変換回路といい、上記のような問題が少ないので広く採用されている。

⒟　周波数混合器

　混合器には、出力特性が入力に対して非直線特性を持つ素子が使われる。このような素子としてはトランジスタ、FET、ダイオードのいずれでも良い。

　トランジスタまたはFETによる混合器は、局部発振電圧を加える電極によって、ベースまたはゲート注入形、エミッタまたはソース注入形がある。ベース注入形は受信信号電圧に局部発振電圧を加えてベースへ入力する方法であり、局部発振電圧が小さくてもよいが、引込現象が起こりやすい。エミッタ注入形は局部発振電圧をエミッタに加え受信信号をベースから入力する方法であり、引込現象が起こりにくい。

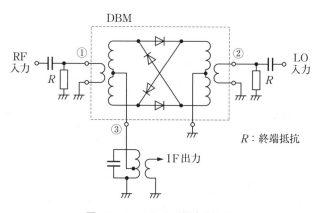

図4.10　DBM による混合器の例

　ダイオードを使った混合器として、図4.10に２重平衡混合器（DBM：double-balanced mixer）の例を示す。ダイオードDBM は、４個のショットキーダイオードと結合トランス２個を一つのケースに収めたものであり、３個の端子を持っている。使用方法は、同図のように受信信号電圧を①、局部発振電圧を②に加え、中間周波電圧を③から取り出す。この混合器の特徴は、受信信号電圧と局部発振電圧はともに出力に現れない。

(4) 局部発振器

発振器一般については、すでに送信機の章で述べたので、ここでは受信機の局部発振器として必要な条件について述べる。

(a) 発振周波数

局部発振器の周波数は受信周波数に応じて変化させなければならないから、自励発振器を使わなければならなかった。このため、発振周波数が不安定になりがちであり、受信信号がひずんだり明りょう度が悪くなったりするなどの影響が現れた。しかし、PLL シンセサイザを使用するようになってからは、発振周波数は非常に安定になり、周波数選択もキー操作などで容易にできるようになった。

(b) 発振出力電圧

発振器の出力電圧は、変換利得が最大になる最適ヘテロダイン電圧またはこれに近いことが望ましい。ただし、必要な最適ヘテロダイン電圧が発振器の最大能力に近いような場合には、発振が不安定になったり外部への不要発射の原因となることがある。このような場合には、発振出力を抑えて、緩衝増幅器を使って必要な電圧を得るなどの方策が必要となる。

(c) 出力電圧波形

発振器の出力電圧波形は正弦波であることが望ましい。波形がひずんでいるということは、高調波を含んでいるということであり、この高調波と混合して中間周波数を作るような電波があれば混信の原因となる。また、電源電圧変動のため出力波が振幅変調や周波数変調を受けているときには、周波数混合後に雑音となって現れるため、受信機の性能を低下させる原因となる。

(5) 中間周波増幅器

中間周波による増幅は、スーパヘテロダイン受信機の主目的であり、増幅器を多段縦続接続することにより利得を大きく取れると同時に、増幅器と増幅器の間に同調回路やフィルタを挿入することにより近接周波数の混信を減らすことができる。挿入する回路には、単一同調回路、中間周波変成器、メカニカルフィルタなどがあるが、ここでは中

間周波変成器による従属接続の増幅法について説明する。

（a）中間周波変成器による増幅器の縦続接続

通常、**中間周波変成器（IFT）**の１次側と２次側巻線はともに同調回路のＬとして構成されている。このような回路を複同調回路といい、これを持つ増幅器を複同調増幅器という。図4.11はIFTによる複同調増幅器の基本回路である。

IFTの相互インダクタンスをMとすれば、結合係数kは$k = M/\sqrt{L_1 L_2}$である。ここで、二つのコイルのインダクタンスL、抵抗r、容量C、尖鋭度Qがそれぞれ等しいとすれば、IFTの１次側と２次側は同じ周波数f_0で共振する。周波数をf_0に固定したままMを０から大きくしていくと出力は次第に大きくなり$M = r/\omega_0$で最大になる。このときの結合状態を臨界結合といい、結合係数の値は$k = M/L = r/(\omega_0 L) = 1/Q$である。

IFTの入力の周波数を変えたときの出力特性は結合係数によって変わり、図4.12のようになる。$k < 1/Q$のときを疎結合といい、最大値が臨界結合の場合より小さい単峰特性で帯域幅も狭くなる。$k > 1/Q$のときを密結合といい、最大値が二つに分かれた双峰特性になり、帯域幅は最も広くなる。

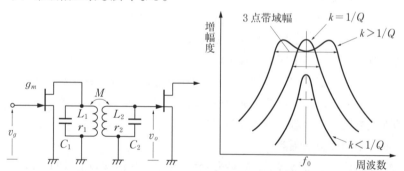

図4.11　IFTによる増幅器　　図4.12　IFTによる複同調増幅器の周波数特性

中間周波変成器の結合度は受信波の帯幅によって決められ、側波帯が広い電波はその側波帯を全部一様に増幅しなければならないから帯域幅の広い密結合が使われる。ただし、結合度が大きすぎると同調特

性の中央部の増幅度が低下するので注意が必要である。したがって、密結合によって同調回路の帯域幅を広げる方法には限界があり、それ以上広い帯域幅が必要な場合には、スタガ同調が行われる。

通常、IF 増幅は多段増幅が行われ、各段にはそれぞれ中間周波変成器（IFT）が使用されている。これらの IFT の同調点を互いに少しずつずらし、全体として必要な広い帯域幅が得られるようにする方法を**スタガ同調**という。

⑹　低周波増幅器

検波器または復調器は電波型式によって異なるので後の節で述べることにして、ここでは検波器の次に続く低周波増幅器について簡単に説明する。

検波によって取り出された信号電圧は小さいので、これをスピーカやヘッドホンなどを駆動できる電力まで増幅するのが低周波増幅器である。したがって、通常の受信機では電力増幅器を 1 段使うが、大きな出力が必要な場合には電力増幅器の前に A 級電圧増幅器を設ける場合もある。電力増幅器の例として、コンプリメンタリ（相補）SEPP（complementary single ended push pull）増幅器が使われる。この増幅器は、図4.13のように、特性の揃った PNP と NPN トランジスタをエミッタフォロワで相補的に接続し、入力信号の正の部分と負の部分を二つのトランジスタで別々に増幅して合成する方式である。この方式では、トランジスタ特性の小信号部でクロスオーバ歪が

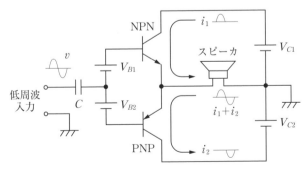

図4.13　コンプリメンタリ SEPP 増幅器の原理図

生じるので、小信号まで歪なく増幅することが必要な場合には、バイアス電圧を適切に設定しなければならない。

4.1.3　受信機の特性

受信機の特性を表すものには感度、選択度、忠実度、安定度などがある。これらの所要値や制限値などは、それぞれの無線局の種別について無線設備規則に規定されている。

(1)　感度

感度（sensitivity）は、受信機が受信することのできる最小の入力電圧のことである。

(a)　最大有効感度

規定状態の受信機入力端に信号電圧を加えたとき、正常な動作に必要な出力または S/N を得るための最小入力信号電圧を**最大有効感度**といい、次の二つがある。

利得制限感度

受信機の利得を最大にした状態で、規定出力が得られるようにしたときの最小受信機入力電圧である。これは一般家庭用受信機のように、感度があまり大きくない受信機で採用されている最大有効感度表示である。

雑音制限感度

規定の出力と S/N を同時に満足できる最小の受信機入力電圧である。例えば、規定出力が 50〔mW〕で S/N が 20〔dB〕であるときの最小の受信機入力電圧などである。これは一般通信用受信機で採用されている最大有効感度表示である（4.1.3(5)(c) 参照）。

(b)　雑音抑圧感度

FM 受信機において、規定の入力インピーダンスの受信機に無変調の搬送波を加えて測定し、入力がないときの雑音出力の値より α〔dB〕だけ減少させるのに必要な受信機入力電圧を求める。これを α デシベル雑音抑圧感度といい、α は通常 20〔dB〕である。

なお、受信機入力電圧は電波法施行規則によると「受信機の入力端

子における信号源の開放電圧をいう」となっている。（電波法施行規則二条九十一）

⑵ 選択度

不要な電波を取り除き希望波だけを分離、選択して受信する能力を**選択度**という。選択度には、受信機の同調周波数付近における減衰度や帯域幅などの特性を表す**1信号選択度**と希望波に同調させたときにほかの周波数の妨害を排除する能力を表す**2信号選択度**（または実効選択度）がある。

⒜ 1信号選択度

1信号選択度には、近接周波数選択度、影像周波数選択度、スプリアスレスポンスがある。

近接周波数選択度

妨害波と希望波の周波数差が比較的小さく、妨害波と中間周波数との間に特別な関係がないときの選択度である。

図4.14（a）の LC 同調回路において、ab 間の電圧を V〔V〕、同調したときの電圧を V_0〔V〕とすれば、選択度 S は次式で与えられる。

$$S = \frac{V}{V_0} \fallingdotseq \frac{1}{\sqrt{1+4\delta^2 Q^2}} \qquad \cdots (4.16)$$

式中の δ は離調度で、同調周波数を f_0、f_0 から Δf 離れた周波数を

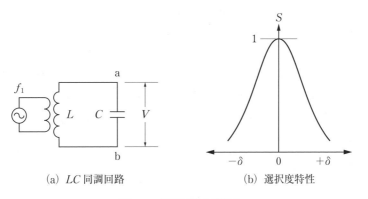

（a）LC 同調回路   （b）選択度特性

図4.14　同調回路の選択度

離調周波数とすれば、$\delta = \Delta f / f_0$ である。また Q は尖鋭度である。

　選択度は、周波数 f_1（$= f_0 + \Delta f$）を同調回路に入れたとき、同調回路が周波数 f_1 を選び出す能力で、式（4.16）から $\Delta f = 0$ のとき $S = 1$ で最大になり、f_1 が f_0 から離れる（離調度 δ が大きくなる）にしたがって小さくなっていく。図4.14（b）は選択度と離調度の関係を表す曲線である。

　一般に、受信機の選択度は同調回路の選択度に大きく依存するので、ここでは受信機の選択度が同調回路の選択度だけで決まるものとして、受信波を周波数変換したときの離調度と選択度の関係について調べてみる。いま、希望波の周波数を 1.000〔MHz〕とし、近接する妨害波の周波数 1.015〔MHz〕を同調回路で分離するとする。このときの希望波と妨害波の差（離調周波数）は 15〔kHz〕であり、妨害波の離調度は（15/1000＝）0.015 である。また、シングルスーパヘテロダイン方式の受信機では、通常、受信波の周波数を 455〔kHz〕の中間周波数に変換するので、1.000〔MHz〕のときの局部発振器の周波数は、（1000−455＝）545〔kHz〕である。妨害波もこの局部発振周波数で変換されるので、（1015−545＝）470〔kHz〕に変換されることになる。したがって、周波数変換された希望波と妨害波の離調周波数は（470−455＝）15〔kHz〕であり、周波数変換の前と変わらないので、妨害波の離調度は（15/455＝）0.033 となる。

　希望波を周波数変換する前と後の周波数に対する妨害波の選択度を式（4.16）により $Q = 100$ として求めてみると、1.000〔MHz〕のとき $S \fallingdotseq 0.32$ であり、455〔kHz〕のとき $S \fallingdotseq 0.15$ である。すなわち、同調回路の Q を同じにして周波数を下げると、妨害波の選択度 S が小さくなるので希望波の選択が容易になる。この事から、近接周波数選択度を良くするには中間周波数をなるべく低くした方が良いことが分かる。

影像周波数選択度

　スーパヘテロダイン受信機では、影像周波数による妨害の除去が最も重要な混信対策である。この影像周波数の大きさを希望波に対して

どの程度抑えることができるかを表す尺度を影像周波数選択度という。影像周波数選択度を良くするには、受信機入力段に希望波のみを通す帯域フィルタを使うが、この帯域フィルタは一般に LC 回路で構成されていて中心周波数が変えられる可変帯域フィルタである。このため、ある程度広い帯域幅を持っているので、この帯域内に影像周波数が入らないようにしなければならない。

　希望波の周波数を f_d、中間周波数を f_i とすると影像周波数 f_u は $f_u = f_d \pm 2f_i$ であるから、帯域フィルタの帯域内に影像周波数が入らないようにするには、f_d と f_u の差を大きくすると良い。すなわち、中間周波数をできる限り高く選ぶことが影像周波数選択度を良くする対策の一つである。しかし、これは前述の近接周波数選択度の要求と相反する要求である。この両方の要求を同時に満足するためにダブルスーパヘテロダイン受信機が使われる。

スプリアスレスポンス

　スーパヘテロダイン受信機では、局部発振器などから高調波や低調波などの不要波（スプリアス）が出ていると、これらの周波数とほかの電波の周波数との間でビートが生じ、このビート周波数が中間周波数と一致すると妨害波となる。例えば、局部発振周波数を f_o、中間周波数を f_i とすれば、外部からの電波の周波数が $2f_o \pm f_i$ または $f_o/2 \pm f_i$ の時に混信妨害が発生する。このスプリアスによって生ずる混信妨害の大きさ、あるいは抑圧能力を**スプリアスレスポンス**（spurious response）という。

⒝　**2信号選択度**

感度抑圧効果（blocking effect）

　希望波に接近した非常に強い電波がある場合に、希望波の出力が低下する現象である。この原因は高周波増幅器や周波数変換器の非直線性のために、これらの増幅度が低下することによる。

混変調

　受信機の希望波通過帯域外に強力な妨害波があるとき、希望波がこの妨害波の音声信号により変調を受ける現象である。これは高周波増

幅器や周波数変換器の非直線性のために生ずるものであり、希望波の搬送波周波数をf_1、妨害波の搬送波周波数をf_2とし、この妨害波が周波数f_pで変調されているとき、妨害波の一方の側波(f_2+f_p)との間で、

$$\left.\begin{aligned}(f_1-f_2)+(f_2+f_p)&=f_1+f_p\\(f_1+f_2)-(f_2+f_p)&=f_1-f_p\end{aligned}\right\} \qquad \cdots(4.17)$$

という関係が生ずる。これは希望波が妨害波の変調信号によって変調されたことになる。

相互変調

受信機の希望波通過帯域外に二つ以上の強力な妨害波があるとき、これらが受信機に入って妨害波相互の変調積が生じ、その周波数が希望波または中間周波数と一致すると妨害を受ける現象である。この原因も混変調と同じで、高周波増幅器や周波数変換器の非直線性のために生ずる奇数次の変調積によるものである。

ここで、入力波が二つの場合の**相互変調積**を求めてみる。それぞれの入力波を$V_1\cos\omega_1 t$及び$V_2\cos\omega_2 t$とし、非直線回路の伝達特性を$i=a_1 v+a_2 v^2+a_3 v^3$とすれば、その出力iは次式となる。ただし、a_1、a_2、a_3は定数である。

$$
\begin{aligned}
i &= a_1(V_1\cos\omega_1 t+V_2\cos\omega_2 t)+a_2(V_1\cos\omega_1 t+V_2\cos\omega_2 t)^2\\
&\quad +a_3(V_1\cos\omega_1 t+V_2\cos\omega_2 t)^3\\
&= \frac{a_2}{2}(V_1^2+V_2^2)+\left(a_1 V_1+\frac{3}{4}a_3 V_1^3\right)\cos\omega_1 t\\
&\quad +\left(a_1 V_2+\frac{3}{4}a_3 V_2^3\right)\cos\omega_2 t\\
&\quad +\frac{a_2}{2}V_1^2\cos 2\omega_1 t+\frac{a_2}{2}V_2^2\cos 2\omega_2 t\\
&\quad +\frac{a_3}{4}V_1^3\cos 3\omega_1 t+\frac{a_3}{4}V_2^3\cos 3\omega_2 t\\
&\quad +a_2 V_1 V_2\cos(\omega_1+\omega_2)t+a_2 V_1 V_2\cos(\omega_1-\omega_2)t\\
&\quad +\frac{3}{4}a_3 V_1^2 V_2\cos(2\omega_1+\omega_2)t+\frac{3}{4}a_3 V_1^2 V_2\cos(2\omega_1-\omega_2)t
\end{aligned}
$$

第4章 受信機

$$+\frac{3}{4} a_3 V_1 V_2{}^2 \cos(\omega_1+2\omega_2)t+\frac{3}{4} a_3 V_1 V_2{}^2 \cos(\omega_1-2\omega_2)t$$
$$\cdots(4.18)$$

　この式の各項のうち相互変調積は、高調波以外の和と差の成分である。これらの成分のうち、$(\omega_1+\omega_2)$、$(\omega_1-\omega_2)$ 成分は 2 次の相互変調積であり、$(2\omega_1+\omega_2)$、$(2\omega_1-\omega_2)$、$(\omega_1+2\omega_2)$、$(\omega_1-2\omega_2)$ 成分が 3 次の相互変調積である。

　このうち 3 次の相互変調積が特に問題である。すなわち、希望波の周波数を f_0、二つの妨害波の周波数をそれぞれ f_1、f_2、中間周波数を f_i とすれば、上記の関係から $2f_1\pm f_2=f_0$ または f_i、及び $f_1\pm 2f_2=f_0$ または f_i の関係にあるとき混信妨害を受けることになる。

(3)　**安定度**

　受信機の入力として、周波数と振幅が一定の信号を加えたとき、再調整を行わずに、どれだけ長い時間一定の出力が得られるかという能力である。安定度は感度、選択度、局部発振器の安定度などすべてに関係するが、特に局部発振器の周波数安定度が重要である。局部発振器の発振周波数は、可変でなければならないので自励発振器が使われてきたが、外気温、電源電圧などの変動が影響して不安定になるので、最近の受信機ではほとんど PLL シンセサイザが使われるようになった。このため受信機の安定度は、水晶発振器の安定度によってほぼ決まるといえる。

(4)　**忠実度**

　受信機に入力された信号がどの程度正確に再現できるかの能力であって、主として、周波数特性、ひずみ率、雑音などによって決まる。

(a)　**周波数特性**

　一般に、周波数に対する電圧などの変動を表すものが周波数特性である。受信機に、周波数が連続的に変わる一定振幅の信号波で変調した電波を入力したとき、その出力が信号波の周波数にかかわらず一定であれば、周波数特性が良いとされる。一般の受信機の周波数特性は、図4.15（a）のように、高い周波数と低い周波数で悪くなり、中央部

ではほぼ平坦である。周波数特性は、主に中間周波増幅器の通過帯域幅とLPFなどの通過帯域内における周波数に対する減衰の変化量によって決まる。中間周波増幅器の帯域幅は希望波が持っている側波帯より狭いと、高い周波数成分の側波が通過しなくなるので、同図 (a) の破線のように周波数特性の高い部分が低下する。また、LPFの減衰量が周波数によって異なると、周波数特性が平坦でなくなる。周波数特性の悪い受信機で信号を受信すると、送られた信号波の周波数分布と異なる周波数分布となるため波形が変わってしまう。このようにして生ずるひずみを周波数ひずみという。

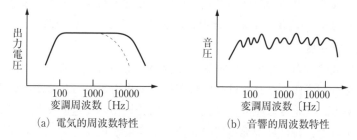

(a) 電気的周波数特性   (b) 音響的周波数特性

図4.15　受信機の周波数特性

　FM受信機ではデエンファシス回路を使用していることが多いので、この回路が正常に動作していない場合には、周波数特性は平坦でなくなる。

　受信機出力を音声として得る場合には、スピーカの特性が大きく影響し、同図 (b) のように、スピーカに加える前の出力電圧で測定した電気的周波数特性より悪化するのが普通である。

(b)　**非直線ひずみ**

　これは振幅ひずみ、高調波ひずみなどとも呼ばれ、増幅などで出力の振幅が入力の振幅に比例しない特性、すなわち非直線性のために高調波を生じて出力波形をひずませるものである。その程度をひずみ率といい、入力にひずみのない正弦波を加えたとき、出力に現れる基本波、第2高調波、第3高調波、・・・などの振幅をそれぞれ V_1、V_2、V_3、・・・とすると、ひずみ率 K は次式で定義される。

$$K = \frac{\sqrt{V_2{}^2 + V_3{}^2 + \cdots}}{V_1} \times 100 \ \text{〔\%〕} \qquad \cdots (4.19)$$

(c) **位相ひずみ**

高周波などの信号が受信機を通過するとき、その位相が周波数によって異なることにより生ずるひずみである。すなわち、周波数に対するその遅延時間特性が平坦でないときに生ずるものであり、FM多重波などの周波数帯幅の広い信号を増幅する回路で特に問題になる。遅延時間特性を悪化させる主なものにBPFがあり、その帯域幅が狭く、遮断特性が良いほど影響が大きくなる。位相ひずみと周波数ひずみは増幅器の直線性が良くても生ずるので直線ひずみともいう。

(d) **検波ひずみ**

AM波の検波ひずみ

検波器に使うダイオードの特性は、大きな信号では直線になるが、小さな信号では非直線となるためひずみを生ずる。検波回路で生ずるひずみにはこのほかに、ダイアゴナルクリッピングひずみとネガティブ・ピーク・クリッピングひずみなどがあり、いずれも4.2.2項で述べる。

FM波の周波数弁別器のひずみ

周波数弁別器の入力周波数対出力振幅特性が直線でない場合や、動作点が中心からずれている場合などにひずみを生ずる。

(e) **同期ひずみ**

SSB波（J3E）では、搬送波は送信側と受信側で独立しているので、これが一致（同期）していないとひずみを生ずる。これを**同期ひずみ**という。送信側と受信側の搬送波周波数のずれを同期誤差といい、通信の目的によってその許容値が異なる。

(5) **雑音**

受信機の出力に現れる雑音は、アンテナから希望波とともに入ってくる外来雑音と受信機内部で発生する内部雑音の和である。外来雑音は一般に、VHF帯以下の低い周波数帯で大きくなる傾向があり、このような周波数帯で使われる受信機では、内部雑音はさほど問題にならない。しかし、衛星通信で使用されるような高い周波数帯では、外来

雑音は非常に小さくなるため内部雑音が問題になる。

(a)　**雑音電力**

内部雑音には、熱雑音、散弾雑音、フリッカ雑音、分配雑音などがある。

熱雑音についての実験と理論的解析により、R〔Ω〕の抵抗体の開放端に現れる雑音電圧の実効値 $\sqrt{e_n{}^2}$ は、次式で与えられることが分かっている。

$$\sqrt{e_n{}^2} = 2\sqrt{kTRB} \qquad \cdots(4.20)$$

ただし、k はボルツマン定数（1.38×10^{-23}〔J/K〕）、T は抵抗体の絶対温度〔K〕、B は帯域幅〔Hz〕である。したがって、熱雑音を出す抵抗体は、起電力が e_n で内部抵抗 R の電源と考えられ、図4.16のような等価回路で表される。

この雑音電力を取り出すために入力抵抗 r〔Ω〕の増幅器を接続したとき、増幅器に最大電力 P_{nm} を取り込むための条件は $r = R$ であるから、次式が成立する。

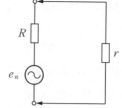

図4.16　熱雑音を出す抵抗体の等価回路

$$P_{nm} = \frac{\overline{e_n{}^2}}{4R} = kTB \qquad \cdots(4.21)$$

散弾雑音、フリッカ雑音、分配雑音は、これらが合成されて出力に現れる電圧を入力端に置かれた一つの等価的な抵抗 R_{eq} が発生する熱雑音電圧に置き換えることができる。

すなわち、受信機の内部雑音の電圧は、上記の**等価雑音抵抗** R_{eq} と入力端に接続されている抵抗の合成抵抗を式（4.20）の R として求めたものになる。

(b)　**雑音指数**

受信機の出力端における雑音は、受信機の入力端から入ってくる雑

音と受信機内部で発生する雑音の和である。このため、受信機のS/Nは、その入力端の値より出力端の値の方が小さくなる。受信機の性能は内部で発生する雑音が小さいほど良い。これを数値化したものを**雑音指数**（**NF**：noise figure）という。

　簡単のため、始めに増幅器1段の場合について考えてみる。増幅器の入力端と出力端における信号電力をそれぞれS_i、S_o、雑音電力をそれぞれN_i、N_oとすれば、雑音指数Fは次式で定義される。

$$F = \frac{S_i/N_i}{S_o/N_o} = \frac{S_i}{S_o} \cdot \frac{N_o}{N_i} \qquad \cdots (4.22)$$

　ここで、増幅器の増幅率をGとすれば$G = S_o/S_i$であるから上式は次のようになる。

$$F = \frac{N_o}{GN_i} \qquad \cdots (4.23)$$

　この式のN_oは、N_iをG倍したものと内部で発生した雑音N_aの和であるから、次のようになる。

$$N_o = GN_i + N_a \qquad \cdots (4.24)$$

　ここで、N_aが入力端で発生したものとして、入力端における値に換算したものをN_{ai}とすると上式は、

$$N_o = GN_i + GN_{ai} \qquad \cdots (4.25)$$

となる。したがって、式（4.23）は次式のようになる。

$$F = \frac{GN_i + GN_{ai}}{GN_i} = 1 + \frac{N_{ai}}{N_i} \qquad \cdots (4.26)$$

　式（4.25）と（4.26）からN_{ai}を消去し、Fを使ってN_oを表すと次

式となる。

$$N_o = FGN_i \qquad \cdots (4.27)$$

上式を G で割ったものを N_{oi} とすれば、

$$N_{oi} = kTBF \qquad \cdots (4.28)$$

となり、これを**入力換算雑音電力**という。

また、式（4.27）を書き直すと次式となる。

$$N_o = GN_i + (F-1)\,GN_i \qquad \cdots (4.29)$$

上式の第1項は増幅器の入力における雑音が増幅されて出てきたものであり、第2項は増幅器の内部で発生した雑音に相当するものである。この式から、F が1に近いほど第2項は零に近くなり、増幅器としての性能が良いことになる。

次に、増幅器が2段の場合の雑音指数を考えてみる。1段目と2段目の増幅器の利得をそれぞれ G_1、G_2 とし、その雑音指数をそれぞれ F_1、F_2 とする。2段目の増幅器内部で発生する雑音 N_{a2} は、式（4.29）の第2項と同様にして、次式のように表される。

$$N_{a2} = (F_2-1)\,G_2\,N_i$$

2段目の雑音出力 N_{o2} は、上式の N_{a2} と1段目の雑音出力 N_{o1} が G_2 倍されたものとの和である。N_{o1} は式（4.29）から求められるので、2段目の出力端における雑音指数、すなわち全体の雑音指数 F は、

$$F = \frac{N_{o2}}{GN_i} = \frac{G_2 N_{o1} + N_{a2}}{GN_i}$$

$$= \frac{G_1 G_2 N_i + (F_1 - 1) G_1 G_2 N_i + (F_2 - 1) G_2 N_i}{G_1 G_2 N_i}$$

$$= F_1 + \frac{F_2 - 1}{G_1} \qquad \cdots (4.30)$$

となる。ただし、$G = G_1 G_2$ である。

増幅器が多段接続されているときの全体の雑音指数は、増幅器それぞれの利得を G_n、雑音指数を F_n とすれば、式 (4.30) と同様にして、次式となる。ただし、n を正の整数とする。

$$F = F_1 + \frac{F_2 - 1}{G_1} + \frac{F_3 - 1}{G_1 G_2} + \cdots + \frac{F_n - 1}{G_1 G_2 \cdots G_n} \qquad \cdots (4.31)$$

各段の利得 G_n が十分大きく、上式の第 2 項以下が第 1 項に比べて無視できれば、全体の雑音指数は 1 段目の雑音指数にほぼ等しくなる。このことから、雑音の少ない受信機にするには、初段の高周波増幅器に雑音の発生が少なく増幅度の大きな素子を使用すれば良いことが分かる。

(c) **最大有効感度と雑音指数との関係**

最終段の中間周波増幅器出力における所要 S/N（電力比）を U、**等価雑音帯域幅**を B〔Hz〕、受信機入力抵抗を R〔Ω〕、その絶対温度を T〔K〕、雑音指数を F、ボルツマン定数を k とすれば、最小受信入力電圧 e_{min}〔μV〕、すなわち最大有効感度 e_{min} は次式で与えられる。

$$e_{min} = 2\sqrt{kTRBUF} \times 10^6 \quad 〔\mu V〕 \qquad \cdots (4.32)$$

ここで、$T = 293$〔K〕（20℃の場合）、$R = 75$〔Ω〕として、これをデシベルで表せば、

$$e_{min} \, [\mathrm{dB}\mu] = -29.5 + 10\log_{10}B \, [\mathrm{kHz}] + F \, [\mathrm{dB}] + U \, [\mathrm{dB}]$$

$$\cdots(4.33)$$

となる。すなわち、感度を上げるには、所要 S/N を一定とすれば、帯域幅を狭くして雑音指数を小さくすることが必要である。

受信機は、式（4.32）または（4.33）から、雑音指数が小さいほど高感度になる。

(6) 受信機から放射される不要波

受信機の内部に持っている局部発振器などの発振器からは、副次的に不要な電波（スプリアス）が放射されることがある。これを防ぐには、①高周波増幅段を設ける、②シールドをする、③発振出力を下げるなどの方策を講じる。電波法では副次的に発する電波等の限度として、無線局の種類と周波数帯についてそれぞれ規定している（無線設備規則第二十四条）。

4.2　DSB 受信機

DSB 受信機は電波型式が A または H の電波を受信するための受信機で、AM 受信機の一つである。AM 受信機はこのほかに次節で述べる SSB 受信機がある。なお、DSB 受信機の構成は図4.1と同じであるので省略する。

4.2.1　DSB 検波回路

DSB 波は、図4.17(a)のように、搬送波（高周波）が信号波（低周波）の振幅に応じて 0 [V] を中心にして正負対称に変動する。この信号から高周波成分と直流成分を取り除くと、同図(b)のように、低周波成分は互いに打ち消し合い信号波は得られない。そこで、正の部分と負の部分で増幅度の異なる非直線回路に通すと、その出力は正側の包絡線と負側の包絡線で大きさが異なるため、その合成は 0 にならず信号波に比例した出力が得られる。このような回路が検波回路である。

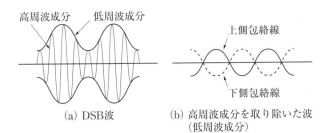

(a) DSB波　　　(b) 高周波成分を取り除いた波
　　　　　　　　　　（低周波成分）

図4.17　DSB検波の原理

⑴　包絡線検波（直線検波）

　図4.18は、ダイオードを使用した DSB 波の検波回路である。ダイオード D に高周波電圧 v_i が加わると、その正の半周期の間、電流 i が流れてコンデンサ C に充電される。負の半周期では、D には電流が流れないので、この間 C に充電された電荷は、抵抗 R を通して放

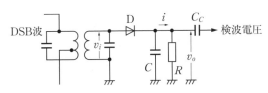

図4.18　ダイオード検波器

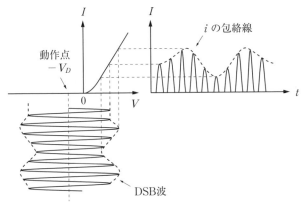

図4.19　包絡線検波（直線検波）の動作特性

電されて R の両端に電圧 v_o が発生する。この v_o は、時定数 CR の大きさを適当に選ぶと入力電圧に比例する。また、この電圧は D に逆バイアス電圧 V_D を与えることになり、動作点が図4.19のように負側へ移動する。もし、入力電圧が十分大きいと、v_o は DSB 波の包絡線に比例するので、この検波を包絡線検波という。また、ダイオード特性の直線部分を使うため入力と出力が比例することから直線検波ともいう。

⑵ 平均値検波

図4.18の回路からコンデンサ C を取り除いた回路で検波する方法を平均値検波という。C がないため検波回路の時定数が 0 となり、検波出力電圧は包絡線検波の場合の $1/\pi$、すなわち、DSB 波の上または下半分の平均値となる。したがって、包絡線検波に比べて検波効率が悪くなるが、ひずみの少ない検波方法である。

⑶ 2乗検波

ダイオードの入出力特性において小さな入力に対する出力特性は、図4.20のように直線関係にない。この部分の特性を $i = a_1 v + a_2 v^2 + a_3 v^3 + \cdots$ とし、ダイオードに加える電圧を DSB 波、

$$v = V_m (1 + m \sin pt) \sin \omega t \qquad \cdots (4.34)$$

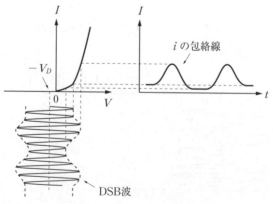

図4.20　2乗検波の動作特性

とすると、ダイオードに流れる電流 i は次式となる。ただし、簡単のため、2乗項のみを考える。

$$i = a_2 V_m{}^2 (1+m \sin pt)^2 \sin^2 \omega t$$

$$= a_2 V_m{}^2 (1+m \sin pt)^2 \cdot \frac{1}{2} (1-\cos 2\omega t)$$

$$= \frac{a_2 V_m{}^2}{2} (1+m \sin pt)^2 - \frac{a_2 V_m{}^2}{2} (1+m \sin pt)^2 \cos 2\omega t$$

$$\cdots (4.35)$$

上式において、右辺第1項が信号波成分を含んでいるので、これを取り出し、三角関数の公式を使って変形すると、次のようになる。

$$第1項 = \frac{a_2 V_m{}^2}{2} (1+2m \sin pt + m^2 \sin^2 pt)$$

$$= \frac{a_2 V_m{}^2}{2} (1+2m \sin pt + \frac{m^2}{2} - \frac{m^2}{2} \cos 2pt)$$

$$= \frac{a_2 V_m{}^2}{2} (1+\frac{m^2}{2}) + a_2 V_m{}^2 m \sin pt - \frac{a_2 V_m{}^2 m^2}{4} \cos 2pt$$

$$\cdots (4.36)$$

上式の右辺第1項は直流成分、第2項は信号波成分であり、第3項は信号波の第2高調波成分である。直流成分は結合コンデンサで阻止されるので、出力として現れるのは信号波成分とその第2高調波成分である。上記の解析では、第3高調波成分以上の高調波成分については考えなかったが、実際にこれらの成分は第2高調波成分に比べて無視できる程度に小さい。

(4) 同期検波器

同期検波器の構成を図4.21に示す。入力の DSB 波から周波数 f_c の搬送波を分岐し、PLL 回路で DSB 波に同期した周波数 f_c の搬送波（これを基準搬送波または同期搬送波という）を作り、これと DSB 波とを乗算回路に入れ両波の積を作る。DSB 波を $v_i = V_c(1+m \sin pt) \sin \omega t$、同期搬送波を $v_o = V_o \sin \omega t$ とし、a を比例定数とすれば、検

波電流 i は次式となる。

$$i = av_i v_o = aV_c V_o \,(1+m \sin pt) \sin^2 \omega t$$

$$= aV_c V_o \,(1+m \sin pt) \cdot \frac{1}{2}\,(1-\cos 2\omega t)$$

$$= \frac{aV_c V_o}{2}\,\{1+m \sin pt - \cos 2\omega t$$

$$-\frac{m}{2}\,\sin(2\omega+p)\,t + \frac{m}{2}\,\sin(2\omega-p)\,t\} \quad \cdots(4.37)$$

　上式の右辺第2項が信号波に比例した成分であるから、第1項の直流成分とほかのすべての高周波成分をフィルタで除去すれば、信号波成分が得られる。これがダイレクトコンバージョン受信機の原理でもある。なお、同期検波は位相情報も検出できる。

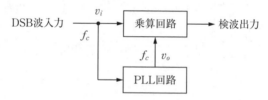

図4.21　同期検波の構成

4.2.2　検波器の特性

(1)　検波効率

　図4.22の包絡線検波回路において、ダイオードの順方向抵抗を r とし、解析を簡単にするため回路の時定数 CR は十分大きく $\omega CR \gg 1$

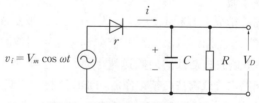

図4.22　包絡線検波回路の動作原理

であり、ダイオードの特性は図4.23のように直線と考える。DSB波の入力電圧 $v_i = V_m \cos \omega t$ を加えると、時定数が十分大きいから、C には図の方向に V_D まで充電されるので、ダイオードに加わる電圧は $v_i = V_m \cos \omega t - V_D$ となる。したがって、ダイオードに流れる電流は、

$$i = \frac{1}{r}(V_m \cos \omega t - V_D) \qquad \cdots (4.38)$$

となり、$v_i < V_D$ のときは $i = 0$ となる。

図4.23を参照して、i の平均値（直流分）I_D を求めると、

$$I_D = \frac{1}{2\pi}\int_0^{2\pi} id(\omega t) = \frac{1}{\pi r}\int_0^{\theta}(V_m \cos \omega t - V_D)d(\omega t)$$

$$= \frac{1}{\pi r}[V_m \sin \omega t - \omega t V_D]_0^{\theta} = \frac{1}{\pi r}(V_m \sin \theta - \theta V_D) \quad \cdots (4.39)$$

となる。

ここで、$\omega t = \theta$ のときは $i = 0$ であるから、式（4.38）から、

$$0 = \frac{1}{r}(V_m \cos \theta - V_D)$$

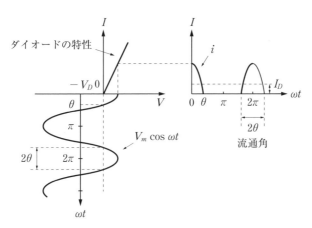

図4.23　包絡線検波器の動作特性

$$\therefore \quad V_D = V_m \cos\theta \qquad\qquad \cdots(4.40)$$

上式の関係を式（4.39）に代入すると、I_D は次式となる。

$$I_D = \frac{V_m}{\pi r}(\sin\theta - \theta\cos\theta) \qquad\qquad \cdots(4.41)$$

$$\therefore \quad V_D = I_D R = \frac{R V_m}{\pi r}(\sin\theta - \theta\cos\theta) \qquad\qquad \cdots(4.42)$$

第4章 受信機

検波効率 η は（検波電圧の平均値）／（包絡線の振幅）で定義されるから、包絡線検波の検波効率は式（4.40）と（4.42）から、

$$\eta = \cos\theta = \frac{R}{\pi r}(\sin\theta - \theta\cos\theta) \qquad\qquad \cdots(4.43)$$

となる。

上式から検波効率を良くするには、R を大きくすれば良いことが分かる。ただし、R を大きくし過ぎると後で述べるひずみが現れるので、適切な大きさに選ばなければならない。

(2) 検波ひずみ

(a) 非直線ひずみ

ダイオードに加える電圧と流れる電流の関係は、通常、0に近い部分で湾曲している。このため、直線検波では入力信号の振幅が小さいほどひずみが大きくなる。2乗検波は、この湾曲部を利用する検波方法であるのでひずみは多い。ひずみ率は近似的に、検波された低周波出力の（第2高調波成分の振幅）／（基本波成分の振幅）で求められる。したがって、2乗検波のひずみ率 ζ は、式（4.36）の右辺第2項及び3項から、次式で与えられる。

$$\zeta = \frac{a_2 V_m{}^2 m^2/4}{a_2 V_m{}^2 m} = \frac{m}{4} \qquad\qquad \cdots(4.44)$$

したがって、2乗検波は変調度が大きいほどひずみが大きくなるこ

とが分かる。

（b）　**ダイアゴナル・クリッピングひずみ（斜めクリッピングひずみ）**

　包絡線検波では検波効率を高くしようとして時定数 τ（$=CR$）を大きくすると、コンデンサからの放電時間が長くなり、図4.24のように包絡線が下降するとき、その下降速度に追従できなくなる。このように斜めにクリップされて生ずるひずみを**ダイアゴナル・クリッピングひずみ**（diagonal clipping：斜めクリッピング）という。このひずみをなくすには検波効率を多少犠牲にして、信号波の最高周波数及び変調度に対して十分追従できるような時定数 τ を選ぶことである。すなわち、信号波の最高周波数を f_m とすれば、$\tau \ll 1/f_m$ にする。

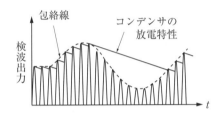

図4.24　ダイアゴナル・クリッピングひずみ

（c）　**ネガティブ・ピーク・クリッピングひずみ（しり切れひずみ）**

　検波回路の負荷は、直流に対するものと交流に対するものとでは異なる。図4.25の検波回路において、コンデンサ C_1 のリアクタンスはほかの素子のインピーダンスに比べて十分大きいものとし、また、結合コンデンサ C_2 のリアクタンスはほかの素子のインピーダンスに比べて無視できるものとすれば、直流及び交流に対する負荷抵抗 R_{DC} 及び R_{AC} はそれぞれ、

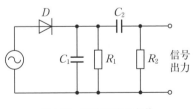

図4.25　検波回路の負荷

$$R_{DC} = R_1$$
$$R_{AC} = \frac{R_1 R_2}{R_1 + R_2} \Bigg\}$$
$$\cdots (4.45)$$

である。

図4.26の直線0P は直流成分に対する負荷特性、直線 AP は交流成分に対する負荷特性である。交流信号の増幅には交流に対する負荷特性を使わなければならないから、動作点 P における交流出力 i は入力の負の最大値付近でクリップされる。このようにして生ずるひずみを**ネガティブ・ピーク・クリッピングひずみ**という。

ひずみを発生しない最大の変調度 m_{max} は、図4.26において $V_D = 0$ とすれば、

$$m_{max} = \frac{\mathrm{AB}}{\mathrm{0B}} = \frac{\mathrm{AB/PB}}{\mathrm{0B/PB}} = \frac{R_{AC}}{R_{DC}} \qquad \cdots (4.46)$$

となる。上式に式（4.45）の関係を代入すると次式となる。

$$m_{max} = \frac{R_1 R_2 / (R_1 + R_2)}{R_1} = \frac{R_2}{R_1 + R_2} \qquad \cdots (4.47)$$

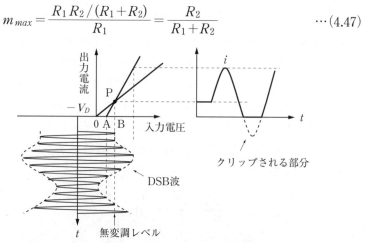

図4.26 ネガティブ・ピーク・クリッピングひずみの原理

DSB 波の変調率が100％になってもひずみを生じないためには、上式に $m_{max} = 1$ を代入して式が成立しなければならないが、$R_1 = 0$ ま

たは $R_2 = \infty$ となるので実用的でない。そこで、できるだけひずみの少ない条件として、$R_1 \ll R_2$ に選ぶ。

4.2.3　補助回路

受信機には、使用しやすくするための種々の補助機能が備えられている。次に、これらの機能の主なものについて説明する。

(1)　AGC回路

受信電波は送信電力、伝搬距離、電波の到来方向などの違いによりその強度が異なる。また、希望波を受信中にもフェージングなどの影響により強度が変動する。このようなとき、我々はボリュームコントロールにより出力を調整しなければならないが、これを自動的に行う回路が**自動利得制御**（**AGC**：automatic gain control）**回路**である。検波したときに得られる直流電圧は搬送波の振幅に比例しているので、これを AGC 電圧として増幅器の利得調整に使用する。

(a)　フォワード AGC

フォワード AGC は高周波増幅器への入力を大きくすることで出力を下げる AGC で、フォワード AGC 専用のトランジスタが使われる。通常の高周波トランジスタは、図4.27(a)のように、入力を大きくしていくと、ある入力レベルで出力が最大になり、それ以上入力を大きくするとかえって出力は減少する。フォワード AGC 専用のトランジスタは、同図(b)のように、最大値の後の減少の割合が通常のトランジスタより急であり、しかも直線的である。フォワード AGC は同図

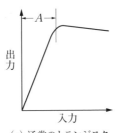
(a) 通常のトランジスタ

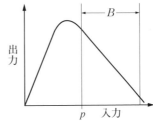
(b) フォワードAGC用トランジスタ

図4.27　トランジスタの入出力特性

(b)の点 p を起点とする幅 B の範囲の特性を利用する。このため、大きな入力電圧が必要になる。

　図4.28はフォワード AGC の回路例である。検波電圧は負であるので、これを OP アンプで反転増幅して大きな正電圧を作り AGC 電圧にしている。受信機が電波を受信していないときには IF アンプは図4.27(b)の起点 p の入力レベルであるから大きな増幅度で働いている。電波を受信すると検波電圧が現れ反転増幅されて入力に加わるので、入力レベルが点 p より大きくなって増幅度が下がることになる。

　この AGC は比較的大きな電力を必要とするが直線性が良いので多くの受信機で使われている。

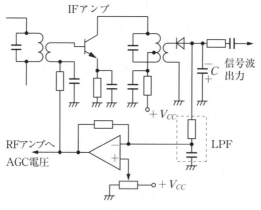

図4.28　AGC 回路

(b)　リバース AGC

　リバース AGC は負の検波電圧によって入力レベルを下げて出力を下げる AGC である。図4.27(a)のような通常のトランジスタの特性の A の範囲を利用する。リバース AGC の回路は、図4.28から OP アンプ回路を取り除いたものである。受信機に電波が入るとその強度に応じて負の検波電圧が生ずる。この電圧をそのまま高周波増幅器の入力に加えるとバイアス電圧が下がり、入力レベルが押し下げられて増幅度が低下する。この AGC は小さな電力で働くので携帯用受信機などに多く使われている。

(c) 遅延 AGC（DAGC：delayed AGC）

図4.29は各種 AGC の動作特性である。通常の AGC を使用すると、曲線③のような特性になり、AGC を使用しないときの曲線①に比べてアンテナからの入力が弱いときにも利得が低下する。受信機は本来、入力が小さいときには最大利得で動作することが望ましい。このため、AGC 回路が動作しないようにするスイッチが設けられている場合もあるが、これを自動的に行う方法がある。これを**遅延 AGC**（**DAGC**）といい、曲線②のように AGC 電圧が一定の基準電圧を越えるまでは、AGC が動作しないようになっている。

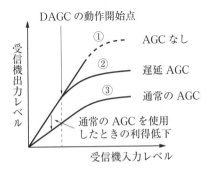

DAGC の動作開始点

受信機出力レベル

① AGC なし

② 遅延 AGC

③ 通常の AGC

通常の AGC を使用したときの利得低下

受信機入力レベル

図4.29 AGC の動作特性

(2) **雑音制限回路**

AGC は前述したように、大きな入力が入ってきたときに利得を抑制し、出力を一定に保つ働きを持っていて、フェージングのように比較的遅く変動するときの入力を制御するように回路の時定数を大きくしている。このため、パルス性雑音のように瞬間的に大きな入力に対しては動作しない。**雑音制限回路**は、このようなパルス性雑音を制御する回路である。AM 受信機の雑音制限回路には、**自動雑音制限**（**ANL**：automatic noise limiter）**回路**、**ノイズエリミネータ**（noise eliminator）などがあるが、ここでは DSB 電話に使用する自動雑音制限回路について説明する。

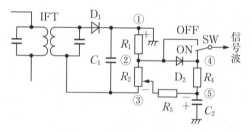

図4.30　自動雑音制限回路

　図4.30において、D_1、C_1、R_1 及び R_2 は包絡線検波回路であり、D_2、C_2、R_3 及び R_4 で雑音制限回路を構成している。D_1 による検波電圧は C_1 の両端に点①側が正、点③側が負になって現れ、この電圧は R_1 と R_2 の接続点②から分圧され D_2 に加えられている。R_2 の中点の電圧は、R_3 を通して時定数 $C_2 R_3$ でコンデンサ C_2 を充電し、さらに R_4 を通って D_2 の反対側の点④に加えられている。このため、D_2 には順バイアスが加えられていることになり、SW が ON であれば、検波電圧は出力として得られる。もし、入力が雑音により瞬間的に信号波より大きくなったとすれば、点②の電圧は瞬間的に負の大きな値になるが、点⑤の電圧は時定数 $C_2 R_3$ が AGC の時定数と同程度に大きいため検波電圧の平均値に保たれているので、D_2 は逆バイアスとなって不導通となり、検波電圧は瞬間的に遮断される。R_2 の中点の電圧を点②側の電圧に近付けるほど D_2 の両端の電圧が小さくなるため、わずかな雑音にも回路が反応するようになる。しかし、変調度の大きな信号にも反応するようになるため、このような信号ではひずみが生ずるようになる。SW が OFF になっていれば、検波電圧は D_2 による遮断とは関係なくなり、常に出力として得られる。

(3)　ビート周波数発振器（BFO）

　A1A 波は、モールス符号のマークを CW で送信したものであり、これを DSB 受信機でそのまま受信しても、直流電圧が得られるだけで音として聞くことはできない。これを音にするには、IF との差が可聴周波（1〔kHz〕程度）の高周波を IF 増幅器の終段に加えて**ヘテロダイン検波**する。この高周波を作る局部発振器をビート周波数発

振器（**BFO**：beat frequency oscillator）、または、うなり周波発振器といい、局部発振器とほぼ同じものである。図4.31に示すように、検波回路に IF 出力とともに BFO からの高周波を加える。ここで、IF 出力を $V_i \cos \omega t$、BFO の出力を $V_b \cos \omega_b t$ とし、$\omega_b = \omega + p$、$p = 2\pi f_p$、f_p を可聴周波数、また、$V_i \gg V_b$ とすれば、検波器への入力電圧 v は、二つの信号の和であるから次式となる。

$$
\begin{aligned}
v &= V_i \cos \omega t + V_b \cos (\omega + p)\, t \\
&= V_i \cos \omega t + V_b \cos \omega t \cos pt - V_b \sin \omega t \sin pt \\
&= (V_i + V_b \cos pt) \cos \omega t - V_b \sin pt \sin \omega t \qquad \cdots (4.48)
\end{aligned}
$$

さらに、公式を使用して上式を書き換えると次式になる。

$$
\begin{aligned}
v &= \sqrt{(V_i + V_b \cos pt)^2 + V_b{}^2 \sin^2 pt} \cdot \cos(\omega t + \phi) \\
&= \sqrt{V_i{}^2 + 2 V_i\, V_b \cos pt + V_b{}^2} \cdot \cos(\omega t + \phi) \\
&= V_t \cos(\omega t + \phi) \qquad \cdots (4.49)
\end{aligned}
$$

ここで、

$$
V_t = \sqrt{V_i{}^2 + 2 V_i\, V_b \cos pt + V_b{}^2}
$$

$$
\phi = \tan^{-1} \frac{V_b \sin pt}{V_i + V_b \cos pt} \fallingdotseq 0 \qquad (\because\ V_i \gg V_b)
$$

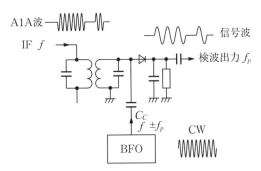

図4.31　ヘテロダイン検波器

V_t は、さらに次のように近似できる。

$$V_t = V_i \sqrt{1 + \frac{2V_b}{V_i}\cos pt + \left(\frac{V_b}{V_i}\right)^2}$$

$$\fallingdotseq V_i(1 + \frac{2V_b}{V_i}\cos pt)^{\frac{1}{2}} \fallingdotseq V_i + V_b\cos pt \qquad \cdots(4.50)$$

　上式を式（4.49）へ代入してみると、ダイオードへの入力電圧 v は、周波数 f の中間周波出力が周波数 f_p で振幅変調されたものとなっていることが分かる。これを検波すれば可聴周波 f_p の信号となる。

4.3　SSB 受信機

　SSB 波のうち J3E 波と R3E 波は搬送波が非常に小さいかほとんどないので、これらを受信するには、DSB 受信機とは異なる検波方法及び補助回路を備えた受信機でなければならない。SSB 波といえば通常 J3E 波を指すので、ここでは、主に J3E 波受信用の受信機を対象として DSB 受信機と異なる点について述べる。

4.3.1　SSB 受信機の構成
　SSB 受信機の構成例を図4.32に示す。同図において、スピーチクラ

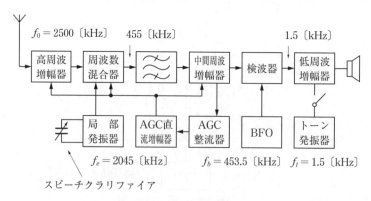

図4.32　SSB 受信機の構成例

リファイア、AGC整流器、BFO（基準搬送波の発振器）、トーン発振器はDSB受信機にないものであり、また、BFOの役割も異なる。SSB波の帯幅はDSB波の約半分なので、BPFやIFTの帯域幅も約半分でよいことになる。同図には、1.5〔kHz〕で変調された中心周波数2 500〔kHz〕のSSB波を受信したときの受信機各部の周波数関係を記入してある。

4.3.2　SSB波の復調方法

⑴　リング検波器と平衡検波器

SSB送信機の項で述べたリング変調器は、受動素子で構成されているので復調器としても使用できる。この場合は**リング検波器**またはリング復調器と呼ぶ。図4.33のように、IF増幅器からのSSB波（周波数 f_c+f_p）と基準搬送波（周波数 f_c）をリング検波器へ入力すると、出力には両周波数の和 $2f_c+f_p$ と差 f_p の成分が現れるので、差の成分のみを取り出すと信号波が得られる。

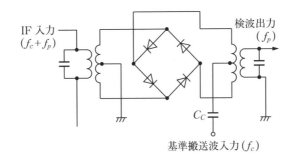

図4.33　リング検波器

図4.34のように、ダイオードで構成された平衡変調器も同様に検波器として使われ、同様の動作で信号波成分が取り出される。

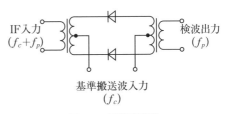

図4.34　平衡検波器

⑵ 直線検波器による復調

復調しようとする SSB 波を $v_s = V_s \cos(\omega + p)t$、基準搬送波を $v_o = V_o \cos \omega t$ とすれば、これらの和 v は式 (4.48)～(4.50) と同様にして次式となる。ただし、$v_o \gg v_s$ とする。

$$v = v_o + v_s \fallingdotseq V_o(1 + \frac{V_s}{V_o} \cos pt) \cos(\omega t + \phi) \qquad \cdots (4.51)$$

上式から、v は変調度が V_s / V_o の DSB 波であるので、これを直線検波すれば信号波が取り出せる。このように、SSB 波の搬送波と基準搬送波の周波数を同じにして検波する方法を**シンクロダイン検波**または**ホモダイン検波**といい、ヘテロダイン検波の一種である。図4.35はシンクロダイン検波器の例である。シンクロダイン検波では基準搬送波の振幅が SSB 波の振幅に比べて十分大きく、また、両波の周波数差がなるべく小さいことが必要であり、これらの条件が十分満たされないときにはひずみを生ずる。

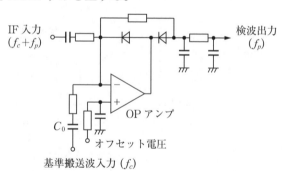

図4.35 シンクロダイン検波器

4.3.3 SSB 受信機の補助回路

⑴ スピーチクラリファイア

SSB 波は、検波の際に搬送波に相当する一定の周波数と振幅の正弦波、すなわち基準搬送波を加えて信号波を得る。したがって、受信機には基準搬送波発振器を装備する必要があるが、発振周波数は正確

に受信波の搬送波に同期する中間周波数でなければならない。このため、図4.32のように、周波数変換用局部発振器の周波数を微調整する回路が必要になる。これを同期調整または**スピーチクラリファイア**（speech clarifier）と呼ぶ。最近の受信機では局部発振器に PLL 回路が使われ、非常に精度良く受信周波数を希望波の周波数に合わせることができるようになっているので、同期調整が不要となり、スピーチクラリファイアがない場合もある。

⑵　AGC 回路

　DSB 受信機の AGC 電圧は搬送波が検波されて生ずる直流電圧であるが、SSB 波は搬送波がないので、これに代わる AGC 電圧が必要になる。図4.36は SSB 用の AGC 回路の例で、中間周波または信号波を整流して AGC 電圧を得るものである。しかし、SSB 波は変調がないときには中間周波も信号波もないので、AGC 電圧が得られない。このため、回路の放電時定数を大きくして AGC 電圧を長く保持し、無変調時にも AGC が働くようにしている。

　同図において、C_1、D_1、D_2、C_2 で構成された倍電圧整流回路で整流された電圧によって C_2 が充電され、R_1 を通って放電される。このとき、R_1 の値が大きければ、放電時定数が大きくなり、放電に時間がかかるため AGC 電圧が保持される。R_1 の両端の電圧は FET によって直流増幅されて AGC 電圧として使われる。

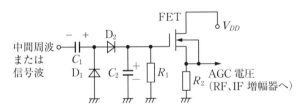

図4.36　SSB 用の AGC 電圧発生回路の例

4.4　FM 受信機

　FM 波を使用する通信は比較的広い周波数帯幅を必要とするので、

VHF 以上の高い周波数帯で使われている。受信機は、通常、ダブル
スーパヘテロダイン方式が採用されている。IF 増幅段まではダブル
スーパヘテロダイン方式の DSB 受信機の構成と同じであるので、こ
こでは主にそれ以後の構成と回路について説明する。

4.4.1　FM 受信機の構成

図4.37は FM 受信機の構成例であり、ダブルスーパヘテロダイン方
式で高利得を得ている。IF 出力は振幅制限器に加えられて AM 成分
が除去され、復調器により信号波成分が取り出される。検波出力はデ
エンファシス回路を通って元の音に修復されるとともに、分岐されて
スケルチ回路に入り、低周波増幅の出力を制御する。

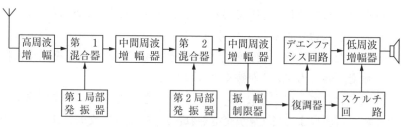

図4.37　FM 受信機の構成例

FM 受信機の DSB 受信機と異なる主な点は以下の通りである。

①　高周波増幅器や中間周波増幅器の帯域幅が広い。

②　中間周波増幅器までの利得が大きい。

③　振幅変化成分を除去する振幅制限器（リミッタ）がある。

④　復調器として周波数変化を振幅変化に変換する周波数弁別器を
　　使用する。

⑤　入力信号が一定レベル以下になったときに生ずる大きな雑音を
　　抑圧するためのスケルチ回路がある。

⑥　送信側でプリエンファシスされた信号を元に戻すデエンファシ
　　ス回路がある。

⑦　FM 放送用受信機は、一般に電界強度の強い場所で使われるの
　　で、シングルスーパヘテロダイン方式であり、IF 段の増幅度が

小さく、雑音が大きく増幅されないのでスケルチ回路はないこともある。

4.4.2 振幅制限器

FM波の復調器は、入力波に振幅変化があると信号波にひずみとなって現れる。FM受信機ではこれを防ぐため、最終段のIF増幅器と復調器の間に**振幅制限器（リミッタ）**を入れて、フェージングなどによる振幅の変動や雑音を取り除いている。ただし、復調器として次項で述べる比検波器を使う場合、ある程度の振幅制限能力があるので、振幅制限器を省くことがある。

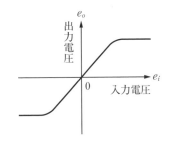

(a) 振幅制限器の入出力特性

振幅制限器の入出力特性は図4.38 (a)のように、入力電圧のある一定レベル以上に対して常に一定の出力電圧となる。クリップされた出力波形は同図 (b) のようになるから、これをBPFまたは同調回路を通して基本波のみを取り出す。

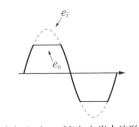

(b) クリップされた出力波形

図4.38　振幅制限器の特性

(1)　ダイオードによるリミッタ

FM送信機で使用した図3.24のダイオードを2個使用したリミッタ回路がそのまま使える。このリミッタは部品の数が少なく、回路が簡単である。

(2)　トランジスタによるリミッタ

図4.39 (a) のように、通常のIF増幅回路に抵抗 R_4 が付け加えられたものであり、振幅制限用のトランジスタを使用している。このトランジスタは一般のトランジスタよりコレクタ電圧を低くして、コレクタ電流が飽和するまでの入力電圧を小さくしている。同図 (b) はこの回路の動作例を示す。動作点を負荷線の中央に選ぶと、負荷線の

一定範囲を超えた入力に対する出力は一定に抑えられる。入力電圧 V_{BE} に対するベース電流 I_B は、V_{BE} の一定値以下では 0 となるので、下側の半サイクルも同様に制限される。

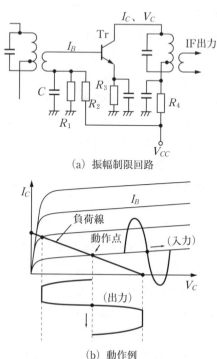

(a) 振幅制限回路

(b) 動作例

図4.39　トランジスタによる振幅制限器

4.4.3　FM 波の復調器

FM 波の復調には、FM 検波器または周波数弁別器と呼ばれる復調器が使われ、振幅制限器の後に挿入される。復調器には原理が異なるもの、回路が異なるものなど種々あるが、これらのうちから主なものについて説明する。

(1) 周波数弁別器

同調回路は図4.40のように、共振周波数 f_0 から離調するにしたがい端子電圧が小さくなる。この特性を利用し、FM 波の中心周波数 f_c

を図のように同調特性のスロープの中ほどに設定すれば、FM波の周波数変動 Δf に応じて端子電圧が変化する。すなわち、周波数変化する波が振幅変化する AM 波に変換される。これを包絡線検波や直線検波して信号波を得る。この方法をスロープ検波という。この原理を使えば、AM 受信機で同調をずらして FM 波を受信すると信号波が得られることになる。この検波器は同調特性のスロープの長さが短いので、大きな周波数偏移ではひずみを生じ、また、スロープが直線でないので、偶数次高調波が発生しやすい。

　図4.40の同調曲線のスロープは左右どちらを使用してもよいが、出力電圧の位相が反転する。この特性を利用して、同調周波数が少し異なる二つのスロープ検波器を図4.41（a）のように接続し、その検波出力を互いに打ち消しあう方向に合成する方法を平衡スロープ検波、または、複同調形FM検波という。この検波器は二つの同調曲線の非直線部分が相殺されるため、同図（b）のように動作特性がほぼ直線になり、前述したス

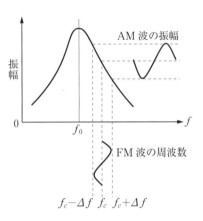

図4.40　同調回路による FM・AM 変換

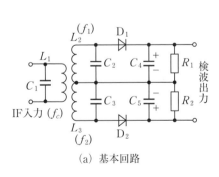

（a）基本回路

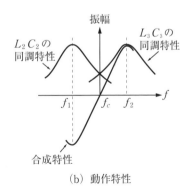

（b）動作特性

図4.41　二つの同調回路による FM 検波法

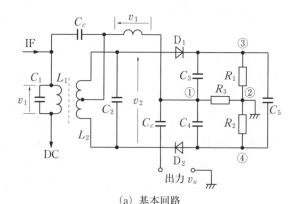

ループ検波に比べて動作範囲も広くなる。L_1、C_1 の同調周波数を f_c、それぞれ L_2、C_2 及び L_3、C_3 で構成された二つの同調回路の同調周波数を f_1 と f_2 とすれば、その中心 f_c に FM 波の中心周波数を合わせ、合成特性の直線部分を使って AM 波に変換する。これをそれぞれ D_1 と D_2 を通して包絡線検波または直線検波し、両検波出力を差動的に合成する。

⑵ 比検波器（レシオ検波器）

図4.42 ⒜ は基本回路であり、同図 ⒝ はその等価回路である。

等価回路において、D_1、C_3、R_1、R_3 及び D_2、C_4、R_2、R_3 で構成される回路は同じ包絡線検波回路である。両検波器にそれぞれ入力 v_a と v_b が加えられると、検波出力 V_a と V_b が C_3 と C_4 に同方向の極

⒜ 基本回路

⒝ 等価回路

図4.42　比検波器

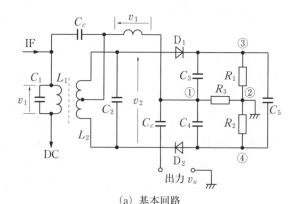

性で充電されると同時に、これらの和の電圧 V が C_5 にも充電される。このとき、時定数 $C_5(R_1+R_2)$ を信号の出力周期に比べて十分大きくしておけば、信号を受信中にはこの電圧は一定に保持されている。ここで $R_1 = R_2$ に選べば、R_1 と R_2 に加わる電圧は等しく $V/2$ となる。入力信号の周波数 f が同調回路の中心周波数 f_i に等しいとき、$V_a = V_b$ となって①−②間の電圧は 0 となる。$f > f_i$ のときは、$V_a > V_b$ となり、①点の電圧より②点の電圧の方が高くなるので負の出力が得られる。$f < f_i$ のときは $V_a < V_b$ となって正の電圧となる。

　もし、入力波の振幅が瞬間的に変化したとしても、V が一定に保たれているため V_a と V_b も一定であり、①点の電圧は変わらない。すなわち、出力が振幅制限されたことになる。

　①−②間の出力電圧 v_o は①−③間の電圧 V_a と③−②間の電圧 $V/2$ の和であるから、符号を考えれば、次式のようになる。

$$v_o = \frac{V}{2} - V_a = \frac{V_a + V_b}{2} - V_a = \frac{V_b - V_a}{2} \qquad \cdots (4.52)$$

(3) PLL 検波器

　PLL 回路の位相比較器には基準周波数と VCO からの周波数が加えられ、その出力として両者の差の周波数に対応した直流電圧を発生する。図4.43のように、この基準周波数として周波数 f の FM 波を加えると、FM 波は信号に応じて常に周波数が変動しているから、f が $f+\Delta f$ に変われば、VCO の発振周波数との間に Δf の差ができ、Δf に応じた電圧 v_o が生ずる。v_o は VCO の発振周波数 f_V を $f+\Delta f$ に変えるように働くため、常に f_V は f に追従して変化する。このとき発生する電圧 v_o は Δf に比例するので、これが信号波電圧となる。PLL 検波器は回路が複雑であるが、現在では IC 化されていて調整が不要であり、SN 比が良く、ひずみも少ないので広く一般に使用されている。

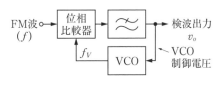

図4.43　PLL 検波器

4.4.4 スケルチ回路

受信機への入力電波がないとき、または非常に小さいとき、AGC
が働かないため高周波増幅器などから発生する雑音が増幅されて大き
な雑音が出力される。これを防止するために低周波増幅器の入力を遮
断して、出力が出ないようにする回路を**スケルチ**（squelch）**回路**と
いい、図4.44のようにノイズスケルチとキャリアスケルチがある。

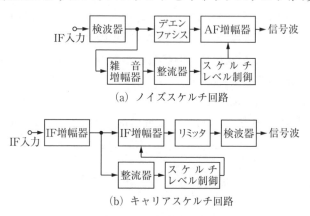

（a）ノイズスケルチ回路

（b）キャリアスケルチ回路

図4.44　スケルチ回路の構成

図4.45はノイズスケルチ回路の動作説明図であり、IF増幅器から
の出力信号を検波し、得られた信号波の中から C_1 によって周波数の
高い雑音成分のみを取り出して Tr_2 で増幅する。これを整流して雑

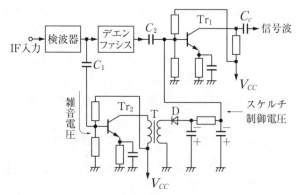

図4.45　ノイズスケルチ回路の説明図

音電圧に比例した負の直流電圧を得て、Tr_1のバイアス電圧としてベースに加える。希望波を受信中はAGCが働き、また、振幅制限器などにより雑音は抑圧されているが、希望波がなくなるか弱くなると、雑音が大きくなり、Tr_1のバイアス電圧が大きな負の値になって、C_2を通って入ってくる大きな雑音がTr_1に入らないようにする。

　ノイズスケルチは動作点を通話可能限界のような弱電界にも設定できるが、過変調による帯域の広がりで誤動作が起こりやすい。なお、スケルチと言えばノイズスケルチを指すことが一般的である。

　キャリアスケルチは、受信波中の搬送波（キャリア）を整流した直流を制御電圧に使用するので、変調信号の変動による誤動作が少ない。このため強電界で使用するのに適している。一方、都市雑音のような高レベル雑音がある場合には動作点を適正なレベルで維持することが困難である。

4.4.5　FM受信機の特性

(1)　スレッショルドレベル

　FM受信機の入力信号レベルを下げていくと、あるレベルで急に雑音が大きくなり、図4.46のように、これ以下のレベルではAM方式よりS/Nが悪くなる。このときの入力レベルを**スレッショルドレベル**（threshold level：**しきい値**）または FM受信機の限界レベルという。スレッショルドレベルは搬送波の振幅V_cと雑音電圧の最大値の振幅V_nが等しくなるときである。V_cの実効値をV_{cr}、V_nの実効値をV_{nr}とすれば、V_nはV_{nr}のほぼ4倍とされるから、それぞれ実効値で表すと次式のようになる。

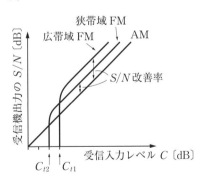

図4.46　スレッショルドレベルと
S/N改善率

$$V_c = \sqrt{2}\,V_{cr} \qquad\qquad\qquad \cdots(4.53)$$

$$V_n = 4V_{nr} \qquad\qquad\qquad\qquad \cdots(4.54)$$

$V_c = V_n$ として、実効値で比較すると、

$$\sqrt{2}\,V_{cr} = 4V_{nr} \qquad\qquad\qquad \cdots(4.55)$$

搬送波電力対雑音電力比を C/N とすれば、上式から、

$$\frac{C}{N} = \frac{V_{cr}{}^2}{V_{nr}{}^2} = \frac{4^2}{(\sqrt{2})^2} = 8 \qquad\qquad \cdots(4.56)$$

となり、この値をデシベル表示にすると、$10\log_{10}8 \fallingdotseq 9$〔dB〕となる。このときの C がスレッショルドレベル C_t となるから、上式から、

$$C_t = 8N = 8kTBF \qquad\qquad\qquad \cdots(4.57)$$

である。このときの N は、受信機出力における雑音電力の受信機入力換算値、F：雑音指数、T：絶対温度、B：等価雑音帯域幅、k：ボルツマン定数である。これをデシベルで表すと次式となる。

$$C_t \fallingdotseq 10\log_{10}N + 9 \quad 〔dB〕 \qquad\qquad \cdots(4.58)$$

すなわち、スレッショルドレベルは受信機内部雑音の入力換算値より約9〔dB〕高い入力レベルとなる。また、図4.46において、**広帯域FM**（変調指数 $m \gg 1$，FM放送など）のスレッショルド C_{t1} は、**狭帯域FM**（$m \ll 1$，一般通信用FMなど）のスレッショルド C_{t2} より大きい。

(2) *S/N* 改善率

FM波は受信された搬送波の S/N より検波後の低周波の S/N の方が良いという性質がある。これは受信機により S/N が改善されたことになり、その割合を S/N 改善率という。検波後の低周波信号と雑

音の比を S/N とし、中間周波における搬送波と雑音の比を C/N とすれば、**S/N 改善率**（または S/N 改善係数）η_0 は次式となる。

$$\eta_0 = \frac{S/N}{C/N} = \frac{3m_f{}^2 B}{2f_p} = \frac{3\Delta f^2 B}{2f_p{}^3} \qquad \cdots (4.59)$$

ただし、m_f：変調指数、f_p：信号波の最高周波数、Δf：最大周波数偏移、B：等価雑音帯域幅である。

上式の値が $1 < \eta_0$ であれば改善されたことになり、1未満では入力より出力の S/N の方が悪いことを意味する。改善率は AM 波の場合にも計算できるので、AM 波に対する FM 波の改善率 η が求まる。ここで、AM 波の変調度を m、検波後の等価雑音帯域幅を B_a とすれば、η はスレッショルドレベル以上で次式によって与えられる。

$$\eta = \frac{3\Delta f^2}{B_a{}^2 m^2} \qquad \cdots (4.60)$$

B_a は最大の可聴周波数と考えてよく、ほぼ一定であり、変調度も一定と考えると、η は最大周波数偏移の2乗に比例することになる。したがって、図4.46に示すように、狭帯域 FM よりも広帯域 FM の方が改善率は大きいことが分かる。この改善率の増加を利得が増えたものと考えて、これを**広帯域利得**という。

練 習 問 題 Ⅰ　　令和元年7月施行「一陸技」（A－9）

次の記述は、スーパヘテロダイン受信機の影像（イメージ）周波数について述べたものである。□□□内に入れるべき字句の正しい組合せを下の番号から選べ。

(1) 受信希望波の周波数 f_d を局部発振周波数 f_0 でヘテロダイン検波して中間周波数 f_i を得るが、周波数の関係において、f_0 に対して f_d と対称の位置にある周波数、すなわち f_d から $2f_i$ 離れた周波数 f_u も同じようにヘテロダイン検波される可能性があり、□A□を影像周波数という。

(2)　影像周波数に相当する妨害波があるとき、受信機出力に混信となって現れることを抑圧する能力を　B　などという。

(3)　この影像周波数による混信の軽減法には、中間周波数を　C　して受信希望波と妨害波との周波数間隔を広げる方法や高周波増幅回路の選択度を良くする方法などがある。

	A	B	C
1	f_u	影像周波数選択度	低く
2	f_u	近接周波数選択度	低く
3	f_u	影像周波数選択度	高く
4	$2f_i$	近接周波数選択度	低く
5	$2f_i$	影像周波数選択度	高く

練 習 問 題 Ⅱ　平成31年1月施行「一陸技」（A－5）

　図に示す AM（A3E）受信機の復調部に用いられる包絡線検波器に振幅変調波 $e_i = E(1 + m \cos pt)\cos \omega t$ 〔V〕を加えたとき、検波効率が最も良く、かつ、復調出力電圧 e_o〔V〕に斜めクリッピングによるひずみの影響を低減するための条件式の組合せとして、正しいものを下の番号から選べ。ただし、振幅変調波の振幅を E〔V〕、変調度を $m \times 100$〔%〕、搬送波及び変調信号の角周波数をそれぞれ ω〔rad/s〕及び p〔rad/s〕とし、ダイオード D の順方向抵抗を r_d〔Ω〕とする。また、抵抗を R〔Ω〕、コンデンサの静電容量を C〔F〕とする。

1　$R \ll r_d$、$1/\omega \ll CR$ 及び $CR \ll 1/p$
2　$R \ll r_d$、$1/\omega \gg CR$ 及び $CR \gg 1/p$
3　$R \gg r_d$、$1/\omega \ll CR$ 及び $CR \ll 1/p$
4　$R \gg r_d$、$1/\omega \ll CR$ 及び $CR \gg 1/p$
5　$R \gg r_d$、$1/\omega \gg CR$ 及び $CR \gg 1/p$

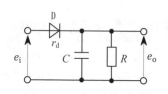

練 習 問 題 Ⅲ　平成30年7月施行「一陸技」（A－5）

　次の記述は、図に示す位相同期ループ（PLL）検波器の原理的な構成例において、周波数変調（FM）波の復調について述べたものである。

内に入れるべき字句の正しい組合せを下の番号から選べ。なお、同じ記号の　　　内には、同じ字句が入るものとする。

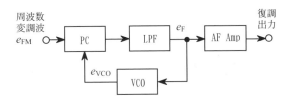

(1) 位相比較器 (PC) の出力は低域フィルタ (LPF) を通して、周波数変調波 e_{FM} 及び電圧制御発振器 (VCO) の出力 e_{VCO} との　A　差に比例した　B　e_F を出力する。

(2) e_{FM} の周波数が PLL の周波数引込み範囲 (キャプチャレンジ) 内のとき、e_F は、e_{FM} と e_{VCO} の　A　が一致するように、VCO を制御する。e_{FM} が無変調で、e_{FM} と e_{VCO} の　A　が一致して PLL が同期 (ロック) すると、LPF の出力電圧 e_F の電圧は、　C　になる。

(3) e_{FM} の周波数が同期保持範囲 (ロックレンジ) 内において変化すると、e_F の電圧は、e_{FM} の周波数偏移に比例して変化するので、低周波増幅器 (AF Amp) を通して復調出力を得ることができる。

	A	B	C
1	位相	高周波成分	最大
2	位相	誤差電圧	零
3	位相	高周波成分	零
4	振幅	誤差電圧	最大
5	振幅	高周波成分	最大

練　習　問　題　Ⅳ　　令和元年 7 月施行「一陸技」(A-8)

単一通信路における周波数変調 (FM) 波の S/N 改善係数 I 〔dB〕の値として、最も近いものを下の番号から選べ。ただし、最大周波数偏移 f_d 〔Hz〕、等価雑音帯域幅を B 〔Hz〕、最高変調周波数を f_p 〔Hz〕とすると、I 〔dB〕は、$I = 10 \log_{10} \{3 f_d{}^2 B / (2 f_p{}^3)\}$ で表せるものとし、変調

指数（真数）を 3、B を 20〔kHz〕、f_p を 3〔kHz〕とする。また、$\log_{10} 3 = 0.5$ とする。

1　12〔dB〕　　2　14〔dB〕　　3　16〔dB〕
4　18〔dB〕　　5　20〔dB〕

練 習 問 題 Ⅴ　　平成30年1月施行「一陸技」（A-7）

次の記述は、スーパヘテロダイン受信機において、スプリアス・レスポンスを生ずることがあるスプリアスの周波数について述べたものである。□□□内に入れるべき字句の正しい組合せを下の番号から選べ。ただし、スプリアスの周波数を f_{SP}〔Hz〕、局部発振周波数を f_0〔Hz〕、中間周波数を f_{IF}〔Hz〕とし、受信機の中間周波フィルタは理想的なものとする。

(1) 局部発振器の出力に高調波成分 $2f_0$〔Hz〕が含まれていると、$f_{SP} =$ □A□ のとき、混信妨害を生ずることがある。

(2) 局部発振器の出力に低調波成分 $f_0/2$〔Hz〕が含まれていると、$f_{SP} =$ □B□ のとき、混信妨害を生ずることがある。

(3) 周波数混合器の非直線動作により、$f_{SP} =$ □C□ のとき、混信妨害を生ずることがある。

	A	B	C
1	$f_0 \pm 2f_{IF}$	$f_0 \pm 2f_{IF}$	$f_0 \pm (f_{IF}/2)$
2	$f_0 \pm 2f_{IF}$	$(f_0/2) \pm f_{IF}$	$2f_0 \pm 2f_{IF}$
3	$2f_0 \pm f_{IF}$	$(f_0/2) \pm f_{IF}$	$f_0 \pm (f_{IF}/2)$
4	$2f_0 \pm f_{IF}$	$f_0 \pm 2f_{IF}$	$f_0 \pm (f_{IF}/2)$
5	$2f_0 \pm f_{IF}$	$f_0 \pm 2f_{IF}$	$2f_0 \pm 2f_{IF}$

練習問題・解答	Ⅰ	3	Ⅱ	3	Ⅲ	2	Ⅳ	5
	Ⅴ	3						

多重通信

　一つの通信路を使って、複数の異なる情報を同時に送受信する通信方式を多重通信方式という。多重通信方式では多数のチャネル（情報の通信路）を乗せるために広い帯域幅が必要であり、電波を使う場合にはマイクロ波のような高い周波数帯が使われる。多重通信方式には、各チャネルが互いに重ならないように一定周波数間隔で並べて多重化する周波数分割多重方式（FDM：frequency division multiplex system）と時間的に並べて多重化する時分割多重方式（TDM：time division multiplex system）及び複数のチャネルを符号分割で多重化する符号分割多重方式（CDM：code division multiplex）がある。CDM については次章で述べる。

5.1　FDM

　周波数分割による多重信号を作るには、複数の副搬送波を各ベースバンド信号で変調し、この変調された信号でさらに主搬送波を変調して送信波とする。これらの副搬送波と主搬送波の変調方法の一つにSS–SS方式がある。

5.1.1　SS–SS方式

　電話の伝送帯域が0.3〜3.4〔kHz〕であるので、これより少し広い4〔kHz〕間隔の複数の副搬送波を各チャネルの信号で平衡変調してSSB波信号を取り出し合成すると、4〔kHz〕間隔で並んだSSB波信号群が得られる。さらに、この信号群で送信機の主搬送波を平衡変調しSSB波として送出する。このように、副搬送波と主搬送波の変調方式がともにSSBの場合をSS–SS方式という。多重度の大きい場合には、何段階かの副搬送波群を使用して多重化する。その原理は以下の通りである。

① 図5.1のように、例えば1〜3チャネルの各信号で、12、16、20〔kHz〕の各副搬送波を平衡変調（BM）して得られる抑圧搬送波のDSB波から各帯域通過フィルタ（BPF）により上側波を取り出す。これらを合成すると、約12〜24〔kHz〕の間にSSB波3個によるチャネル群が作られる。同図の出力中の各三角形は、各チャネルの上側波帯の周波数スペクトルを表す。このチャネル群を基礎前群といい、この操作を通話路変換という。

② 図5.2のように基礎前群を4組集めて、そのうちの3組の基礎前

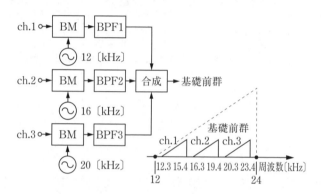

図5.1 通話路変換と基礎前群出力スペクトル

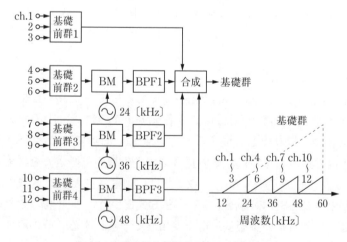

図5.2 前群変換と基礎群出力のスペクトル

群と24〔kHz〕から始まる12〔kHz〕間隔の副搬送波により、①
と同様にして24〜60〔kHz〕の間に9チャネルを作り、残された
1組の基礎前群と併せて12〜60〔kHz〕の間に12チャネルによる
チャネル群を作る。このチャネル群を基礎群といい、この操作を前
群変換という。なお、この場合、副搬送波の周波数を84〔kHz〕
から始まる12〔kHz〕間隔として下側波帯を取り出し、60〜108
〔kHz〕のSSB波を作る方法もある。

③　同様にして、1組の基礎群とほかの基礎群4組で60〔kHz〕か
ら始まる48〔kHz〕間隔の副搬送波を平衡変調して得られるSSB
波から60チャネルの超群を作る。これを群変換という。図5.3（a）
は超群の周波数スペクトルのみを示す。変換の構成は図5.2と同じ
であるので省略した。

④　この超群を8組または10組集めて、同様にして並べると、480チャ
ネルまたは600チャネルの多重化ができることになる。

このようにして得られた多重波で主搬送波を平衡変調し、BPFに
より一方の側波のみを取り出してSSB波を作り、これを電波として
送信する。図5.3（b）は最終的に得られた多重信号の周波数スペクト
ルである。

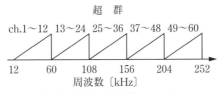

（a）超群出力の周波数スペクトル

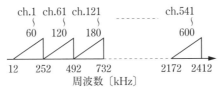

（b）600チャネル多重信号の周波数スペクトル

図5.3　超群と多重信号の周波数スペクトル

5.1.2 相互変調ひずみ

相互変調は、FDM のように複数の搬送波の信号を一つの増幅器で同時に増幅しようとするときに、増幅器の非直線性によって発生するものであり、このために生じるひずみを**相互変調ひずみ**（IMD：inter modulation distortion）という。このひずみは、一つの周波数を扱う場合にはフィルタなどで防ぐことができるが、携帯電話や衛星中継回線、デジタル放送などでは多数の電波（搬送波）を同時に送受信しなければならないため、相互変調ひずみは避けられない問題である。これをできるだけ小さくするために、以下で述べる**バックオフ**（back off：ひかえること）などを行う。

相互変調ひずみを少なくするには相互変調積を小さくしなければならない。そこで、最も影響の大きい第 3 次の相互変調積と、その積を作る二つの信号との関係を調べてみる。式（4.18）において、第 3 次の相互変調積の大きさは最後の四つの項で与えられる。ただし、V_1 と V_2 は入力信号である。これら四つの項の係数を除いてデシベル値で表すと、$2f_1 \pm f_2$ の相互変調積については、

$$20 \log_{10} (V_1^2 V_2) = 2 \times 20 \log_{10} V_1 + 20 \log_{10} V_2 \qquad \cdots(5.1)$$

また、$f_1 \pm 2f_2$ の相互変調積については、

$$20 \log_{10} (V_1 V_2^2) = 20 \log_{10} V_1 + 2 \times 20 \log_{10} V_2 \qquad \cdots(5.2)$$

となる。上記 2 式から、次のことが分かる。

① 両式とも、V_1 と V_2 を同時に 1〔dB〕変えると、相互変調積は 3〔dB〕変わる。

② 式（5.1）の V_1 のみ（式（5.2）では V_2 のみ）を 1〔dB〕変えると、相互変調積は 2〔dB〕変わる。

③ 式（5.1）の V_2 のみ（式（5.2）では V_1 のみ）を 1〔dB〕変えると、相互変調積は 1〔dB〕変わる。

すなわち①から V_1 と V_2 をそれぞれ 1 〔dB〕下げると、第 3 次の相互変調積は 3 〔dB〕下がる。これは、増幅器への入力を下げれば、出力もその割合だけ下がるが、相互変調積はそれ以上の割合で減少し、相互変調積の低減効果が大きいことを意味する。このように、増幅器への入力信号を本来の値より小さくすることを入力バックオフという。入力バックオフ量は出力が飽和するときの単一波入力電力〔dB〕と複数波の入力電力〔dB〕との差〔dB〕で表される。入力バックオフの方法は、送信機では入力を抑えて増幅器を最大出力で動作させないようにする。また、受信機では、入力端に減衰器を挿入し、妨害波の大小によって減衰器を加減する方法が採られている。しかし、S/N が低下する欠点がある。なお、出力バックオフはバックオフ量を出力電力で決める方法である。

このように、相互変調ひずみを少なくするには、できる範囲で入力信号を小さくして入出力特性の直線部分を使うことが必要となる。

第 2 次と第 4 次の相互変調積も存在するが、これは目的周波数から離れているので、入力端にフィルタを挿入することで比較的容易に減らすことができる。

5.2　TDM

TDM（時分割多重方式） を理解するために簡単な例を図5.4に示す。S1 を 1 回転させて ch.1 から ch.3 の信号を順に取り出すと、送信機へ送られる信号は ch.1〜 ch.3 の信号が時間的に順に並んだものとなる。

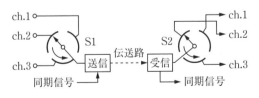

図5.4　TDM の原理

S1 を連続回転させると、図5.5のように、各チャネルが少しずつ遅れて一定周期で繰り返す時分割信号が得られる。この時分割信号と同期信号を合成及び変調して送信し、受信機でこれを復調して同期信号を取り出し、S2 を S1 と同期回転させると、ch.1～ ch.3 にそれぞれの信号が分配され取り出される。

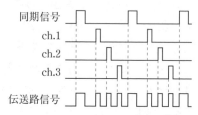

図5.5　各チャネルの信号の時間関係

　実際には、回転スイッチの代わりに電子部品により論理回路を構成して、パルスによりチャネルの on/off を行っている。図5.6は TDM の構成例である。同期信号発生器により、少しずつ遅れたパルスを発生させ、各チャネルの変調器に加えて変調器を順に動作させると、一定周期で取り出された各チャネルの信号が得られる。これらの信号と同期信号を合成し、送信機から送信する。受信機では同期信号を検出し、各チャネルの復調器を順に動作させてそれぞれのチャネルの信号を取り出す。

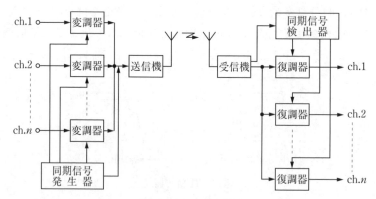

図5.6　TDM の構成例

TDM では、ch.n までを繰り返す周期（サンプリング周期）を長く
し、各チャネルのパルス幅を狭くすれば、チャネル数を多く取れるが、
信号の最高周波数を f_m とすれば、サンプリング周期は標本化定理に
より $1/(2f_m)$ より長くできない。例えば音声の場合、$f_m = 4$〔kHz〕
とすれば、125〔μs〕が最長の周期となる。また、パルス幅を狭くす
れば、必要とする帯域幅を広く取らなければならない。

5.2.1 PCM の原理

PCM（pulse code modulation：パルス符号変調）は図5.7に示すよ
うに、アナログ信号の振幅を一定周期で取り出し、その大きさの数値
を表す一組のパルス列（符号）に変換する方法であり、図5.8に示す
ように、標本化、量子化、符号化の手順で行われる。

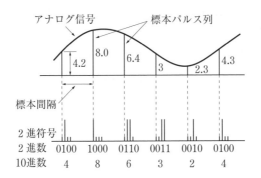

図5.7　PCM の原理

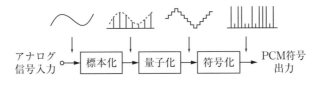

図5.8　PCM の構成と各部の信号

⑴　標本化（sampling）

原信号の振幅を一定周期で取り出すことを**標本化**または**サンプリン
グ**という。この周期を**標本化周期**といい、原信号の最高の周波数を

f_m とすれば、標本化定理から $1/(2f_m)$ である。電話による音声信号を原信号とすれば、最高の周波数は 3.4〔kHz〕となっているので、**標本化周波数**を 6.8〔kHz〕とすれば原理的にはよいが、理想的なフィルタができない限り復調できないので、実際の標本化周波数はこれよりやや高い周波数 8〔kHz〕が採用されている。これを**オーバーサンプリング**という。したがって、実際の標本化周期は、$1/(8 \times 10^3) = 125$〔μs〕となっている。標本化周波数は、放送などのメディアによってそれぞれ異なった値が決められていて、通常オーバーサンプリングを行っている。

一方、$2f_m$ 未満の標本化周波数で標本化することを**アンダーサンプリング**という。オーバーサンプリングでは理論的に特に問題になることはなく、むしろ良い結果が得られるが、アンダーサンプリングでは**エイリアシング**（aliasing）の問題が起こり、再生信号が劣化する。信号を標本化してこれを再生したとき、エイリアス（alias：偽信号）になることをエイリアシングといい、対象の捕らえ方によって、**折返し、折返し雑音、折返し誤差、折返しひずみ**などと呼ばれている。

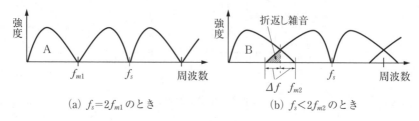

(a) $f_s = 2f_{m1}$ のとき　　　(b) $f_s < 2f_{m2}$ のとき

図5.9　標本の強度分布

最高周波数が f_{m1} の入力信号を標本化回路へ加えて、標本化周波数 $f_s = 2f_{m1}$ で得られた標本の強度分布は、図5.9(a)のように、f_s を中心にして左右対称に、入力信号と同じ A の形（ベースバンド）の周波数分布となる。したがって、遮断周波数 f_{m1} の LPF（補間フィルタ）を通して不必要な高周波成分を取り除けば、元の信号を完全に再現できる。このとき、もし入力信号の最高周波数が Δf 増えて $f_{m2} = f_{m1} + \Delta f$ になれば、アンダーサンプリング状態となり、標本の強度分

布は同図 (b) のように、f_{m1} を越えて重なって分布するようになる。図の斜線部分は、B の形の分布のうち f_{m1} を越えた部分が折り返されたものと等価であり、その周波数は $f_{m1}-\Delta f$（または、$f_s/2-\Delta f$）である。一般に、斜線部分には多数の周波数成分が含まれているので雑音となる。これを折返し雑音といい、フィルタなどで取り除くことはできない。折返し雑音を防ぐには、入力信号の最高周波数が標本化周波数の1/2を越えないように、あらかじめLPF（前置フィルタまたはアンチエイリアシングフィルタ）を通すことが必要である。

(2) 量子化 (quantization)

標本化した振幅の値は、通常、多くの有効数字で表される。例えば、図5.7の場合の標本値は、4.2、8.0、6.4、・・・などである。実際には、さらに桁数は多いので、そのままの数値を符号化するには非常に多くのビット数のパルス列を必要とすることになり、不都合な問題を生ずる。そこで、標本値を四捨五入や端数の切り捨てなどにより、一つの値で代表させる、いわゆる丸めを行う。例えば、上記の例で小数点以下を四捨五入するようにすれば、4、8、6、・・・となる。四捨五入する桁をどこに選ぶかは、使用する最大のビット数によって決まる。

量子化は、図5.10のようなステップ関数の伝達特性を持つ回路を通したことになり、得られる信号は図5.11の量子化信号のように、原信号の包絡線に沿った階段状の波形になる。このため、原波形との間に同図下のような振幅誤差（**量子化誤差**）を生ずることになり、これを

第5章　多重通信

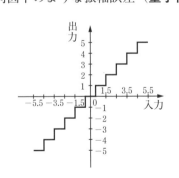

図5.10　量子化するときの伝達特性

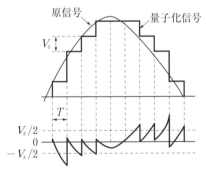

図5.11　量子化信号と量子化誤差

量子化雑音波という。量子化雑音波の振幅 V_n は、V_s を量子化幅（量子化ステップ）とし、**量子化雑音をピーク値の平均が±$V_s/2$ の三角波**であるとすれば次式となる。

$$V_n = \sqrt{\frac{1}{T}\int_0^T \left(\frac{V_s/2}{T}t\right)^2 dt} = \sqrt{\frac{V_s^2}{4T^3}\left[\frac{t^3}{3}\right]_0^T} = \frac{V_s}{2\sqrt{3}} \ \text{〔V〕}$$

ここで、量子化雑音に対する S/N（電力比）を求めてみる。量子化雑音電力 N_q は、抵抗などによる比例定数を k とすれば、次式で与えられる。

$$N_q = kV_n{}^2 = \frac{kV_s{}^2}{12} \ \text{〔W〕} \qquad \cdots (5.3)$$

すなわち、T を小さくすることで V_s が小さくなり、N_q が少なくなる。一方、振幅が V_m の正弦波の電力 P は次式で与えられる。

$$P = k\left(\frac{V_m}{\sqrt{2}}\right)^2 = \frac{kV_m{}^2}{2} \ \text{〔W〕}$$

したがって、S/N は、上式と式 (5.3) から次式となる。

$$S/N = \frac{P}{N_q} = 6\left(\frac{V_m}{V_s}\right)^2 \qquad \cdots (5.4)$$

ここで、$V_m/(V_s/2)$ を量子化のステップ数 n とすれば、上式は次式のように書き換えられる。

$$S/N = \frac{3}{2}\left(\frac{V_m}{V_s/2}\right)^2 = \frac{3}{2}n^2 \qquad \cdots (5.5)$$

さらに、ステップ数 n の量子化信号を符号化するのに必要なビット数を b として、デシベル表示にすると次式となる。ただし、$b = \log_2 n$ である。

第5章 多重通信

$$(S/N)_{dB} = 10\log_{10}\left\{\frac{3}{2}(2^b)^2\right\} \fallingdotseq 1.8 + 6b \text{ [dB]} \qquad \cdots(5.6)$$

上式から、S/Nとビット数の関係は表5.1のように、1ビット増す（nを倍にする）ごとにS/Nは6〔dB〕良くなることが分かる。すなわち、ステップ数が多い（標本化周波数が高い）ほどS/Nが良くなる。

表5.1　ビット数bとS/Nの改善

ビット数b	4	5	6	7	8	9	10
S/N〔dB〕	26	32	38	44	50	56	62

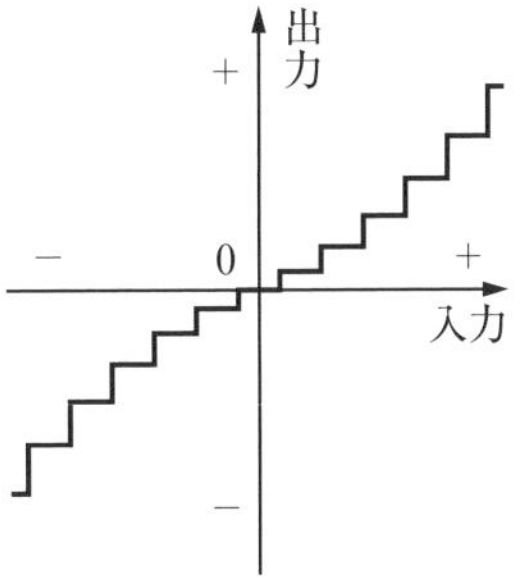

図5.12　非直線量子化の
伝達特性

上記の**直線量子化**は、どの信号レベルでも量子化幅 V_s が一定の均一量子化であり、信号の大小に関係なく量子化雑音Nは一定であるので、信号Sが小さいほどS/Nが悪くなる。音声信号の場合、平均的な振幅は小さいので、相対的に小さな振幅に対するS/Nが悪い。これを改善するために、図5.12のように、小さな振幅ではV_sを小さくしてステップ数を増し、振幅が大きくなるにしたがってV_sを大きくする**非直線量子化**が行われている。このようにして、振幅の大小にかかわらず常に一定のS/Nにすることができる。非直線量子化を実現するには、①量子化の伝達特性が非直線の圧縮符号器を使用する方法、②量子化する前に信号を圧縮してから直線量子化を行う方法、③直線符号器を通した後にデジタル圧縮器を通す方法がある。②の方法で信号の圧縮をする回路を**圧縮器**（compressor）、受信側でこれを元の波形に戻すのに使う回路を**伸張器**（expander）と呼び、これらを総称して**圧伸器**または**コンパンダ**（compander）と呼んでいる。圧縮器と伸張器としてよく使われるものに、**ログアンプ（対数増幅器）**と**アンチログアンプ（逆対数増幅器）**があり、図5.13にこれらの入出力

特性を示す。最近は、ROM によるデジタルコンパンダを使って、③の方法で非直線量子化を行っている。

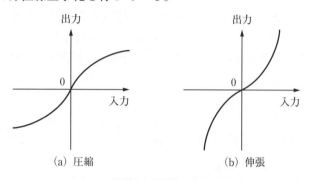

（a）圧縮　　　　　　　　　（b）伸張

図5.13　圧縮器と伸張器の入出力特性

⑶　符号化（コーディング：coding）

　量子化した数値を、対応する m 進符号のパルス列に変換することを符号化という。一般に、**2進符号**が採用されていて、「1」と「0」に対応したパルスが使われている。図5.7では、10進数で表されたアナログ信号の振幅を、対応する2進数4ビットで符号化した各組のパルス列を示した。

　図5.7の2進符号は**バイナリコード**（自然2進コード）であるが、2進符号にはこのほかに**グレーコード**（反転2進コードまたは交番2進コード）、折返し2進コードなどがある。表5.2は代表的な2進符号

表5.2　代表的な2進符号（3ビット）

10進数	バイナリコード（自然2進コード）	グレーコード（反転2進コード）	折返し2進コード
0	0 0 0	0 0 0	0 0 0
1	0 0 1	0 0 1	0 0 1
2	0 1 0	0 1 1	0 1 0
3	0 1 1	0 1 0	0 1 1
4	1 0 0	1 1 0	1 1 1
5	1 0 1	1 1 1	1 1 0
6	1 1 0	1 0 1	1 0 1
7	1 1 1	1 0 0	1 0 0

と10進数相互の関係を3〔bit〕について表している。このうち、バイナリコードはコンピュータなどで広く使われている。また、グレーコードは隣合う符号間のハミング距離がすべて1であるので、ビット誤りがあっても出力が大きく変化しないという特長があり、PCM伝送で多く使われている。

ハミング距離は次式によって定義される。同じビット数 n の符号 C_j と C_k 間の**ハミング距離**を L_{jk} とすれば、

$$L_{jk} = L(C_j, C_k) = \sum_{i=0}^{n-1} |C_{ji} - C_{ki}| \qquad \cdots(5.7)$$

ただし、i はビット番号である。

例えば、3ビットバイナリコードの $j=5$、$k=6$ の場合、C_5「101」と C_6「110」では、

$$L(C_5, C_6) = |1-0| + |0-1| + |1-1| = 2 \qquad \cdots(5.8)$$

となって、ハミング距離は2である。

(4) 符号器（A/D 変換器）

符号器（encoder または coder）は量子化された各レベルの値に対応する符号パルスを作るものである。**A/D 変換器**（A/D コンバータ）は、量子化と符号化を同時に行うもので、符号器でもある。A/D 変換器には、計数形、並列形、帰還形などがあり、このうち、計数形は信号の振幅をパルス数に変換し、これを計数用の2進カウンタによって符号化するものであるが、速度が遅いため通信には使用されない。

(a) 並列形符号器

図5.14は並列比較 A/D 変換器の構成例である。各比較器には図5.12のような量子化出力電圧に対応した基準電圧 $V_{S1} \sim V_{S7}$ が加えられていて、入力信号電圧 v_i と比較して $v_i > V_{sn}$ となる比較器のみ C_n が H（high level）となり、ほかは L（low level）のままになっている。これらの出力はコード変換器に加えられ H と L の状態に応じたバイ

ナリ出力 B_0、B_1、B_2 が得られる。この出力は並列パルスであり、通信に使用するには直列パルスでなければならないから、これを並列直列変換回路を通して直列 PCM パルスに変換する。

この A/D 変換器は非常に高速であるが、n〔bit〕のデジタル出力を得るのに 2^n 個の比較器が必要になる。

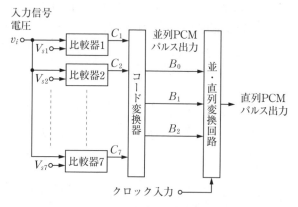

図5.14　並列比較形 A/D 変換器の構成

(b)　帰還形符号器

図5.15は**逐次比較形 A/D 変換器**の例である。8個の端子へは、デジットクロックパルス D_1〜D_8 がクロックパルスと同じ周期で順次遅れて加えられている。最初に D_1 が加えられると、アナログ入力信号を標本化するとともに保持回路によって標本値を保持する。D_1 はフリップフロップ FF_1 にも加えられ、これをセットするとともにほかのすべての FF をリセットする。各スイッチ S は、それぞれの FF がセットしているときには ON、リセットのときには OFF となる。電流 I_2 は ON になっているスイッチを流れる電流の和となる。各スイッチが ON になったときに流れる電流は、各ビットに対応した大きさとなるように各抵抗値によって決められている。I_1 は保持されている標本値に対応した電流であり、比較器で I_2 と比較される。比較器の出力は、$I_1 > I_2$ のときは「0」、$I_1 < I_2$ のときは「1」となっている。比較器の出力は FF へ帰還されるとともにゲート回路に加えられ、

比較器の出力が「0」のときのみゲートが開いて、クロックパルスが通過する。

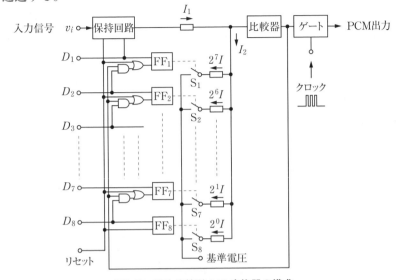

入力信号 v_i — 保持回路

I_1

比較器 — ゲート → PCM出力

I_2

D_1 — FF$_1$ — 2^7I — S$_1$

D_2 — FF$_2$ — 2^6I — S$_2$

D_3

D_7 — FF$_7$ — 2^1I — S$_7$

D_8 — FF$_8$ — 2^0I — S$_8$

リセット

基準電圧

クロック

図5.15　逐次比較形 A/D 変換器の構成

　図5.16はこの回路の動作を描いたものであり、保持回路で保持されている値が$163\,I$（$=I_1$）に比例した値の場合である。パルス D_1 が入ると FF$_1$ がセットされて S$_1$ が ON になるから、$128\,I$（$=2^7I=I_2$）と保持値が比較される。この場合は $I_1>I_2$ であり、I_1 の方が大きいから比較器の出力は「0」でゲートが開きクロックパルスが1個通過する。これと同時に比較器の出力は FF へ帰還されるので、次の D_2 が入ってきても FF$_1$ はリセットされないため、S$_1$ は ON のまま保持されている。D_2 は FF$_2$ もセットして S$_2$ を ON にするため、$I_2 = 128\,I+64\,I$ $= 192\,I$ となる。これと I_1 と比較すると $I_1<I_2$ となって、ゲートは閉じられクロックパルスは通過しない。このとき同時に比較器の出力は FF$_2$ のリセットゲートを開く。このため、D_3 が入ると FF$_2$ はリセットされて、S$_2$ は OFF となる。また、D_3 は S$_3$ を ON にするため、I_2 $= 128\,I+32\,I = 160\,I$ となり、$I_1>I_2$ となって、ゲートは開かれクロックパルスが1個通過する。以下同様にして、I_1 はそれぞれ $I_2=$

$128\,I+32\,I+16\,I$、$I_2 = 128\,I+32\,I+8\,I$、$I_2 = 128\,I+32\,I+4\,I$、$I_2 = 128\,I+32\,I+2\,I$、$I_2 = 128\,I+32\,I+2\,I+I$ と比較され、最後の二回ゲートが開いてクロックパルスが通過する。結局、図5.16最下部のような直列（シリアル）PCM出力となる。以上の方法は I_2 を順次変えて比較したが、I_1 を順次変えて比較する方法もある。

　このA/D変換器は、アナログ部分が少なく、構成が単純で一つの比較器を繰り返し使用するので、最も経済的であり、しかもある程度の動作速度が得られる。

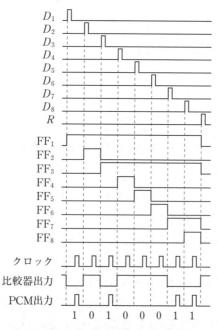

図5.16　逐次比較形A/D変換器の動作

(5)　復号器（D/A変換器）

　復号器（decoder）は送られてきたPCMパルス列から目的とするパルスの組を読み出し、その符号に応じたアナログ値を得るものであり、**D/A変換器**（D/Aコンバータ）が使われる。図5.17は8〔bit〕のD/A変換器の例であり、抵抗回路に加重抵抗を使った電流加算形

である。

　図のように、PCM符号パルスが直並列変換回路内のシフトレジスタに順次入力され、1組8〔bit〕のパルスが入り終った状態では、Q_1、Q_2、Q_6、Q_8が1となる。この状態で読出し信号を入れると、対応したスイッチS_1、S_2、S_6、S_8がONとなるので、出力に流れる合成電流は、$I_1 = (2^7 + 2^5 + 2^1 + 2^0)I = 163I$となり、1組のPCM符号列に対応した方形波電流が得られる。以後同様にして、次々送られてくる8〔bit〕を1組とするPCM符号列が方形波に変換されて出力されると、階段状の波形が得られる。

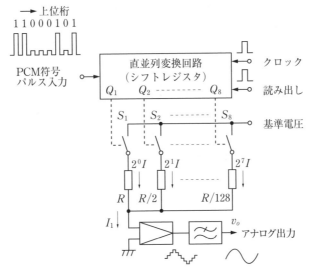

図5.17　加重抵抗電流加算形 D/A 変換器

　これを**補間フィルタ**または**再構成フィルタ**と呼ばれるLPFに通すと元のアナログ波形に近似した波形が得られる。しかし、完全な元の波形には戻らない。その理由の一つはLPFの特性が不十分なとき、パルス周期成分が残ってアナログ波形に雑音となって重畳する。この雑音を**補間雑音**という。もう一つの理由は以下で述べる**アパーチャ効果**（aperture effect）による。

　信号から一定周期で取り出された振幅情報が図5.18（a）のように、

インパルス状のパルス列の高さで表されるとき、インパルスは無限の周波数分布を持つので、このパルス列からアナログ信号に戻せばほぼ完全な元の波形になる。しかし、実際には同図 (b) のように、ある幅を持った方形波パルスまたは階段状の波形であるので、元のアナログ信号には戻らない。そこで、このような方形波がどのような周波数分布を持っているか、フーリエ変換をして調べてみると図5.19のようになる。この曲線は sinc 関数 $(\sin(x)/x)$ であり、$x = \pi f/f_s$ として描いたものである。

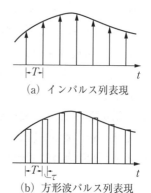

(a) インパルス列表現

(b) 方形波パルス列表現

図5.18 信号波のパルス列表現

ただし、f_s はサンプリング周波数である。この図の周波数特性がD/A 変換の特性であり、D/A 変換器で扱われる最高周波数 f_m が f_N（$= f_s/2$：ナイキスト周波数）に等しいとしたとき、図の斜線部分のように、f_N に近い周波数ほど減衰が大きくなることが分かる。例えば、f_N の80％の周波数で約 2.4〔dB〕減衰する。ただし、f_N 以上の周波数は不要であり、フィルタで阻止されるので考えない。この現象をアパーチャ効果といい、デジタル信号処理では避けることができない。

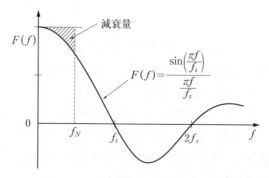

減衰量

$$F(f) = \frac{\sin\left(\frac{\pi f}{f_s}\right)}{\frac{\pi f}{f_s}}$$

図5.19 D/A 変換の特性と sinc 関数

しかし、ほかの手段を使ってアパーチャ効果を非常に少なくすることはできる。その方法の一つはサンプリング周波数 f_s を上げてオーバーサンプリングすることである。図から分かるように、f_s を上げて $f_m \ll f_N$ とすれば、sinc 関数の曲線は周波数の高い方へ引き伸ばされるから、$0 \sim f_m$ の周波数範囲ではそれほど減衰は大きくならない。

　もう一つの方法は、sinc 関数とは逆特性を持つフィルタを使って sinc 関数の特性を打消す方法である。このフィルタには図5.20のように、再構成フィルタの前に置くプリイコライゼーション・フィルタ（デジタルのフィルタ）と後に置くポストイコライゼーション・フィルタ（アナログのフィルタ）があるが、どちらでも効果は同じである。通常、アパーチャ効果があると困るようなシステムでは、これら二つの方法を組み合わせて使用する。

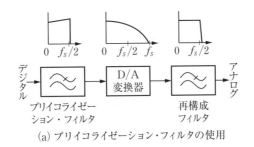

(a) プリイコライゼーション・フィルタの使用

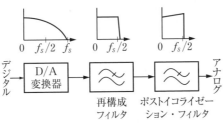

(b) ポストイコライゼーション・フィルタの使用

図5.20　イコライゼーションフィルタを使った D/A 変換の構成

5.2.2　PCM 多重通信方式

PCM 信号は、一つの値を時間的に並べた1組のパルス列で表した

ものであるから、これを多重化するには TDM が使われる。図5.21は
時分割多重 PCM 通信の基本構成例である。各チャネルの信号を
PAM した後、時分割多重化し、これを A/D 変換して得られた PCM
パルスにより送信機の主搬送波をPMやFMする。送信された信号は、
伝送路が長ければ中継を繰り返し、受信機で復調して D/A 変換する
とともに、同期信号を検出して各チャネルのPAM復調器を動作させ、
それぞれ分離して得られた信号を LPF に通して各アナログ信号を取
り出す。

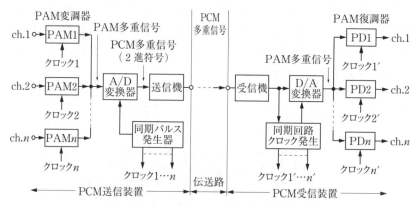

図5.21　時分割多重 PCM 通信の基本構成例

(1) PCM 符号多重化の原理

　多数のチャネルの信号を一つの伝送系に乗せるには、各チャネルの
パルス列が互いに重ならないように並べなければならない。図5.22の
ように、ch.1〜 ch.n のアナログ信号を一定の間隔だけ遅らせて標本
化と量子化をして、この値に対応したPAM信号を作って合成すると、
n チャネルを多重化した PAM 波パルス列となる。これを符号器を通
してPCM符号化パルス列を作る。各チャネルのサンプリング周期は、
アナログ信号の最高の周波数を通常4〔kHz〕としているので、125
〔μs〕であり、これを1フレームと呼ぶ。同期パルスは各フレームの
最初または最後に挿入されていて受信側との同期に使われる。上述の
ように、1フレームの長さは変えられないので、この中に収容できる

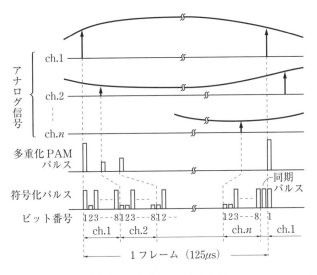

図5.22 PCM信号の多重化法

チャネル数はパルスの幅と1チャネル当たりの最大ビット数、すなわち量子化ステップ数によって制限される。逆にチャネル数と最大ビット数が決まれば、パルスの最大幅が決まる。例えば、24チャネルの信号を8〔bit〕符号に変換する場合、1フレームに入り得る最大のパルス数は同期信号1個分を加えて、$8 \times 24 + 1 = 193$ **タイムスロット★**（または**パルススロット**）であるから、最大パルス幅 τ は、

$$\tau = \frac{125}{193} \fallingdotseq 0.65 \ 〔\mu \mathrm{s}〕 \qquad \cdots (5.9)$$

となり、使用できるパルス幅はこれ以下でなければならない。この例の場合、1秒間の最大パルス数 N は、$N = 1/\tau = 1.544 \times 10^6$ 本となり、

★タイムスロット（time slot）：スロットは狭い隙間のことであるから、タイムスロットは短い時間幅のことである。通信関係の用語では、周期的に割り当てられている短い時間幅のことで、使い方によって、チャネルタイムスロット、デジットタイムスロット（又はパルススロット）などという。

第5章 多重通信

これを**ビットレート**と呼び、1.544〔Mbps〕のように表す。

このように、多重化するチャネル数を増やすには、パルス幅をそれに応じて細くしなければならないので、必要とする伝送回路の帯域幅も広くなる。

⑵　**同期**

伝送路を通して送られてくる時分割多重信号は各チャネルの信号が少しずつずれて125〔μs〕間隔で繰り返されている。この多重信号から目的の信号を取り出すには、その信号がいつ送り出されたかを知る必要がある。送受信間の時間関係を常に一定に維持することを同期をとるといい、PCM 多重通信ではビット同期とフレーム同期がある。

⒜　**ビット（デジット）同期**

ビット同期は送信側から送り出される PCM パルスの周期と受信側で作られるクロックパルスの周期を一致させることである。その方法には、PCM 信号に含まれている同期情報を利用する内部同期方式と、PCM 信号とは別の回線で同期信号を送る外部同期方式があるが、外部同期方式は回線による遅延の違いなどに難点があり、使われていない。図5.23は、内部同期方式によってビット同期パルスを取り出す方法の原理図であり、Q の高い同調回路に PCM 信号を加え、その中に含まれている同期信号成分を取り出し、増幅及び整形して同期パルスを作る。この同期信号成分の周波数は、PCM 信号のビットレートに等しく、8 ビット符号の24チャネルの場合、前述した 1.544〔MHz〕である。

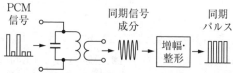

図5.23　ビット同期パルス検出法の原理

⒝　**フレーム同期**

各フレームの中では、各チャネルの信号が送り出される順番は常に一定であるから、フレームの最初の時刻が分かれば、各チャネルの

PCM信号パルス列を分離できる。このフレームの先頭の時刻を決めるのがフレーム同期である。送信側で作られるフレーム同期信号は、24チャネルの場合、24チャネル目の最後のタイムスロットの次に挿入される1個のパルスである。このパルスはほかの信号パルスと区別するために、各フレームに対して1個おきに挿入されている。

　図5.24に同期回路と各チャネルPCM信号の復調法の例を示した。受信機によって取り出されたPCM符号パルスから、前述したビット同期回路でクロックパルスを作り、これによってデジットパルス発生器（8進カウンタ）を動作させる。8進カウンタは8進数がいっぱいになったときにD_8からチャネルパルス発生器にパルスが送られカウントを1個進める。このカウンタは24進であるから、D_8から24個のパルスが入るとカウンタがいっぱいになり、フレーム判定用パルスがフレーム同期検出回路へ送られる。フレーム同期パルスは24チャネル目のPCM符号列の次にあることになっていて、「1」と「0」がフレームごとに交互に送られてくる。このパルスとフレーム判定パルスとを比較し、両者の繰り返しが一致しているときは各部の動作はそのまま継続されるが、一致しないときにはフレーム同期検出器からシフトパルスが禁止ゲートに送られ、ゲートが1回閉じられる。この動作は送られて来るフレーム同期パルスの「1」と「0」の繰り返しと一致するまで続けられる。このように1〔bit〕ずつシフトする方式では同期がとれるまでにある程度の時間を要する。その最大の所要時間t_{max}は、

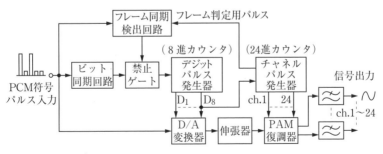

図5.24　同期回路と各チャネルの選別復調法

パルスが1個ずれているときであり、1回の判定に要する時間は125×2＝250〔μs〕であり、パルス数は193×2－1＝385本であるから、次のようになる。

$$t_{max} = 250 \times 385 ≒ 96.3 \quad 〔\text{ms}〕$$

⒞ **スタッフ同期**

接続された端局の少ない回線網では、前述したように、送信側と受信側を完全に同期させることが可能であり、このような方式を**網同期**という。しかし、接続端局数が多くなると、回線中で発生する位相変動などのために、網同期によってすべての端局を完全に同期させることは非常に困難になる。このような場合に採用される方法として**独立同期**がある。これは各端局のクロック周波数が基準周波数から一定偏差以内であればずれていてもよく、また、通信網内の信号は互いに非同期であることを原則としている。独立同期にも種々の方法があるが、ここではスタッフ同期を説明する。

回線網のクロック周波数をf_0、送信端局のクロック周波数をf_1とし、$f_0 > f_1$であるとする。送信端局では入力デジタル信号をf_1で一定時間バッファメモリに書き込み、それをf_0で読み出して回線網へ

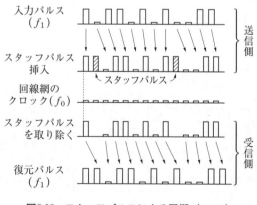

図5.25 スタッフパルスによる同期（$f_1 < f_0$）

送り出す。このとき、一定時間にメモリへ書き込む量より読み出す量の方が多いので回線網へ送り出すパルス数が不足する。そこで、図5.25のように、情報には関係のないダミーのパルスを1本挿入して回線網と同期をとる。この挿入したパルスをスタッフパルスと呼ぶ。受信端局ではスタッフパルスを取り除きバッファメモリに書き込んで、これをf_1で読み出して元の信号を再生する。

5.3 デジタル変調

2値のデジタル信号「1」と「0」によって搬送波を変調する方法には、AM、FM、PMの各方式があり、これらをそれぞれ **ASK**（amplitude shift keying：振幅偏移変調）、**FSK**（frequency shift keying：周波数偏移変調）、**PSK**（phase shift keying：位相偏移変調）と呼ぶ。図5.26には2値の変調信号によって変調された搬送波の波形を示した。このうち、ASKは伝搬路や外部からの影響を強く受けて誤り率が多くなるので単独ではほとんど使用されない。一方、FSKとPSKは広い伝送帯域幅が必要となるが、マイクロ波やミリ波帯では帯域幅を広く取れ、特にPSKは多値符号によりビットレートを速くできるので広く使用されている。さらに高速にするために、位相と振幅を同時に変調する振幅位相変調（APSK）があり、その代表的なものとしてQAMがある。

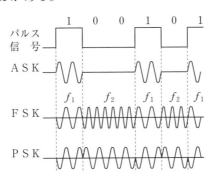

図5.26　2値のパルス信号で変調された搬送波形

5.3.1 FSK

現在のデジタル通信における変調方式は PSK が主流になっているが、一時期前までは FSK が主であった。しかし、FSK は今でも一部のシステムで使われているので、ここで FSK について簡単に述べておく。

デジタル信号「1」と「0」に対応して変化する NRZ 符号（ベースバンド信号）によって、単純に周波数を切換える FSK では、周波数の切換えに伴う位相の不連続により高調波を多く発生する。これを防ぐため、切換えの際に位相が連続になるようにして高調波の発生を少なくし占有周波数帯幅を減らす位相連続 FSK が開発されたが、この方法も変調ひずみが大きくなる欠点があった。

このような位相連続 FSK よりもさらに占有周波数帯幅を少なくするには変調指数を小さくする必要がある。FSK の変調指数 m は最大周波数偏移と変調信号のパルス幅 T との積で表される。すなわち、デジタル信号の「1」と「0」に対応する周波数をそれぞれ f_1 と f_2 とすれば、$m = (f_1 \sim f_2) \cdot T$ で与えられる。変調指数を小さくし、$m = 0.5$ にすれば ASK とほぼ同じ占有周波数帯幅にまで狭くなるが、$m = 0.5$ 以下にしてもそれ以上狭くならない。したがって、$m = 0.5$ の位相連続 FSK を特に **MSK**（minimum shift keying）といい、これにより変調ひずみを少なくすることも可能になった。この MSK としての条件を満たす二つの周波数 f_1 と f_2 の関係を調べてみると、例えばパルス幅 T の中に高周波 f_1 が 2 周期ある場合、$f_1 = 2/T$ であり、上記の関係を使って $f_2 = 0.5/T + f_1 = 5f_1/4$ が得られる。

図5.26のベースバンド信号では、波形の立上がりと立下りのときに $f_1 \leftrightarrow f_2$ の変化が急激になり、やはり占有周波数帯幅を広くする原因になる。このため、ベースバンド信号が方形波よりなだらかな波形になるようなフィルタを通すことによって $f_1 \leftrightarrow f_2$ の周波数変化をなだらかにする方法が考えられた。このようなフィルタとしてガウスフィルタを使った MSK を **GMSK**（Gaussian-filtered MSK）といい、占有周波数帯幅を狭くできる。GMSK は第 2 世代の携帯電話方式である

GSM（global system for mobile communications、欧州で作られた携帯電話の標準規格）で日本を除く世界各国で広く採用されていた。

5.3.2　PSK

位相変調波をv_i、位相偏移を$\varphi(t)$、搬送波の角周波数をωとすれば、

$$v_i = \sin\{\omega t + \varphi(t)\} \qquad \cdots(5.10)$$

ただし、振幅を1とする。

また、位相偏移の数をmとすれば、$\varphi(t)$は次式で表される。

$$\varphi(t) = \frac{2\pi n}{m} \quad (n = 0、1、\cdots、m-1) \qquad \cdots(5.11)$$

ただし、$m = 2^b$とする。

すなわち、b〔bit〕の情報を1回の位相偏移変調で伝送することができる。

図5.26の2相PSKでは$m = 2$であり、「1」と「0」に対して$\varphi(t) = \pi$、0の位相が対応するから、これをベクトル表示すると図5.27（a）のようになる。同様に4相、8相PSKでは$m = 4$、8であるから、同図（b）と（c）のようなベクトルで表される。これらは、**2PSK、4PSK、8PSK**のように表され、特に2PSKは**BPSK**（binary

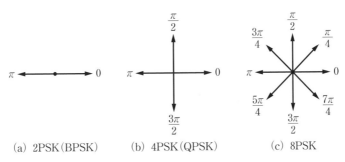

(a) 2PSK（BPSK）　　(b) 4PSK（QPSK）　　(c) 8PSK

図5.27　各種PSKのベクトル図

第5章

多重通信

phase shift keying)、また、4PSK は **QPSK**（quadrature phase shift keying）と呼ばれる。表5.3は、これらの PSK の位相に対応するバイナリ符号であり、2PSK、4PSK、8PSK に対してそれぞれ1、2、3〔bit〕を一つの搬送波で一度に送ることができる。すなわち、多相の PSK になるほど伝送容量が大きくなる。

表5.3　バイナリコードと位相角の関係

BPSK（2PSK）		QPSK（4PSK）		8PSK			
バイナリ	位相角	バイナリ	位相角	バイナリ	位相角	バイナリ	位相角
0	0	00	0	000	0	100	π
1	π	01	$\pi/2$	001	$\pi/4$	101	$5\pi/4$
		10	π	010	$\pi/2$	110	$3\pi/2$
		11	$3\pi/2$	011	$3\pi/4$	111	$7\pi/4$

このほかに日本で考案された $\pi/4$ シフト QPSK がある。$\pi/4$ シフト QPSK を理解するために $\pi/2$ シフト BPSK について説明する。図5.28（a）は、図5.27（a）の BPSK 信号のベクトルを、**I**（in-phase：同相）**軸**と **Q**（quadrature：直交）**軸**で構成された座標（位相平面）に黒丸点で表したものであり、この点を**信号点**といい、図全体を**信号点配置図**または**信号空間ダイアグラム**あるいは**コンスタレーション**（constellation：星座）という。

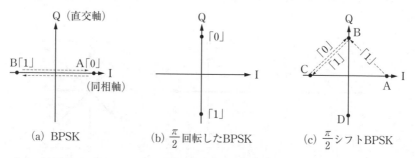

図5.28　BPSK の信号点配置図

BPSKの場合、各信号点には二つの符号「1」と「0」がそれぞれ割り当てられている。また、図5.27（a）のBPSK信号のベクトルをπ/2回転させた信号もやはりBPSK信号であり、この信号点配置図は図5.28（b）のようになる。この二つのBPSK変調を交互に使うことを考えるために、二つの信号点配置図を重ねると図5.28（c）のようになる。そして、符号「1」が来れば +π/2 回転させ、「0」が来れば −π/2 回転させることに決めておく。これを π/2 シフト BPSK という。例えば、初期状態が「0」のとき、入力「1」、「1」、「0」が順番に来たとすれば、普通の BPSK の場合、図5.28（a）のように、信号点は A→B→B→A と変化する。一方、π/2 シフト BPSK では、同図（c）のように A → B → C → B と変化するので原点を通過しない。

　これと同様にして、**π/4 シフト QPSK** 信号が作られている。この信号は π/4 シフトした搬送波とシフトしない搬送波を交互に使用することで作られる。図5.29（b）は、その信号点配置と移動可能な信号点間を描いたものである。2 ビット符号の信号点は、現在の信号点からの回転角として、それぞれ同図の実線のように決められている。したがって、同図（a）の普通の QPSK のような原点を通過する信号点間の移動はないので、搬送波の振幅が 0 になることはない。このため、非線形増幅を行っても普通の QPSK に比べてひずみが少なく、周波数帯域の広がりが少ない。この方式は擬似8PSK ともいわれ、狭帯域でありながら比較的速い伝送速度が得られる特徴があり、携帯

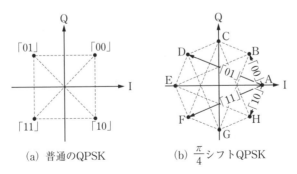

(a) 普通のQPSK　　　　(b) $\frac{\pi}{4}$ シフトQPSK

図5.29　BPSK の移動可能な信号点間

電話などの移動通信に使われている。

このπ/4シフトQPSKとほぼ同様の変調方式として、I軸とQ軸の時間を1/2シンボルずらして変調する**OQPSK**がある。この変調方式はπ/4シフトQPSKより振幅変動が小さい利点があるが、受信にリミッタが使えなくなるため遅延検波が使えない欠点がある。

⑴ **PSK変調器**

⒜ **BPSK（2PSK）変調器**

図5.30は、**リング変調器**によるBPSK変調器である。入力トランスT_1を通して搬送波を入力しておき、端子ab間に両極パルスの信号電圧を加える。端子a側が＋のときはダイオードD_1とD_2が導通になり、搬送波はそのまま出力トランスT_2を通って出力に現れる。極性が変わって端子b側が＋になると、D_3とD_4が導通となるから搬送波は位相が反転してT_2に加わり、出力にはπだけ位相がシフトした搬送波が現れる。すなわち、図5.26のPSKと同じ波形が得られることになる。

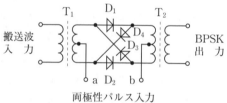

図5.30　リング変調器を使ったBPSK変調器

⒝ **QPSK（4PSK）変調器**

この変調回路には直列形と並列形がある。図5.31（a）は直列形変調器の構成であり、変調器1ではπ、変調器2ではπ/2、それぞれ搬送波の位相をシフトでき、二つの位相の組合せで、0、π/2、π、3π/2の4通りの位相の搬送波、すなわちQPSK波を得るものである。実際の回路例として、同図（b）の**パスレングス形変調器**がある。これは導波管に長さの異なる2個のスタブ（終端が短絡された導波管）をサーキュレータを介して取り付けたものである。図では、スタブ1の長さは電磁波が往復したとき位相がπ遅れ、スタブ2ではπ/2遅

れるように作られている。これらのスタブの接続点には PIN ダイオードによるスイッチ S_1、S_2 がスタブに直列に挿入されているとすれば、信号パルスがないとき（「0」のとき）には OFF となって主導波管中を伝搬する電磁波はそのまま通過するが、信号パルスが入ると（「1」のとき）ON となり、電磁波はスタブ中を往復して出て行くので位相遅れを生ずる。ただし、スイッチがスタブに並列に挿入されていれば上記の ON と OFF は反対になる。

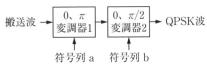

(a) 直列形変調器の構成

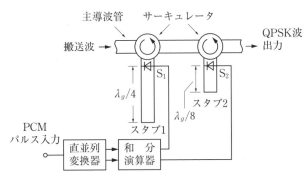

(b) パスレングス形 QPSK 変調器

図5.31　直列形 QPSK 変調器

　入力する PCM 符号パルスは直列信号であるので、これを並列信号に変換し、和分演算器を通してダイオードスイッチを駆動する電圧にしている。管内波長を λ_g とすれば、$\pi/2$ の遅れを作るスタブの長さは $\lambda_g/8$、π 遅らせるスタブは $\lambda_g/4$ となる。表5.4は入力信号「0」、「1」がスイッチをそれぞれ OFF、ON にしたときの QPSK 波出力の位相である。

表5.4 パスレングス形変調器のダイオード動作と位相角の関係

S_1	S_2	4進数	バイナリコード	位相
OFF	OFF	0	00	0
OFF	ON	1	01	$\pi/2$
ON	OFF	2	10	π
ON	ON	3	11	$3\pi/2$

　図5.32は並列形変調器の構成例であり、BPSK 変調器を2個並列に接合した構成となっている。入力された搬送波は分岐回路で2分され、一方は $\pi/2$ 移相器を通って変調器2へ、他方は出力のレベル合わせ用の減衰器を通って変調器1へ、それぞれ入力されて0、π 位相変調される。搬送波は変調器1で0か π の位相シフトを受け、変調器2でも同じ0か π の位相シフトを受けるが、変調器2では入力がすでに $\pi/2$ 位相シフトされているので出力としては $\pi/2$ か $3\pi/2$ の位相シフトとなる。したがって、二つの変調器の出力 v_I、v_Q を合成すると、図5.33のように $\pi/4$、$3\pi/4$、$5\pi/4$、$7\pi/4$ の4通りの位相状態、すなわち QPSK 波が得られる。

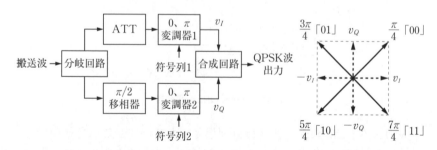

図5.32　並列形 QPSK 変調器の構成例　　図5.33　並列形 QPSK 変調出力のベクトル

(2) PSK 復調器

　復調法には大別して非同期復調方式と同期復調方式がある。非同期復調方式は包絡線検波や周波数検波などである。同期復調方式は信号波の位相を無変調時の位相と比較して、その差を検出する方法であり

同期検波や遅延検波がある。ここでは、PSK の復調に使われる同期検波と遅延検波について述べる。

(a) 同期検波

同期検波は、送信側と位相の合った基準搬送波を受信側で発生させて使用するものであり、基準搬送波と受信信号との掛算を行って両者の位相差を取り出す方法である。

いま、検波器への入力 v_i が式 (5.10) 及び (5.11) で与えられるものとし、基準搬送波 v_s は角周波数が送信側と等しく、位相差を θ_s として、次式で与えられるものとする。

$$v_s = V_s \sin(\omega t + \theta_s) \qquad \cdots (5.12)$$

v_i と v_s の積 v_o は次のようになる。

$$
\begin{aligned}
v_o &= v_s v_i \\
&= V_i V_s \sin(\omega t + \theta_s) \sin\{\omega t + \varphi(t)\} \\
&= \frac{V_i V_s}{2} [\cos\{\theta_s - \varphi(t)\} - \cos\{2\omega t + \theta_s + \varphi(t)\}] \qquad \cdots (5.13)
\end{aligned}
$$

上式で与えられる信号から LPF で高周波成分を取り除くと、次式で与えられるパルス波 v_p が得られる。

$$v_p = k V_i V_s \cos\{\theta_s - \varphi(t)\} \qquad \cdots (5.14)$$

ただし、k を定数とする。また、通常 $\theta_s = 0$ とする。

(i) 基準搬送波の再生

式 (5.12) で表した基準搬送波を再生する方法を考える。

式 (5.10) において、BPSK 波 v_i を $\phi(t) = n\pi$ として次式で表す。

$$v_i = \sin(\omega t + n\pi)$$

ただし、$n=0$のときデジタル信号の「0」、$n=1$のとき「1」である。この信号を2乗すると次式のように周波数が2逓倍される。

$$v_o = \sin^2(\omega t + n\pi)$$
$$= \frac{1}{2}\{1-\cos 2(\omega t + n\pi)\} = \frac{1}{2} - \frac{1}{2}\cos(2\omega t + 2n\pi)$$

上式より、nが0から1に変化すると位相は0から2πに変化するので、信号v_oの位相は変化しないが周波数は2倍になる。したがって、周波数を$1/2$に分周すれば元の搬送波と同じ周波数の基準搬送波が得られる。

図5.34は基準搬送波を再生するための基本構成である。図より、BPSK波を2乗回路によって周波数を2逓倍し、これを帯域フィルタを通して雑音などの不要成分を取り除く。さらに、これを安定した周波数にするためにPLL回路を通した後、$1/2$分周回路によって基準搬送波を取り出す。

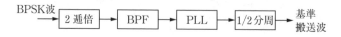

図5.34　基準搬送波再生回路の構成例

(ⅱ)　**BPSK検波器**

図5.35はリング形BPSK検波器であり、図5.30のリング変調器と同様の構成である。BPSK波として、図5.36のような入力v_iと基準搬送波v_sを加え合わせ、ダイオードで2乗検波して両波の積を作ると、図のような検波出力v_oが得られる。これをLPFに通して高周波分を取り除くと、PCM符号のパルス波v_pが得られる。

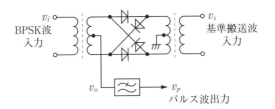

図5.35　リング形 BPSK 検波器

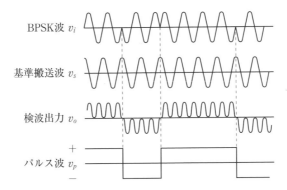

図5.36　BPSK 検波器の入出力波形

BPSK 波は、式（5.11）において $m=2$ であるから、

$$\varphi(t) = n\pi \qquad (n = 0、1) \qquad \cdots(5.15)$$

となる。また、送信側と受信側の角周波数が等しく位相差が0か π であれば、式（5.14）から、

$$v_p = \pm k V_i V_s \cos(-n\pi) \qquad (n = 0、1) \qquad \cdots(5.16)$$

となり、振幅の最大値を1$(k V_i V_s = 1)$ とすれば、符号「0」、「1」に対応して正負に振動する出力 ± 1〔V〕が得られる。

(iii)　QPSK 検波器

図5.37は QPSK 検波器の構成例であり、前述した BPSK 検波器2

個を並列に組み合わせ、一方の検波器には基準搬送波を $\pi/2$ 移相したものを加えている。

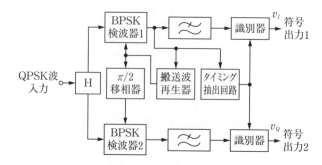

図5.37　QPSK 復調器の構成例

QPSK 波は、式（5.11）において $m = 4$ であるから、

$$\varphi(t) = \frac{\pi}{2} n \quad (n = 0,\ 1,\ 2,\ 3) \qquad \cdots(5.17)$$

となり、パルス出力は式（5.14）から次のようになる。

$$v_p = k V_i V_s \cos\left(\theta_s - \frac{\pi}{2} n\right) \qquad \cdots(5.18)$$

　図の回路の入力に QPSK 波を加えるとハイブリッド回路 H で分岐され、二つの検波器にそれぞれ入力される。QPSK 波と基準搬送波の位相差 (θ_s) を $\pi/4$ とし、検波器1の出力を LPF に通すと、その出力 v_I は次のようになる。

$$\begin{aligned}
v_I &= k V_i V_s \cos\left(\frac{\pi}{4} - \frac{\pi}{2} n\right) \\
&= \frac{k V_i V_s}{\sqrt{2}} \left(\cos\frac{\pi}{2} n + \sin\frac{\pi}{2} n\right) \qquad \cdots(5.19)
\end{aligned}$$

　検波器2の基準搬送波は $\pi/2$ 移相されているから、LPF 出力 v_Q は次式になる。

$$v_Q = kV_i V_s \cos\left(\frac{\pi}{4} - \frac{\pi}{2}n - \frac{\pi}{2}\right) = kV_i V_s \sin\left(\frac{\pi}{4} - \frac{\pi}{2}n\right)$$

$$= \frac{kV_i V_s}{\sqrt{2}}\left(\cos\frac{\pi}{2}n - \sin\frac{\pi}{2}n\right) \quad\quad \cdots(5.20)$$

上式において、$kV_i V_s = 1$ とすると最大値は $1/\sqrt{2}$ となるから、これをベクトルで表すと、v_I と v_Q は直交しているので図5.38のようになる。v_I と v_Q の合成値を表す点P、Q、R、Sは信号点である。

識別器の出力と位相差、出力符号の関係を表5.5に示す。ただし、グレー符号は、v_I と v_Q の値の正と負に対応してそれぞれ「0」と「1」とする。

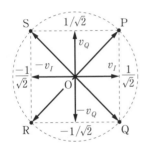

図5.38 QPSK 波の検波出力のベクトル

表5.5 QPSK 位相角と復調器の出力コード

n	位相角	v_I	v_Q	グレー符号
0	0	$1/\sqrt{2}$	$1/\sqrt{2}$	00
1	$\pi/2$	$1/\sqrt{2}$	$-1/\sqrt{2}$	01
2	π	$-1/\sqrt{2}$	$-1/\sqrt{2}$	11
3	$3\pi/2$	$-1/\sqrt{2}$	$1/\sqrt{2}$	10

(b) 遅延検波

遅延検波はBPSK信号の1シンボル前の信号と比較して位相を検出する方法であり、同期検波の一種である。すなわち、図5.39（b）のように、一つ前のシンボルとの乗算を行うので、検波器からの出力は入力信号と異なったものとなってしまい、送信側から伝送しようとした情報が正しく伝わらなくなる。そこで、検波出力が元の情報信号と同じになるように、同図（a）の回路によって、送信側であらかじめ元の情報信

（a） 差動符号化回路

（b） 遅延検波回路

図5.39 差動符号化と遅延検波

号に**差動符号化**の処理を行っておく必要がある。この処理を説明するにはモジュロ演算（剰余演算）を使わなければならない。

モジュロ（modulo）**演算**とは、除算をして余り（剰余）を求める演算である。

被除数を整数 a、除数を整数 b としたとき、モジュロ b 演算として次のように表記する。他の表記法 $\mathrm{mod}(a, b)$ もある。

$$a \bmod b = m \qquad\qquad \cdots(5.21)$$

ただし、整数 m は答え、mod は演算子である。％、MOD なども演算子として使われる。

例えば、

$$5 \bmod 2 = 1$$

すなわち、$5/2 = 2$ 余り 1 であるから答えは $m = 1$ である。

また、a が負のとき m は負になるが、通常、除数の符号に依存すると決められている。

例えば、

$$-1 \bmod 2 = 1$$

すなわち、$-1/2 = 0$ 余り -1 であるが除数が正であるので $m = 1$ となる。

計算機や情報通信分野では、デジタル信号「0」「1」だけを扱うのでモジュロ 2 演算が使われる。

そこで、BPSK 搬送波の各シンボルの位相 π〔rad〕と 0〔rad〕がそれぞれデジタル信号の「1」と「0」に対応しているものとし、送信した情報信号を a_k、受信して検出されたデジタル信号を b_k として、表5.6により、差動符号化を説明する。

表5.6　差動符号化信号と遅延検波信号

k（時間）	0	1	2	3	4	5	6	7	8
a_k（情報デジタル信号）		1	0	1	1	0	0	1	0
b_k（差動符号化信号）	0	1	1	0	1	1	1	0	0
BPSK 搬送波の位相	0	π	π	0	π	π	π	0	0
b_k（受信デジタル信号）	0	1	1	0	1	1	1	0	0
$c_k = b_{k-1}$（1シンボル遅延信号）		0	1	1	0	1	1	1	0
e_k（遅延検波信号）		1	0	1	1	0	0	1	0

差動符号化信号 b_k を求めるには次の演算を行う。

$$(a_k + b_{k-1}) \bmod 2 = b_k$$

最初の $k=1$ の時間における信号 b_1 を求めるには b_1 の一つ前の信号 b_0 が必要になる。そこで、初期状態として $b_0 = 0$ を与える。

したがって、時間 $k=1$ では、

$$(1+0) \bmod 2 = 1 \bmod 2 = 1$$
$$\therefore \quad b_1 = 1$$

同様にして、時間 $k=2$ では、

$$(0+1) \bmod 2 = 1$$
$$\therefore \quad b_2 = 1$$

以下同様にして順番に b_k が求まる。これが差動化信号である。

送信側では、この差動化信号 b_k によって搬送波の位相を 0 と π に変調して得た BPSK 波を送信する。

受信側で、この BPSK 波が誤りなく受信されたとすれば、検波して得られた信号も b_k となる。

遅延検波は次の演算を行うことであり、その結果を e_k とする。ただし、c_k は b_k を 1 シンボル遅らせた信号であり、$c_k = b_{k-1}$ である。

$$(b_k - c_k) \bmod 2 = e_k$$

時間 $k = 1$ では、

$$(1-0) \bmod 2 = 1$$
$$\therefore \quad e_1 = 1$$

時間 $k = 2$ では、

$$(1-1) \bmod 2 = 0$$
$$\therefore \quad e_2 = 0$$

以下同様にして e_k が求まる。

遅延検波で得られた信号 e_k と情報デジタル信号 a_k を表5.6で比較してみると一致していることが分かる。

5.3.3 QAM

前述の QPSK は振幅が一定で、位相だけが変化する変調方式であるが、**QAM**（quadrature amplitude modulation：直交振幅変調）はこれにさらに振幅も同時に変化させる変調方式である。図5.38の場合は、振幅が同じ正負の二つのレベルをとる信号であると見ることもできるが、この振幅を四つのレベルをとるようにすると、v_I と v_Q の振幅変化がそれぞれ 4 レベルとなるから、位相と振幅の異なる16個の信号が得られる。このように振幅変調（ASK）のステップ数が 4 レベルの直交する二つの搬送波を合成した場合を 16QAM という。4QAM もあるが、QPSK と等価になってしまうので、QAM としての特徴が得られるのは 16QAM 以上の 64QAM、256QAM などの多値変調で

ある。

　図5.40は各種の16値変調による信号点配置を示したものである。これら各種の変調方式の良否を判定する一つの指標として符号誤り率がある。符号誤り率を比較するために、信号点間距離が使われる。信号点間距離は、信号点配置図において信号点相互間の距離であり、4値以上の変調では一つの信号点に対して複数の距離があるが、一般にそれらのうちで最も短い距離 v_s〔V〕をいう。信号点間距離は送信電力によって変わるので、多値変調相互間で信号点間距離を比較する場合には、v_s を位相平面の原点から最も遠い信号点までの距離（最大振幅）v_{max}〔V〕で割った（正規化した）値 d_s（$= v_s/v_{max}$）またはその逆数 u_s（$= v_{max}/v_s$）を使うことがある。図5.40（a）の QAM の場合、$v_{max} = 1.5\sqrt{2}\ v_s$〔V〕であるから、$d_s = 1/(1.5\sqrt{2}) \fallingdotseq 0.47$ であり、また同図（d）の PSK では、半径 v_{max} の円周を16で割ったものが v_s であるから、$d_s = 2\pi/16 \fallingdotseq 0.39$ となる。このように、同じ16値変調であっても PSK より QAM の方が d_s が大きい（u_s が小さい）

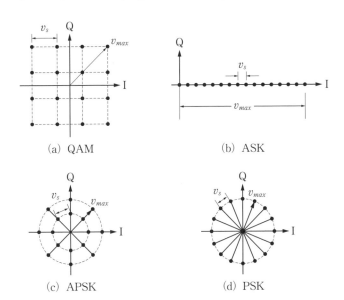

(a) QAM　　　　　　　(b) ASK

(c) APSK　　　　　　　(d) PSK

図5.40　各種16値変調の信号点配置

ので、同じ送信電力の場合 QAM の方が符号誤り率は小さくなり有利
であることが分かる。表5.7は図5.40の各変調方式に対する d_s と u_s の
値である。なお、APSK（amplitude and phase shift keying）は振幅
位相偏移変調という。

表5.7　各種16値変調方式の $d_s = v_s/v_{max}$ と $u_s = 1/d_s$ の値

変調方式	ASK	APSK	PSK	QAM
d_s	0.07	0.38	0.39	0.47
u_s	15	2.61	2.56	2.12

⑴　16QAM 変調器

　QAM 変調を理解するために、QAM として最も変調密度の低い
16QAM 変調器の例を図5.41に示す。2系列の PCM のパルス信号 a_1
と a_3 を2値－4値変換回路へ入力し、同図のような4レベルに変化
する信号波に変換する。これを、周波数帯域を制限するための LPF
に通し、搬送波を4値の振幅で変調して I 軸信号 v_I を作る。同様に
して、a_2 と a_4 から変換した4値の振幅信号で $\pi/2$ 移相された搬送波
を振幅変調して、Q 軸信号 v_Q を作る。v_I と v_Q を混合器で加え合わ
せると、図5.40（a）で表される符号配置の16QAM 波が得られる。

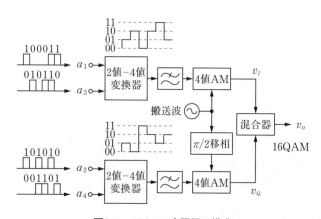

図5.41　16QAM 変調器の構成

(2) 16QAM 復調器

図5.42に16QAM 復調器の構成例を示す。ハイブリッド回路 H で入力を二分し、位相が $\pi/2$ 異なる二つの基準搬送波でそれぞれ同期検波を行って信号を取り出すまでの過程は QPSK 復調器と同じであるが、得られた信号波は QPSK と異なり4レベル（4値）に変動する。この信号をレベル識別器と符号変換器の二つの機能を持つ4値－2値変換器によりそれぞれ2系列に分離し、全4系列の PCM 信号 $a_1 \sim a_4$ を得る。図5.43は16QAM のグレー符号の信号点配置を示す。最短の信号点間の距離を1とすれば、I と Q のレベルはそれぞれ -1.5、-0.5、$+0.5$、$+1.5$ となる。

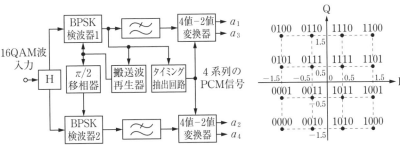

図5.42　16QAM 復調器の例

図5.43　16QAM グレー符号の
信号点配置例

5.3.4　OFDM

OFDM（orthogonal frequency division multiplexing：**直交周波数分割多重**）は、周波数の直交性を利用して高密度に周波数を分割し多重化する方法である。パルス幅が τ で周期 T の連続パルス列の周波数分布は、そのフーリエ級数展開から sinc 関数に従った分布をする。この sinc 関数は $f_s = 1/\tau$ の整数倍の周波数で大きさが0になる。

ここで、デジタル信号「1」、「0」に、パルスを対応させるためにパルス列を、図5.44（a）のように NRZ 形式にすると、$\tau = T$ となり、sinc 関数 $(\sin(n\pi f_0 T)/(n\pi f_0 T))$ は同図（b）のように、$f_0 = 1/T$ の整数倍の周波数で0になる。この性質を利用して、搬送波を f_0 の

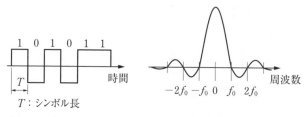

（a）NRZ ベースバンド信号 （b）NRZ 信号のスペクトル

図5.44 NRZ 信号のシンボル長とそのスペクトル

間隔で配置すれば、搬送波は相互に干渉しない。このように各信号が同じ帯域内で干渉せずに独立していることを直交しているという。OFDM は、このような直交関係を利用した周波数分割である。図5.45は直交関係にある各信号を合成して作られる OFDM 信号を周波数軸上で表したものである。これを時間軸上で見ると、シンボル長 T の信号が連なったものとなり、その振幅は白色雑音のように見える。

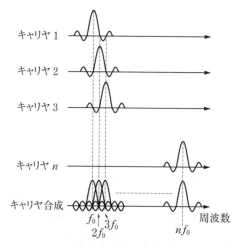

図5.45 OFDM 信号の生成

　図5.46は OFDM 送信機の構成例である。2進の直列入力信号を m 個の並列信号に変換し、この信号によって各チャネルの搬送波（**サブキャリヤという**）を QAM や PSK などで変調する。これらの信号は

複素信号であるから、実部と虚部に分けてそれぞれ逆高速フーリエ変換（IFFT）すると、時間領域における m 個の複素信号となる。この複素信号の実部と虚部をそれぞれデジタル・アナログ変換器（D/A変換器）によりアナログ信号に変え、この信号によって、二つの搬送波（周波数 f_c の sin と cos 波）を変調して合成し、OFDM 送信波を得る。

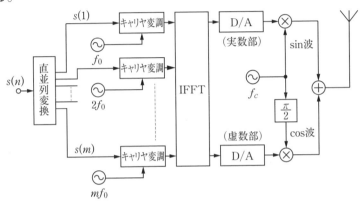

図5.46　OFDM 送信機の構成例

OFDM 信号のシンボルレートは非常に遅いが、多量のデータを高速で送る必要があるときには、この構成例のように、複数のチャネルを使用して同時に送る方法が採られる。

OFDM は以下のような特長がある。

① 周波数の使用効率が非常に高い

各サブキャリヤが直交しているので普通の FDM のようなガードバンドは必要なく、しかも各チャネルの成分が重なっても互いに干渉しないのでサブキャリヤの間隔を狭くできる。このため、OFDM 信号は、割り当てられた周波数帯の端までほぼ一様な強度分布で使用できる。

② 受信機の構成が簡素化できる

サブチャネルの幅（サブキャリヤ相互の間隔）が狭く、その伝送特性はほぼ一定とみなせるので、選択性フェージングの影響を軽減でき

るとともに、伝送路で生じる波形ひずみを補正するための等化器を簡略化できる。また、サブキャリヤが直交しているので各サブチャネルを分離するフィルタが必要なくなる。

③　符号間干渉を防ぐことができる

　シンボル長が長いのでシンボル間に比較的長いガードインターバルを挿入でき、マルチパスの遅延波などによって生じる符号間干渉を防げる。

　一方、短所として以下の問題がある。

①　ピーク対平均電力比が大きくなる

　OFDM信号は、独立に変調された多くのサブキャリヤを合成したものであるので、それらの位相が一致したとき非常に高いピーク電力となる。このピーク電力と平均電力の比を**ピーク対平均電力比**（**PAPR**：peak to average power ratio）という。この問題は、送信機の終段電力増幅器を大電力までひずみなく動作させなければならないという問題を起こし、電力増幅器の効率を悪くする。もし、ひずみが発生すると、不要電波の放射、符号間干渉の発生、雑音の増加などが起こる。

②　サブキャリヤ周波数のずれとドップラ偏移

　サブチャネルを各ユーザに割り当てればOFDMの多元接続（**OFDMA**）が可能になるが、この際、各ユーザに割り当てられたサブキャリヤの周波数がずれたり、高速で移動したときドップラ偏移が起こると、サブキャリヤ間の直交性がくずれてサブチャネル間で干渉が発生する。

　OFDMは上記PAPRの問題があるため、衛星回線では使用されていない。地上回線では、地上デジタルテレビ、広域高速無線アクセス**WiMAX**（worldwide interoperability for microwave access）、携帯電話**LTE**（long term evolution）などで使われている。なお、WiMAXとLTEでは、PAPR問題のため、基地局からの下り回線のみOFDMが使われていて、携帯端末からの上り回線には普通のFDMが使われている。

　図に示す一般的な信号点配置の4PSK（QPSK）信号及び16QAM信号を、それぞれ同一の伝送路を通して受信したとき、それぞれの信号点間距離 d と d' を等しくするために必要な16QAM信号の送信電力（平均電力）の値として、正しいものを下の番号から選べ。ただし、4PSK信号の送信電力（平均電力）を P〔W〕とする。また、4PSK信号及び16QAM信号それぞれの各信号点は、等確率で発生するものとする。

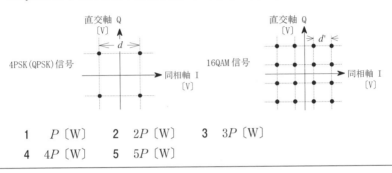

1　P〔W〕	2　$2P$〔W〕	3　$3P$〔W〕	
4　$4P$〔W〕	5　$5P$〔W〕		

　BPSK（2PSK）信号の復調（検波）方式である遅延検波方式に関する次の記述のうち、誤っているものを下の番号から選べ。

1　遅延検波方式は、基準搬送波再生回路を必要としない復調方式である。

2　遅延検波方式は、送信側において必ず差動符号化を行わなければならない。

3　遅延検波方式は、1シンボル後の変調されていない搬送波を基準搬送波として位相差を検出する方式である。

4　遅延検波方式は、受信信号をそのまま基準搬送波として用いるので、基準搬送波も情報信号と同程度に雑音で劣化させられている。

5　遅延検波方式は、理論特性上、同じ C/N に対してビット誤り率の値が同期検波方式に比べて大きい。

　　次の記述は、図1に示す QPSK(4PSK) 変調器の原理的な構成例について述べたものである。□□□内に入れるべき字句の正しい組合せを下の番号から選べ。ただし、入力の搬送波 e_c は、振幅を E_c、角周波数を ω とすると、$E_c \cos \omega t$ 〔V〕で表され、$\pi/2$ 移相器は、入力の搬送波の位相を $\pi/2$〔rad〕遅延させるものとする。また、2値符号 $s_1(t)$ 及び $s_2(t)$ は、それぞれ符号が "0" のとき 0、"1" のとき 1 の値をとり、$s_1(t)$ 及び $s_2(t)$ は、e_c と同期しているものとする。

(1)　BPSK 変調器1の出力 e_1 は、$E_c \cos\{\omega t + \pi s_1(t)\}$〔V〕で表され、BPSK 変調器2の出力 e_2 は、次式で表される。

$$e_2 = E_c \cos\{ \boxed{\text{ A }} + \pi s_2(t)\} \text{〔V〕}$$

(2)　e_1 及び e_2 を合成(加算)すると、$s_1(t)$ の値が 1、$s_2(t)$ の値が 0 のときの出力の QPSK 波のベクトルは、図2の $\boxed{\text{ B }}$ で表され、$s_1(t)$ 及び $s_2(t)$ の値が共に 0 のときの出力の QPSK 波のベクトルは、図2の $\boxed{\text{ C }}$ で表される。ただし、e_c のベクトルは、同相軸上にあるものとする。

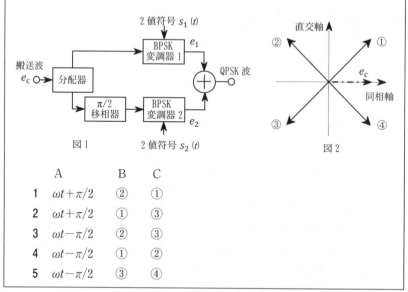

図1　　　2値符号 $s_2(t)$　　　図2

	A	B	C
1	$\omega t + \pi/2$	②	①
2	$\omega t + \pi/2$	①	③
3	$\omega t - \pi/2$	②	③
4	$\omega t - \pi/2$	①	②
5	$\omega t - \pi/2$	③	④

次の記述は、図に示す QPSK（4PSK）信号及び 16QAM 信号の信号点間距離等についてその原理を述べたものである。　　内に入れるべき字句の正しい組合せを下の番号から選べ。

(1) 図1に示す QPSK 信号空間ダイアグラムの信号点間距離が d のとき、QPSK 信号のピーク（最大）振幅は　A　で表せる。

(2) 図2に示す 16QAM 信号空間ダイアグラムの信号点間距離を d' とし、妨害に対する余裕度を一定にするため、d' を(1)の QPSK の信号点間距離 d と等しくしたときの、16QAM 信号のピーク（最大）振幅は、d を用いて　B　で表せる。

(3) d' が d と等しいとき、16QAM 信号のピーク電力は、QPSK 信号のピーク電力を p とすると、　C　で表せる。

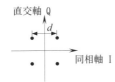

直交軸 Q　　　　　　　　　　　　直交軸 Q

同相軸 I　　　　　　　　　　　　同相軸 I

図1 QPSK 信号空間ダイアグラム　　図2 16QAM 信号空間ダイアグラム

	A	B	C
1	$d/\sqrt{2}$	$2d/\sqrt{2}$	$4p$
2	$d/\sqrt{2}$	$3d/\sqrt{2}$	$9p$
3	d	$2d$	$4p$
4	d	$3d$	$9p$
5	$\sqrt{2}\,d$	$3\sqrt{2}\,d$	$9p$

第5章
多重通信

　　次の記述は、直交周波数分割多重（OFDM）方式について述べたものである。□□□内に入れるべき字句の正しい組合せを下の番号から選べ。

⑴　各サブキャリアを直交させてお互いに干渉させずに最小の周波数間隔で配置している。サブキャリアの間隔を ΔF〔Hz〕とし、シンボル長を T〔s〕とすると直交条件は、 A である。

⑵　サブキャリア信号のそれぞれの変調波がランダムにいろいろな振幅や位相をとり、これらが合成された送信波形は、各サブキャリアの振幅や位相の関係によってその振幅変動が大きくなるため、送信増幅では、 B で増幅を行う必要がある。

⑶　シングルキャリアをデジタル変調した場合と比較して、伝送速度はそのままでシンボル長を C できる。シンボル長が D ほどマルチパス遅延波の干渉を受ける時間が相対的に短くなり、マルチパス遅延波の干渉を受けにくくなる。

	A	B	C	D
1	$\Delta F/T = 1$	非線形領域	長く	長い
2	$\Delta F/T = 1$	線形領域	長く	長い
3	$T = 1/\Delta F$	非線形領域	短く	短い
4	$T = 1/\Delta F$	線形領域	長く	長い
5	$T = 1/\Delta F$	線形領域	短く	短い

第6章

デジタル無線伝送

無線通信の伝送路は大気中などの空間であり、この伝送路を通過する電波は自然界の雑音や通路の変動、減衰などの影響を受ける。このため、信号の質が低下することは必然である。デジタル信号の場合、1ビットの誤りでも異なった信号となる。しかし、デジタル通信がアナログ通信と異なる最も大きな特徴は、誤りを訂正できることである。誤り訂正は、数学的理論に基づいたさまざまな手法が考えられている。

6.1　符号間干渉と帯域制限

6.1.1　符号間干渉

方形のパルスは非常に多くの高調波成分を含んでいる。この波形を正確に伝送しようとすると、この高調波成分をすべて送らなければならないので非常に広い周波数帯域が必要になる。しかし、電波は限られた資源であるので、互いに制限し合ってより多くの人が使えるようにしなければならない。すなわち、使用する周波数の帯域制限をすることが必要になる。そこで、方形パルスの帯域を制限する、すなわちフィルタを通すとどうなるか考えてみる。当然、高調波成分が取り除かれるので方形パルスの角の部分がなくなり、丸みを帯びた山形の波形になる。しかし、これよりも重要な変化は、波形が減衰しながら長く広がることである。これは、後に続くパルスに影響を与えることを意味する。この現象を**符号間干渉**（ISI：inter symbol interference）といい、デジタル通信では起こってはならない問題である。

6.1.2　帯域制限したインパルス波形

インパルス★(次頁)がフィルタを通ったとき、その出力波形がどの

ようになるかを調べるには、一般に数学的手法が使われるが、ここではその結果のみを述べる。図6.1 (a) のように、遮断周波数が f_c の理想低域フィルタ★★にインパルスを加えたときの出力波形 $h(t)$ （これを**インパルス応答**という）は、同図 (b) のように、$t=0$ を除いて $T=1/(2f_c)$ の整数倍の時間 nT で振幅が 0 になる減衰振動をする。この図は計算結果をそのまま描いたものであるので、$t<0$ の時間、すなわちパルスが入力される前にも出力が有ることになっているが、実際にはあり得ない。しかし、この出力波全体を任意の時間だけ遅延させても同様の結果が得られるので、この結果をそのまま応用することができる。そこで、二つのインパルスを T〔s〕離して入れた場合を考えると、そのインパルス応答は図 (b) の波形をコピーして T だけ右へ移動して重ねた図 (c) となる。この図から、最初のインパルス応答 A の振幅は T〔s〕後には丁度 0 になっているので、後のインパルス応答 B は最初のインパルスの影響を全く受けないことが分かる。この結果は、周期が T の連続パルス相互間でも成り立ち、すべてのパルス相互間でも影響ないことになる。すなわち、遮断周波数が f_c （ナイキスト周波数）の理想低域フィルタを使い、$T=1/(2f_c)$ の周期でパルスを送れば符号間干渉なしで帯域制限ができることになる。

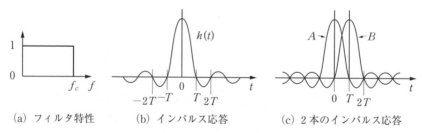

図6.1　理想低域フィルタのインパルス応答

★インパルス：幅が無限小で振幅が無限大の仮想のパルス

★★理想低域フィルタ：遮断周波数以下の信号は減衰量が 0 で、遮断周波数を超える周波数の信号は減衰量が無限大であるフィルタ

6.1.3 ロールオフフィルタ

図6.1（a）のような周波数特性を持つ理想低域フィルタは実現不可能である。しかし、インパルス応答が理想低域フィルタと同様に $T = 1/(2f_c)$ で 0 になるフィルタはいくつも考えられる。そのようなフィルタは $f_c = 1/(2T)$ の点において奇対称になる周波数特性を持つ。この特性の一つに、図6.2のようなロールオフ（roll-off）特性があり、この特性を持つフィルタを**ロールオフフィルタ**という。ロールオフ特性の上限の周波数を f_{mx} とし、f_{mx} から f_c までの周波数幅を f_α（$= f_{mx} - f_c$）とすれば、$\alpha = f_\alpha / f_c$ を**ロールオフ率**といい、$0 \leq \alpha \leq 1$ の値をとる。なお、f_{mx} をロールオフ率 α を使用して表すと、次式のようになる。

$$f_{mx} = \frac{1+\alpha}{2T}$$

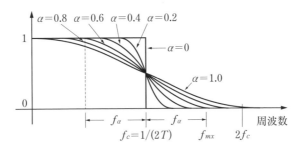

図6.2 ロールオフ特性（ベースバンドフィルタの場合）

図6.2は、ロールオフ率を変えたときのロールオフ特性であり、$\alpha = 0$ のとき理想フィルタの特性と一致し、$\alpha = 1$ のときレイズドコサインまたは全2乗余弦下向特性という。α が小さいほど帯域幅は狭くなるが、出力波形の振動が大きく、収束が遅くなり ISI の起こる可能性が高くなる。一方、α が大きいほど帯域幅が広くなるが、出力波形の振動が小さく収束が早くなる。ロールオフ特性を cos 曲線にしたものを**コサインロールオフ特性**といい、広く使われている。

ロールオフ特性は、必ずしも一つのフィルタで実現する必要はな

く、例えば送信側と受信側でそれぞれ同じ特性のフィルタを持ち、回線全体で目的のロールオフ特性を実現する方法でもよい。このようなフィルタの最適特性は、元のロールオフ特性の平方根（square root）の特性であるので、これを**ルートロールオフフィルタ**という。なお、このフィルタの帯域幅は、変調を行う無線伝送では図6.3のように、側波帯分だけ必要である。例えば、AMではベースバンド（$1/(2T)$〔Hz〕）の２倍の$1/T$〔Hz〕が必要になる。

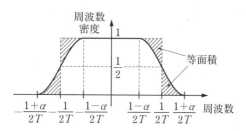

図6.3　ロールオフフィルタの特性（DSB波フィルタの場合）

6.2　伝送品質の評価

6.2.1　ビット誤り率

受信された信号の良否を評価する尺度として、アナログ信号ではSN比やCN比が使われるが、デジタル信号では誤ったビット数に着目して、**ビット誤り率**（**BER**：bit error ratio）が使われる。*BER* は、指定時間内において次のように定義される。

$$BER = \frac{誤って受信されたビット数}{全送信ビット数}$$

BER は、符号形式や種類、雑音の種類や *SN* 比、変調形式などによって大きく変わる。また、これらが同じでも、回路内の測定する位置によっても異なる。例えば、受信されて検波された直後と、検波後に誤り訂正を行った後とでは異なった値となる。これらを区別するために、伝送 *BER* や情報 *BER* などのように表される。

また、*BER*は受信点における電界強度（電波の強さ）によっても大きく変化する。アナログ通信では送信所から離れるにしたがって徐々に受信品質が悪くなって行き最後に雑音に埋もれて受信できなくなってしまう。一方、デジタル通信では、雑音が増えても種々の誤り訂正を行うことができるので、ある程度電波が弱くなっても受信品質は良いままで変わらないが、電界強度または SN 比が一定値以下になると急に受信品質が劣化して、図6.4のように、むしろアナログ通信より悪くなってしまう。この急に変化する現象を**クリフエフェクト**（cliff effect：がけ効果）と呼ぶ。この現象は受信希望波の受信限界地域で、また放送の場合は放送エリアの周辺地域で電界強度変動（フェージング）のあるときに問題になる。

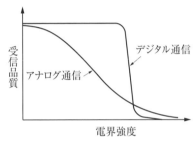

図6.4　電界強度と受信品質の関係

6.2.2　雑音と符号誤り率

⑴　雑音の強度分布

　雑音の振幅は、その平均値を中心に常時変動していて、その瞬時値が、ある値をとる確率は、時間 T を十分長くとり雑音の平均値を 0 とすれば、例えば図6.5の $p(x)$ ように分布する。

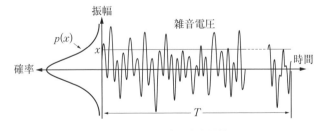

図6.5　雑音の確率密度関数

自然雑音のように振幅がランダムに変動する雑音を**ガウス雑音**とい

い、その振幅を x とすれば、**確率密度関数** $p_0(x)$ は次式のように表される。

$$p_0(x) = \frac{1}{\sqrt{2\pi}\,\sigma}e^{-x^2/(2\sigma^2)} \qquad \cdots(6.1)$$

ただし、σ^2 は分散であり、雑音平均電力を表す。

(2) **符号誤り率**

雑音の中から振幅 A のパルス信号を拾い出すことを考える。いま、2進符号の「1」、「0」に対応して、送信側から「1」のときのみパルスを送信し、「0」のときは送信しないものとすれば、受信側では、「1」のときは送られたパルスに雑音が重畳されて受信され、「0」のときには雑音だけが受信される。

したがって、信号が「0」のときに受信される雑音の分布する確率 p_0 は、式 (6.1) によって与えられ、図6.6の $p_0(x)$ のようになる。

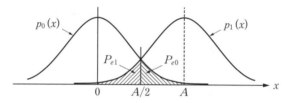

図6.6 ガウス雑音と信号強度の分布

一方、信号があるときのパルスの振幅は、雑音がないときの振幅 A に雑音が加わったものになるから、A を中心にして図6.6の $p_1(x)$ のように分布する。その振幅を x とすれば、$p_1(x)$ は次式のように表される。

$$p_1(x) = \frac{1}{\sqrt{2\pi}\,\sigma}e^{-(x-A)^2/(2\sigma^2)} \qquad \cdots(6.2)$$

ここで、受信されたものがパルス信号か雑音かを判定するために、その判定基準を雑音の平均値と信号の平均値の中間の値 $A/2$ とする。こうすると、「0」が送られて来たとき雑音電圧が $A/2$ 未満であれば

「0」と判定されるが、それ以上のときは「1」に誤って判定される。同様に、「1」が送られてきたとき信号電圧が $A/2$ 未満のときにも「0」と誤判定されることになる。誤判定される量は図において、それぞれの曲線の斜線部分で表される。

$p_0(x)$ と $p_1(x)$ の曲線は同じものであり、また、左右対称であるので、二つの斜線部分の面積は同じである。したがって、「0」と「1」が等確率で発生するとして、符号が誤る割合（符号誤り率）P_e を求めると次のようになる。ただし、「0」と「1」の符号誤り率をそれぞれ P_{e0} と P_{e1} とする。

$$
\begin{aligned}
P_e &= \frac{1}{2}P_{e0} + \frac{1}{2}P_{e1} = \frac{1}{2}\int_{A/2}^{\infty} p_0(x)\,dx + \frac{1}{2}\int_{-\infty}^{A/2} p_1(x)\,dx \\
&= \frac{1}{2}\cdot\frac{1}{\sqrt{2\pi}\,\sigma}\left\{\int_{A/2}^{\infty} e^{-x^2/(2\sigma^2)}\,dx + \int_{-\infty}^{A/2} e^{-(x-A)^2/(2\sigma^2)}\,dx\right\} \\
&= \frac{1}{2}\left\{1 - \frac{2}{\sqrt{2\pi}\,\sigma}\int_{0}^{A/2} e^{-x^2/(2\sigma^2)}\,dx\right\} \qquad \cdots(6.3)
\end{aligned}
$$

ここで、

$$
\mathrm{erf}\left(\frac{A}{2\sqrt{2}\,\sigma}\right) = \frac{2}{\sqrt{2\pi}\,\sigma}\int_{0}^{A/2} e^{-x^2/(2\sigma^2)}\,dx
$$

とおけば、式 (6.3) は次式のようになる。

$$
P_e = \frac{1}{2}\left\{1 - \mathrm{erf}\left(\frac{A}{2\sqrt{2}\,\sigma}\right)\right\} = \frac{1}{2}\mathrm{erfc}\left(\frac{A}{2\sqrt{2}\,\sigma}\right) \qquad \cdots(6.4)
$$

$\mathrm{erf}(x)$ は**誤差関数**、また、$\mathrm{erfc}(x)$ は**相補誤差関数**または誤差補関数と呼ばれるもので、次式で定義されている。

$$
\mathrm{erf}(x) = \frac{2}{\sqrt{\pi}}\int_{0}^{x} e^{-x^2}\,dx
$$

$$
\mathrm{erfc}(x) = 1 - \mathrm{erf}(x) \qquad \cdots(6.5)
$$

式（6.4）において、搬送波の電力を C とすれば、$C = (A/\sqrt{2})^2$ であり、雑音電力は $N = \sigma^2$ であるから、これらを代入すれば次のようになる。

$$P_e = \frac{1}{2}\mathrm{erfc}\left(\frac{1}{2}\sqrt{\frac{C}{N}}\right)$$

一般に、n 値の符号の誤り率 P_{en} は次式で与えられる。

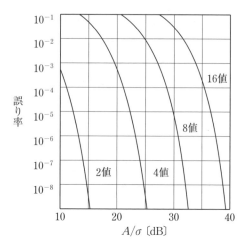

図6.7　2〜16値符号の符号誤り率

$$P_{en} = \frac{n-1}{n}\mathrm{erfc}\left(\frac{A}{2\sqrt{2}(n-1)\sigma}\right) \qquad \cdots(6.6)$$

すなわち、n が大きくなるに伴って誤り率は急激に悪くなる。図6.7は2〜16値符号の符号誤り率の計算値を示す。

6.3　誤り検出と誤り訂正

前述の結果から、受信信号には理論的に一定割合で誤りが含まれていることが分かった。そこで、実際に受信された信号が誤っているかどうかを知り、それを訂正しなければならない。誤りが検出されたとき、それを訂正する方法には、同じデータを再送する ARQ と、再送せず受信側で訂正する FEC がある。

6.3.1　ARQ

ARQ（automatic repeat request）は**自動再送要求**方式とも呼ばれ、受信側で誤りが検出されれば再送要求する方式であり、受信側から送信側へ返事を送るフィードバック回線（制御回線）が必要になる。

⑴ STOP and WAIT 方式

　この方式は図6.8のように、データをブロック単位にまとめて1単位ごとに送り、ACK（acknowledgment）という肯定応答が送られてくるまで次のデータブロックの送出を待つ。もし、NACK（negative acknowledgment）という否定応答が送られてくれば同じブロックを再送する。この方式は簡単であり確実であるが効率が悪い。

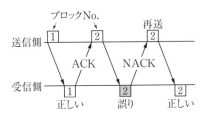

図6.8　STOP and WAIT 方式

⑵ GO back N 方式

　この方式は、STOP and WAIT 方式の効率の悪さを改善するために、ブロック数をある程度まとめて送るようにしたものである。受信側で誤りを検出した場合、NACK とともに誤りが含まれているブロック名を送信側へ送り、そのブロック以後を再送してもらう。この方式は回線品質が悪いと**回線使用率（スループット：throughput）**が悪いので、一定以上の回線品質が必要である。

　図6.9は5ブロックをまとめて送った例であり、3番目のブロックに誤りが検出されたとして、そのブロック番号を返送して、それ以後を再送してもらっている。この場合、最初に送られた4番目以後のブロックに誤りがなくても、すべて廃棄され新しいブロックに取り替えられる。

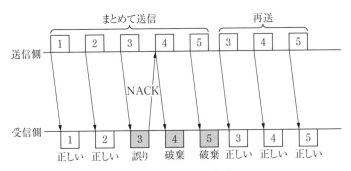

図6.9　GO back N 方式

この方式は**選択再生方式**とも呼ばれ、GO back N 方式において、誤りが検出されたブロックだけを選んで再送してもらう方式であり、スループットがGO back N 方式より改善される。しかし、受信側にはデータが再送されてくるまでの間、ほかの正しいデータを一時的に記憶させておく大容量のメモリが必要になる。

⑷ **誤り検出符号**

前述の ARQ を行うために使われる符号が誤り検出符号である。送信側で情報データを一定の長さ（ブロック）に区切り、その後に誤り検出符号として冗長なビットを付け加えて送る。受信側ではこれらを使って誤りを検出する。

⒜ **パリティチェックとパリティビット**

送信側において、データブロックの後に誤り検出用として 1〔bit〕を付け加える。これを**パリティビット**という。例えば、データブロック長を7〔bit〕とすれば、図6.10 (a) のようにパリティビット T_7 の1〔bit〕を付け加え、1ブロックのデータ長を8〔bit〕にする。そして、T_0〜T_6の値が「1」である数を数え、それが偶数のときには T_7 の値を「0」、奇数のときは「1」とし、全8〔bit〕の合計が常に偶数になるようにして送信する。受信側では、得られた各データブロックについて「1」の合計数を求め、これが偶数のときは正しく受信されたとし、奇数であればデータは誤っていると判定

	T_0	T_1	T_2	T_3	T_4	T_5	T_6	T_7
a	1	0	1	0	0	1	0	1
b	0	0	1	1	1	0	1	0
c	1	1	0	0	0	1	0	1

T_0〜T_6：情報ビット、T_7：パリティビット
a、b、c：ブロック

(a) 水平パリティ

	T_0	T_1	T_2	T_3	T_4	T_5	T_6	T_7
a	1	0	1	0	0	1	0	1
b	0	0	1	1	1	0	1	0
c	1	1	0	0	0	1	0	1
d	0	1	1	0	1	0	1	0
e	0	1	0	1	0	0	1	1
f	1	1	0	0	1	0	1	0
g	0	0	1	0	0	1	1	1
h	1	0	0	0	1	1	1	0

T_0〜T_6：情報ビット、T_7,h：パリティビット（偶数）
a〜g：ブロック

(b) 水平垂直パリティ

図6.10　パリティチェック符号

する。この手法を**水平偶数パリティ**と呼び、また、合計数を奇数にすれば**水平奇数パリティ**となる。

水平パリティに対して、図6.10（b）のように、データブロックを縦に並べ、各列の最後にパリティビットのh行を加えたものを**垂直パリティ**と呼ぶ。

さらに、水平パリティと垂直パリティを組み合わせたものを**水平垂直パリティ**と呼ぶ。水平または垂直パリティ単独では、データのどのビットが誤っているか特定できないが、水平垂直パリティではそれが可能になる。例えば、水平パリティでb行のデータブロックに、また、垂直パリティでT_4列にそれぞれ誤りが検出されたとすれば、b行とT_4列との交点のビットが誤りであることが分かる。

しかし、この方法では2〔bit〕以上で誤りが発生すると、それを特定できない。

（b）**CRCとCRC符号**

CRC（cyclic redundancy checking）は**巡回冗長検査**ともいわれ、巡回符号を使う。巡回符号は多項式の演算によって生成される。この演算にはモジュロ2演算が使われるので、最初にこの四則演算について簡単に説明する。

加減算　$(a \pm b) \bmod 2$
　　　　$0 \oplus 0 = 0$、$0 \oplus 1 = 1$、$1 \oplus 0 = 1$、$1 \oplus 1 = 0$

これは、EX-OR（排他的論理和）である。なお、モジュロ2加算では記号$\oplus$を使うが、通常、$\oplus$の代わりに $+$ が使われている。

乗算　$(a \cdot b) \bmod 2$
　　　$0 \cdot 0 = 0$、$0 \cdot 1 = 0$、$1 \cdot 0 = 0$、$1 \cdot 1 = 1$

除算は、$a^{-1} \cdot a = 1$を満たす a^{-1} を見つける演算である。
この演算は多項式 x^n に応用でき、加減算では例えば $n = 1$ として、

$$0+x=x,\ x+0=x,\ x+x=0,\ 0-x=x,$$
$$x-0=x,\ x-x=0,\ x+x+x=0+x=x$$

のように、また、乗算は例えば、

$$(x+1)(x+1)=x^2+x+x+1=x^2+1$$

除算は、例えば次のようになる。

$$
\begin{array}{r}
x^2+x \\[-2pt]
x+1\,\overline{\big)\,x^3\quad\ +x+1} \\
\underline{x^3+x^2}\ \ \\
x^2+x+1 \\
\underline{x^2+x}\ \ \\
1
\end{array}
$$

巡回符号を生成するために、まず、2進符号と多項式を関係付ける。
符号長が n の符号語を「a_{n-1}、a_{n-2}、…、a_1、a_0」と表し、これを多項式の係数に当てはめる。

$$I(x)=a_{n-1}\,x^{n-1}+a_{n-2}\,x^{n-2}+\ \cdots\ +a_1\,x+a_0 \qquad\cdots(6.7)$$

この多項式 $I(x)$ を**情報多項式**という。

次に、$n-1$ 次以下の多項式のうち、特別な多項式 $G(x)$ を選び、$G(x)$ で $I(x)$ が割り切れるものだけを符号として扱うことにする。この $G(x)$ を**生成多項式★**という。したがって、生成多項式の次数を k とすれば、$G(x)$ は次式のように表される。

★生成多項式は、ITU などの世界的機関によって推奨された標準的なものがある。例えば、x^4+x+1（CRC-4-ITU）、$x^{64}+x^4+x^3+x+1$（CRC-64-ISO）など。

第6章　デジタル無線伝送

$$G(x) = g_k\,x^k + g_{k-1}\,x^{k-1} + \cdots + g_1\,x + g_0 \qquad \cdots(6.8)$$

ゆえに、次の関係がある。

$$I(x) = G(x)\,Q(x) \qquad\qquad \cdots(6.9)$$

ここで、$Q(x)$ は $I(x)$ を $G(x)$ で割ったものであり、次数は $n-k-1$ である。

上記の関係を一つの例によって説明する。いま、生成多項式を次のようにする。

$$G(x) = x^3 + x^2 + 1$$

伝送する情報データを「1011」の 4〔bit〕とし、これを式（6.7）へ代入すれば、次の情報多項式が得られる。

$$I(x) = 1 \cdot x^3 + 0 \cdot x^2 + 1 \cdot x + 1 = x^3 + x + 1$$

次に、$I(x)$ に $G(x)$ の最高次である x^3 を掛け、それを $F(x)$ とする。

$$F(x) = I(x) \cdot x^3 = x^6 + x^4 + x^3$$

この $F(x)$ を $G(x)$ で割って、余り $R(x)$ を求める。

$$
\begin{array}{r}
x^3 + x^2 \\[-2pt]
x^3 + x^2 + 1 \overline{\big)\, x^6 + x^4 + x^3} \\[-2pt]
\underline{x^6 + x^5 + x^3} \\[-2pt]
x^5 + x^4 \\[-2pt]
\underline{x^5 + x^4 + x^2} \\[-2pt]
x^2
\end{array}
$$

こうして、$R(x) = x^2$ が求まる。これが**検査符号（チェックビット）**となる。

$F(x)$ に $R(x)$ を加えたものを $C(x)$ とすれば、

$$C(x) = F(x) + R(x) = x^6 + x^4 + x^3 + x^2$$
$$= 1 \cdot x^6 + 0 \cdot x^5 + 1 \cdot x^4 + 1 \cdot x^3 + 1 \cdot x^2 + 0 \cdot x + 0$$
$$\cdots (6.10)$$

となり、これを**符号多項式**という。この式の各係数「1011100」を7〔bit〕の符号語（情報データ4〔bit〕＋ 検査符号3〔bit〕）として伝送する。これが生成された巡回符号である。

受信側ではこれを受信して誤りがなければ、$C(x)$ と同じ多項式が得られるから、これを $G(x)$ で割れば、当然割り切れて余りは0になる。もし割り切れなければ、どこかのビット（多項式の項）が誤っていることになる。誤っている多項式を $C'(x)$ とし、誤っている項の次数を $n-1$ とすると、$C'(x)/G(x)$ の余りは $x^{n-1}/G(x)$ である。そこで、その余りを求めてみる。

$$
\left.
\begin{aligned}
x^6/(x^3+x^2+1) &= x^3+x^2+x & \text{余り } x^2+x \\
x^5/(x^3+x^2+1) &= x^2+x+1 & \text{余り } x+1 \\
x^4/(x^3+x^2+1) &= x+1 & \text{余り } x^2+x+1 \\
x^3/(x^3+x^2+1) &= 1 & \text{余り } x^2+1 \\
x^2/(x^3+x^2+1) &= 0 & \text{余り } x^2 \\
x/(x^3+x^2+1) &= 0 & \text{余り } x \\
1/(x^3+x^2+1) &= 0 & \text{余り } 1
\end{aligned}
\right\} \cdots (6.11)
$$

このように、x の次数と余りが1対1で対応しているので、余りから誤っている項が分かることになる。例えば、上記の例で「1011100」の左から3番目のビットが「1」から「0」に誤って「1001100」となったとすれば、$C'(x)$ は次のようになる。

$$C'(x) = 1 \cdot x^6 + 0 \cdot x^5 + 0 \cdot x^4 + 1 \cdot x^3 + 1 \cdot x^2 + 0 \cdot x + 0$$
$$= x^6 + x^3 + x^2$$

これを $G(x)$ で割ると、

$$
\begin{array}{r}
x^3+x^2+x+1 \\
x^3+x^2+1 \overline{\smash{\big)}\, x^6 \qquad\quad +x^3+x^2} \\
\underline{x^6+x^5 \qquad +x^3} \\
x^5 \qquad\qquad +x^2 \\
\underline{x^5+x^4 \qquad +x^2} \\
x^4 \\
\underline{x^4+x^3 \qquad +x} \\
x^3 \qquad +x \\
\underline{x^3+x^2 \qquad +1} \\
x^2+x+1
\end{array}
$$

となり、余り x^2+x+1 が得られる。これは式（6.11）の x^4 項と同じ結果である。したがって、式（6.11）の関係が分かっていれば、誤ったビットを特定できる。

以上の説明は、ランダムに発生する誤り（**ランダム誤り**）の場合であるが、同様にして、連続した複数の誤り（**バースト誤り**）も検出できる。

前後するが、ここで巡回符号について簡単に説明しておく。

x^{n-1} が生成多項式 $G(x)$ で割り切れるとき、この $G(x)$ から生成される符号多項式を、

$$
C_1(x) = a_{n-1}\,x^{n-1} + a_{n-2}\,x^{n-2} + \cdots + a_1\,x + a_0
$$

とすれば、この符号語「a_{n-1}、a_{n-2}、$\cdots$ a_1、a_0」を巡回置換させた「a_{n-2}、$\cdots$ a_1、a_0、a_{n-1}」もまた符号語になるような性質を持つものを巡回符号という。

CRC の特徴は、①パリティチェックに比べて誤りの検出精度が高い、②高速である、③実現するためのハードウェアを容易に作れる、④複数の誤りを検出できるなどである。

6.3.2 FEC

FEC（forward error correction）は**前方誤り訂正**とも呼ばれ、受信側だけで、データに付けて送られてきた誤り訂正符号を使って誤り検出と訂正を行う方法である。この方法は正しい判定ができない場合もある。誤判定を抑えるには誤り訂正用のビット（冗長ビット）を増やせばよいが、伝送できるデータ数が少なくなる。しかし、多少の誤判定は認めた上で、訂正処理が速いことが重要な場合にこの方法が使われる。例えば、動画や音楽のように一部が一瞬悪くなっても、次の情報を連続して早く出さなければならないような場合である。また、GPS や放送などの単方向通信にも使われている。

(1) 多数決判定

同じ情報を3回以上繰り返して送り、同じものが受信された数の多い方を正しいと判定する。例えば、「1」を3回、「111」として送り、そのうち一つが誤って「101」と受信されたとき、正しいのは「1」であるとする。ただし、この場合は二つ以上誤ると誤判定をすることになる。また、情報データと全伝送データの比を**符号化率**という。この例の場合、情報データ1〔bit〕に対して伝送データ3〔bit〕であるから、符号化率は1/3である。

(2) ブロック符号

情報データを一定の長さのブロックに区切り、その後にそのブロックの誤り訂正符号を付け加えた符号語を**ブロック符号**という。その代表的なものに**ハミング符号**や**リード・ソロモン符号**（reed solomon 符号、以下 **RS 符号**という）がある。RS 符号は誤り訂正能力が高く、地上デジタル放送や衛星通信、VTR、CD、DVD など多くのシステムで使われている。ここでは簡単に RS 符号について述べておく。

RS 符号を理解するには、先に述べた CRC 符号の演算手法が参考になる。CRC 符号では、情報多項式の各係数 a_m が符号語内の各ビットに対応していたが、RS 符号では、シンボルが情報多項式の係数に対応している。例えば、各4〔bit〕のシンボル k 個で情報ビット列が構成されているとき、シンボル（A、B、C、…）が情報多項式

の係数に対応している。

$$\text{情報ビット列} \quad 0110 \mid 1001 \mid 1011 \mid 1001 \mid \cdots$$
$$\text{シンボル名} \qquad A \mid B \mid C \mid B \mid \cdots$$
$$\longleftarrow k \text{個のシンボル} \longrightarrow$$

この情報多項式を $I(x)$ とし、これを用意した生成多項式 $G(x)$ で割った余りを $R(x)$ とすると、符号多項式 $C(x)$ は次式のようになる。ただし、n は伝送するシンボル数または $C(x)$ の項数である。

$$C(x) = x^{n-k} I(x) + R(x) \qquad \cdots (6.12)$$

この $C(x)$ の係数に対応するビット列が送信する RS 符号語となる。

ここまでの演算は CRC 符号と形式的に同じである。しかし、生成多項式は次の形である。

$$G(x) = (x - \alpha^{n-k-1}) \cdot (x - \alpha^{n-k-2}) \cdots (x - \alpha^0)$$

この $G(x)$ によって生成される $R(x)$ は、シンボルとの間に一定の関係がある。例えば、4 次の生成多項式が次式のとき、

$$G(x) = x^4 + x + 1$$

x^m を $G(x)$ で割ったときの余り一式（**シンドローム**）は全部で 2^4 個ある。表6.1はこの例である。

この関係を使って、$k = 7$ のシンボルと係数 α^m との関係を作ると、次のようになる。

表6.1 余り一式の例

ベキ	多項式	シンボル
0	0	0000
α^0	α^0	0001
α^1	α^1	0010
α^2	α^2	0100
α^3	α^3	1000
α^4	$\alpha^1 + \alpha^0$	0011
α^5	$\alpha^2 + \alpha^1$	0110
α^6	$\alpha^3 + \alpha^2$	1100
α^7	$\alpha^3 \quad\; + \alpha^1 + \alpha^0$	1011
$\vdots$	$\vdots$	$\vdots$
α^{14}	$\alpha^3 \qquad\; + \alpha^0$	1001

情報ビット列　0110 | 1001 | 1011 | 0110 | 1100 | 0001 | 0100
シンボル名　　α^5 | α^{14} | α^7 | α^5 | α^6 | α | α^2

したがって、情報多項式は次式のようになる。

$$I(x) = \alpha^5 x^6 + \alpha^{14} x^5 + \alpha^7 x^4 + \alpha^5 x^3 + \alpha^6 x^2 + \alpha^0 x + \alpha^2$$

また、余り $R(x)$ を、

$$R(x) = \alpha^8 x^3 + 0x^2 + \alpha^3 x + \alpha^0$$

とすれば、符号多項式 $C(x)$ は式（6.12）から、

$$C(x) = \alpha^5 x^{10} + \alpha^{14} x^9 + \alpha^7 x^8 + \cdots + \alpha^8 x^3 + 0x^2 + \alpha^3 x + \alpha^0$$

となる。したがって、送信する 1 ブロックの符号語は次のようになる。

α^m	α^5	α^{14}	α^7	α^5	$\cdots$	α^8	0	α^3	α^0
符号語	0110	1001	1011	0110	$\cdots$	0101	0000	1000	0001

```
    ←——— 情報符号 ———→  ←—— 誤り訂正符号 ——→
        （k シンボル）        （n−k シンボル）
    ←————————— 送信符号（n シンボル）—————————→
```

RS 符号は、RS (n, k) のように表記される。したがって、誤り訂正符号は $(n-k)$ シンボルであり、符号化率は k/n となる。

このとき、訂正可能なシンボル数を t とすれば、次の関係がある。

$$t = \frac{n-k}{2} \qquad\qquad \cdots(6.13)$$

すなわち、その訂正能力はシンボル内のビット数ではなく、上式で与えられるシンボル数に依存する。

この符号語を受信して誤り訂正をするには、次の手順で行う。

① 受信語によりシンドロームを求める。

② 誤りのあるシンボルの数を求める。

③ 誤りのあるシンボルの位置を求める。

④ 誤りの大きさを求める。

⑤ 誤りの位置と大きさから誤り訂正を行う。

RS符号では、一つのシンボル内にどのような形の連続または離散した誤りがあっても、そのシンボルの誤りと見なされ、シンドロームを使って正しいシンボルに置き換えればよい。すなわち、RS符号は特にバースト誤りに対して強いという特徴がある。

(3) 畳み込み符号

畳み込み符号は、入力した符号にその前後の符号の情報を織り込んで新しく生成した符号である。図6.11は畳み込み符号を作る回路（畳み込み符号器、エンコーダ）

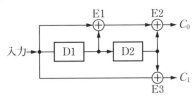

図6.11 畳み込み符号器

の例であり、2進のシフトレジスタ（D1、D2）と排他的論理和（⊕）で構成されている。シフトレジスタは、入力ビットがあれば現在持っている状態（「1」または「0」）を右側のレジスタへ渡し、新しく入力された状態を保持する機能を持っている。

この図の符号器では、入力1〔bit〕に出力はC_0とC_1の2〔bit〕あり、符号化率は1/2である。また、入力信号が影響を及ぼす範囲を**拘束長**といい、この回路では3である。シフトレジスタ（D1、D2）の状態は入力によって変化する。この状態を内部状態という。

この符号器は次のように動作する。D1とD2の最初の内部状態をともに0とし（これを 00 と表す）、これに情報ビットとして「10110」が入力されるとする。最初のビット「1」が入るとD1は持っていた「0」をD2と加算器E1へ送り、新たに「1」を保持する。また、D2は持っていた「0」を二つの加算器E2、E3へ送り、D1からの「0」を保持する。E1では、入力された「1」とD1からの「0」

との排他的論理和（1⊕0 =）1 を求め、それを E2 へ送る。E2 では
この「1」と D2 からの「0」で 1⊕0 = 1 を求め、C_0 として出力する。
同様にして、E3 で 1⊕0 = 1 を求めて C_1 として「1」を出力する。
したがって、出力は「11」で内部状態は $\boxed{10}$ となる。

　この遷移は一定の限られた状態以外は起こらない。例えば、内部状
態で考えて見ると、$\boxed{10}$ から $\boxed{00}$ と $\boxed{10}$ へは遷移しないことが分か
る。図6.12は、この符号器のすべての可能な遷移と内部状態を図にし
たものであり、これを**トレリス線図**という。

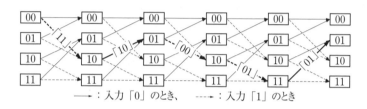

図6.12　トレリス線図

　上記の入力「10110」を図6.11の畳み込み符号器に通したときの出
力は、次のようになる。

　　「11　10　00　01　01」

　これが畳み込み符号であり、入力信号（情報ビット）とは異なるが、
入力信号の持つすべての情報が畳み込まれている。

　この符号を生成したときにトレリス線図上を通った遷移の軌跡を出
力「$C_0 C_1$」とともに図中の太線で示した。この軌跡は畳み込み符号
を復号するとき重要になる。

　誤りを含んだ畳み込み符号を復号するアルゴリズムは多数あるが、
一般的なものとして最尤法（最尤：最も確からしい、または最も本物
らしいの意）がある。これは、誤りがあるかも知れない受信された畳
み込み符号から、送信された符号に最も近い符号を推定する方法であ
る。最尤法で有名なものはビタビアルゴリズムであり、多くのデジタ
ル通信で使われている。

　ビタビ復号法では、先に述べたように、符号化したときにトレリス

線図を通った最も確からしい経路を推定することで元の符号を推定する。トレリス線図において、ある内部状態からの出力は二つある。この二つのうちから確からしい方を次々と選び一つの経路とする。選ぶ基準としてハミング距離が使われる。例えば、記号「10」と「01」のハミング距離は2、「10」と「00」は1、「10」と「10」は0であるから、ハミング距離が小さいほど二つの記号は似ていることが分かる。

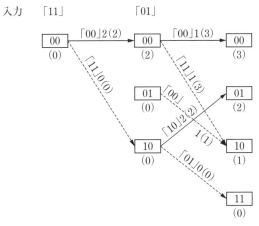

図6.13　ビタビ復号法の例

　図6.13はビタビ復号法の例である。最初の一組の受信信号「11」に対して、内部状態 00 からの二つの出力「00」と「11」についてハミング距離を求めると、それぞれ2と0になる（「 」と（ ）の間の数値）。かっこ内の数値（2）や（0）などは、それまでのハミング距離の合計である。同様にして、その後に続く受信信号についてもそれぞれハミング距離とそれまでの合計を求める。二つの経路が合流したときはハミング距離の合計数が少ない方の経路を採用する。これを最後の受信信号まで繰り返し、ハミング距離の合計数が最も小さい経路を最も確からしい経路とする。すなわち、最も少ないハミング距離を持つ経路を通って復号された符号が元の情報ビットに最も似ているとする。

　次に、**パンクチャード**（punctured）**畳み込み符号**について簡単に説明する。すでに述べたように、標準の畳み込み符号の符号化率は

1/2であり、符号化器出力のビット数は入力情報ビットの2倍になる。もし、この符号化率を大きくできれば、同じ伝送速度でより多くの情報量を送ることができる。パンクチャード畳み込み符号は、標準の畳み込み符号から一定量のデータを規則に従って間引きして符号化率を上げたものであり、その符号化率は、通常、2/3、3/4、5/6、7/8が使われている。なお、パンクチャードは、パンクした、穴の開いたなどの意味がある。この符号を受信側で元に戻すことを**デパンクチャード**という。

6.3.3　インタリーブ

　無線通信では混信やフェージングなどによりバースト誤りが起きやすい。バースト誤りを訂正するのは困難であり、畳み込み符号などの高度な技術を使わなければならないが、ランダム誤りは比較的簡単に検出や訂正ができる。**インタリーブ**はバースト誤りをランダム誤りに変換する手法として使われる。

　図6.14に示すように、送ろうとしている記号（a、b、c…）のビット列「a_0、a_1、…、a_7/b_0、b_1、…」などをいったんメモリの行方向に書き込み、これを列方向に読み出すと「a_0、b_0、…、h_0、a_1、b_1、…」などのようになる。この組換え操作をインタリーブという。これを伝送し、受信したとき、今度は受信ビット列をメモリの列方向に書き込めば、図6.14と同じメモリ分布が得られる。これを行方向に読み出すと元のビット列になる。この操作を**デインタリーブ**という。ここで、伝送中にバースト誤りが発生して、2列目の連続した4ビット「b_1、c_1、d_1、e_1」が誤りを起こし「B_1、C_1、D_1、E_1」のようになったとする。このビット列が

原信号書き込み方向

a_0	a_1	a_2	a_3	a_4	a_5	a_6	a_7
b_0	B_1	b_2	b_3	b_4	b_5	b_6	b_7
c_0	C_1	c_2	c_3	c_4	c_5	c_6	c_7
d_0	D_1	d_2	d_3	d_4	d_5	d_6	d_7
e_0	E_1	e_2	e_3	e_4	e_5	e_6	e_7
f_0	f_1	f_2	f_3	f_4	f_5	f_6	f_7
g_0	g_1	g_2	g_3	g_4	g_5	g_6	g_7
h_0	h_1	h_2	h_3	h_4	h_5	h_6	h_7

読み出し方向

図6.14　インタリーブとデインタリーブ

受信され、デインタリーブで元に戻されると次のようになる。「a_0、a_1、a_2、a_3、a_4、a_5、a_6、a_7、b_0、B_1、b_2、…、b_7、c_0、C_1、c_2、…、c_7、d_0、D_1、d_2、…、d_7、e_0、E_1、e_2、…、e_7、…」、こうして、バースト誤りがランダム誤りに変換されたことになる。

インタリーブを使うにはメモリが必要であり、その書き込みと呼び出しに時間が掛かるため、伝送遅延が発生する。遅延量は通話品質などによって決まり、それによってメモリ容量も決まる。

このように、ビット単位でインタリーブを行う方法をビットインタリーブ、また、バイト単位で行う方法をバイトインタリーブという。このほかに、時間インタリーブ、周波数インタリーブがある。

6.3.4 スクランブル

スクランブル（scramble：かき混ぜる）はデジタル信号の送信順序などを入れ換えて、目的に合った形式にすることである。

技術的な目的として、伝送信号の周波数分布が偏らないようにする平滑化と同期信号を抽出しやすくすることがある。例えば、NRZ 符号の場合、「0」または「1」が続くと信号の周波数分布が偏ったり、同期がとりにくくなったりする。これを避けるために、「0」と「1」の順序をランダムにするスクランブルが行われる。受信側では、これを元に戻す**デスクランブル**が行われる。

スクランブルを行うことによって、次のような利点が得られる。

① 同期信号が抽出されやすくなり、同期が安定する。
② 信号の周波数分布の平滑化により送信機の負担が時間的に均等になる。
③ 通信の秘匿性が得られる。

以上のような技術的目的以外に、上記③を主目的にしたスクランブルやテレビ受信の特定契約者のみが受信できるようにするスクランブルも行われている。

6.4 回線接続方式

6.4.1 多元接続

衛星通信や携帯電話などでは一つの中継器（トランスポンダ：transponder）を回線分割して、多数のユーザ（無線局）が同時に使用しなければならない。その回線分割の方法を**多元接続**といい、周波数分割多元接続、時分割多元接続、符号分割多元接続などがある。

(1) 周波数分割多元接続

これは **FDMA**（frequency division multiple access）とも呼ばれ、一つの中継器が持つ広い周波数帯域を必要最低限の小さな多数の周波数帯域に分割して、それを個々のユーザに割り当てる方式である。周波数分割された各チャネルの間には、図6.15に示すように、小さな帯域幅の**ガードバンド**が設けられていて、チャネル間で干渉が起こらないようにしている。各ユーザからの送信は割り当てられた周波数を使い、受信は中継局から送られてくるすべての周波数のうちから相手局の周波数を選択する。この接続方式は、経済性の良い方式としてアナログ技術を基にして開発されたものであり、中継器は各ユーザからのすべての周波数の電波を同時に増幅するため、相互変調ひずみの発生する恐れがある。これを防ぐために直線性の良い増幅器を使うか、バックオフなどが必要になる。また、FDMA ではユーザ数の増加に伴って1中継器当たりの電力効率が悪くなる。

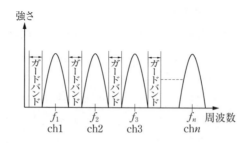

図6.15 FDMA のチャネル割当

(2) 時分割多元接続

この方式は **TDMA**（time division multiple access）とも呼ばれ、周期的に割り当てられる一定時間を繰り返して使い、デジタルデータを区切って順次伝送する方式である。全ユーザ（局）は決められた一つの搬送波を使い、図6.16に示すように、フレームと呼ばれる一定周期内の割り当てられた時間に、相手局へ信号列を送信する。中継局では各ユーザからの信号列を順次受信し、増幅して全ユーザへ再送信する。このように、TDMAではフレームを周期とした飛び飛びの信号を扱うために、送信と受信の同期が必要となる。しかし、各ユーザ間で同期ずれが起こる恐れがあり、これによる信号の衝突が起こらないように**ガードタイム**が設けられている。一方、一つの中継器では一つの搬送波だけしか扱わないため、相互変調はなく、チャネル数を自由に設定できる。相互変調が発生しないことにより、中継増幅器の非直線部分まで最大限利用できるので電力効率が良くなる。

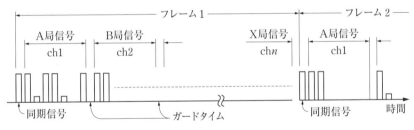

図6.16　TDMA の送信スケジュール

(3) 符号分割多元接続

一般に、**CDMA**（code division multiple access）と呼ばれているが、**スペクトル拡散変調**（または**周波数拡散変調**）を使用していることから、**スペクトル拡散多元接続**または **SSMA**（spread spectrum multiple access）と呼ばれることもある。

シャノンの通信容量定理によると、通信容量 C は、信号電力を S、その信号の帯域幅を B、その帯域内の雑音電力を N とすれば、次式で与えられる。

$$C = B \log_2 \left(1 + \frac{S}{N}\right) \qquad \cdots (6.14)$$

この式は、Bを大きくすればS/Nをある程度小さくしても同じ大きさのCが得られることを表している。スペクトル拡散変調ではこの理論に基づいて、強度が弱く（S/Nが悪くなる）帯域幅の非常に広い信号を作る方法である。

スペクトル拡散変調にはいくつかの方式があるが、主なものとして、直接拡散方式と周波数ホッピング方式がある。

(a) **直接拡散方式**

直接拡散方式または **DS方式**（DS：direct sequence）は、図6.17に示すように、最初に信号波によって搬送波を通常速度でPSKまたはFSK変調（1次変調）を行い、これをさらに、非常に繰返しの速いパルス列（1次変調の百倍から千倍）で**拡散変調**（2次変調）して送信する。ただし、1次と2次の変調信号を交換しても結果は同じであるので、IC化が容易なことと経済性から、実際にはこの方式が採られることが多い。

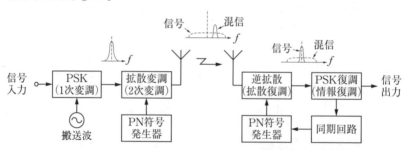

図6.17　スペクトル拡散の変復調構成

拡散変調（2次変調）で使うパルス列の繰返し周波数が非常に速いため、送信周波数が非常に広い帯域に広がるので、これをスペクトル拡散変調または**エネルギー拡散変調**という。この繰返しの速いパルス列は**擬似雑音符号**（**PN符号**、PN：pseudo noise）と呼ばれ、その局専用にコード化したものである。なお、PN符号としてGOLD符号が使われることが多い。受信にはこれと同じパルス符号列を使って、拡

散されている送信信号を集める。この集める操作を**逆拡散**といい、自己相関を取る操作である。逆拡散後の信号は、送信側の1次変調後の信号と同じになっているから、これを通常の復調で信号波に戻す。もし、伝送途中に固定周波数の混信が有った場合、これが逆拡散されると図6.17のように拡散されてしまうので、希望信号には大きな影響を与えない。

　図6.18は直接拡散方式の原理を理解しやすくするため模式的に描いたものである。同図（a）は、1次変調の波形を信号の「1」と「0」に対応して +1 と −1 のパルス列 S とし、これと拡散符号のパルス列 P と掛算（拡散変調）した結果 S×P を C で表した。C は S と P が同符号のとき正、異符号のとき負になるパルス列（送信信号）となる。この C を受信し、同図（b）のように、送信と同じ P を掛算（逆拡散）すると (C×P＝)S が得られる。もし、P と異なる拡散符号 P′ で逆拡散すると、同図（c）のように、S とは異なる S′ となってしまう。このように、この方式では送信側の拡散符号と一致した符号でないと受信できない。

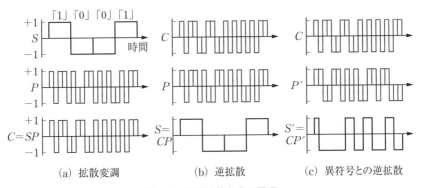

(a) 拡散変調　　　　(b) 逆拡散　　　　(c) 異符号との逆拡散

図6.18　直接拡散方式の原理

　直接拡散方式の特徴は、上記のような秘匿性があり、通常の変調方式に比べて SN 比が悪くても通信できるが、一つの帯域に収容できるチャネル数が設定値を越えると、ほかのチャネルの電波は自チャネルにとっては雑音となるため、同時に運用されるチャネル数（アクセス

数）が多くなるほど雑音が増加して SN 比が悪化する。この方式を生かすためには、伝送信号の帯域幅をできるだけ狭くすることが必要であり、テレビ信号のような広帯域信号の伝送には向かない。この方式は、携帯電話（W-CDMA、cdma-2000、cdmaOne）、無線 LAN、GPS などで多く使われている。

直接拡散方式による CDMA では、一つの帯域を多数のユーザ局が共有するため、基地局への上り回線（基地局で受信）において、ユーザ局が基地局から遠くなるほどその電波は弱くなり、近いユーザ局からの強い電波の干渉（雑音となる）を受けて受信できなくなる問題（回線容量の減少）が起こる。これがこの方式で特徴的な**遠近問題**である。この問題への対策として、例えば携帯電話では、基地局からの下り回線を使ってユーザ局の出力を制御し、距離に関係なくどの局もほぼ同じ強度の電波が受信できるようにしている。これを TPC（transmiter power control：送信電力制御）といい、毎秒数百回行っている。

(b) 周波数ホッピング方式

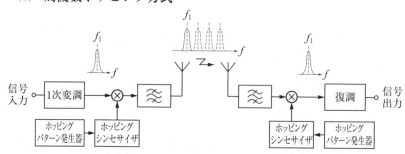

図6.19　周波数ホッピング方式の変復調構成

図6.19は、**周波数ホッピング方式**または **FH 方式**（FH：frequency hopping）の構成であり、2 次変調では搬送波周波数を不規則に高速（例えば毎秒1000回以上）で変化（ホッピング）させる。ホッピングには、その送信局固有の不規則なホッピングパターンを使用する。受信にはこれと全く同じホッピングパターンを使用して、局部発振器の周波数を変化させ、一つの中間周波数にする。すなわち、送信と受

信が同じホッピングパターンを使用しないかぎり通信はできないから、異なるホッピングパターンを各ユーザ局に割り当てれば、同じ周波数帯域を使用して多元接続ができる。

図6.20は周波数ホッピング方式の原理であり、同図（a）のホッピングパターンに従って同図（b）のように搬送波の周波数を変化させた例である。この方式では、他チャネルとの衝突などの妨害によって誤りが生ずるので誤り訂正を行う必要がある。

この方式は直接拡散方式に比べて伝送速度は劣るが、ほかの固定周波数の通信に比べて、混信などの障害に強く秘匿性もある。ごく近距離（10m以内）の機器間を2.4〔GHz〕の電波で接続する bluetooth で使われている。

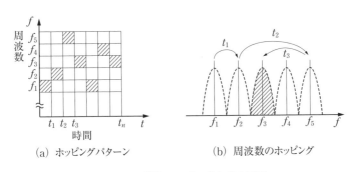

（a）ホッピングパターン　　　（b）周波数のホッピング

図6.20　周波数ホッピング方式の原理

6.4.2　MIMO

電波による通信では、空間を一つの電気回路とみなせば、送信アンテナが入力端であり受信アンテナが出力端となる。したがって、送信アンテナと受信アンテナをそれぞれ複数使用して一つの通信を行う場合には、入力が複数（multiple input）であり、出力も複数（multiple output）になるので、これらを合わせて multiple input multiple output とし、頭文字をとって MIMO と呼んでいる。MIMO には大別して、空間分割多元接続、ダイバーシティコーディング、ビームフォーミングの三つがある。ここでは主に空間分割多元接続について

説明する。

(1) 空間分割多元接続

空間分割多元接続は、送信アンテナから受信アンテナまでの伝送路の特性がアンテナの設置位置によって異なることを利用して、空間を多重分割して使用する方法である。

(a) 送受アンテナ間の空間の特性

一つの送信アンテナから一つの受信アンテナまでの空間を、図6.21のような一つの受動回路（外部からエネルギーが供給されない回路）と考えて、この受動回路に入力 $x(t)$ を加えたときの出力 $y(t)$ は形式的に次式で表される。ただし、h_s を受動回路の伝達関数とする。

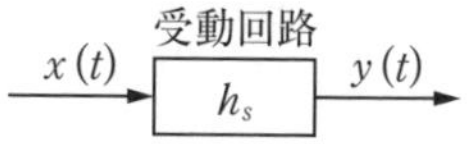

図6.21 伝達関数

$$y(t) = h_s \cdot x(t)$$

上式より、h_s が分かっていれば $x(t)$ を与えたとき容易に $y(t)$ を求めることができる。これを一対の送受信アンテナ空間に当てはめると、送受信アンテナ間の空間の特性（伝達関数）が分かれば受信情報だけで送信元の情報を知ることができることになる。

(b) 空間分割多元接続の原理

以上の説明を考慮して、多数の空間を使い多数の情報を同時に送受する方法について考えてみる。図6.22のように、n 個の送信アンテナ T_n と m 個の受信アンテナ R_m を使用すると nm 個の異なる空間ができるので、伝送路は nm 個になる。

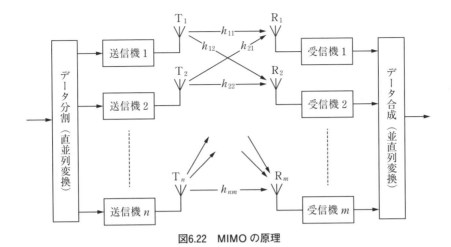

図6.22　MIMO の原理

　ここでは理解しやすくするために、送信アンテナと受信アンテナを
それぞれ2個とする。図に示すように、一連（直列）の入力データを
一定の長さに区切り、そのうちの2個を x_1、x_2 とする。この直列デー
タを並列データ（時刻を一致させたデータ）に並び替えて、二つの送
信アンテナ T_1、T_2 から同時に送り出し、これを二つの受信アンテナ
R_1、R_2 で同時に受信する。このとき、R_1 で受信された信号 y_1 は T_1
と T_2 から送信された信号 x_1 と x_2 の合成である。すなわち、y_1 は次
式のように表される。

$$y_1 = h_{11}\,x_1 + h_{21}\,x_2 \qquad\qquad\cdots(6.15)$$

　ただし、h_{11} は T_1 と R_1 の間の伝送路の伝達関数、h_{21} は T_2 と R_1
の間の伝達関数である。
　同様にして、y_2 も次式のようになる。

$$y_2 = h_{12}\,x_1 + h_{22}\,x_2 \qquad\qquad\cdots(6.16)$$

　式（6.15）と（6.16）を連立して、行列を使って表すと次のように

なる。

$$\begin{vmatrix} y_1 \\ y_2 \end{vmatrix} = \begin{vmatrix} h_{11} & h_{21} \\ h_{12} & h_{22} \end{vmatrix} \begin{vmatrix} x_1 \\ x_2 \end{vmatrix} \qquad \cdots (6.17)$$

　実際には、上式に受信機の内部で発生する雑音 N が加わったものとなる。したがって、上式を一般形式に書き直すと次式になる。

$$Y = HX + N \qquad \cdots (6.18)$$

ただし、

$$Y = \begin{vmatrix} y_1 \\ y_2 \end{vmatrix} : 受信信号ベクトル$$

$$X = \begin{vmatrix} x_1 \\ x_2 \end{vmatrix} : 送信信号ベクトル$$

$$N = \begin{vmatrix} n_1 \\ n_2 \end{vmatrix} : 各受信機の内部で発生する雑音ベクトル$$

$$H = \begin{vmatrix} h_{11} & h_{21} \\ h_{12} & h_{22} \end{vmatrix} : 伝送路の伝達関数$$

　式（6.18）から X を求めるには H の逆行列を両辺に掛ければよい。
　これらの式は送信アンテナ n 個、受信アンテナ m 個の場合に拡張できる。このとき、伝送路は nm 本になり、この内、重ね合わされて受信された信号を受信側で分離できる信号数は m 個（$m < n$ のとき）になる。したがって、直列信号を m 個の並列信号にして同時に同じ周波数で送ることができ、伝送速度は m 倍になる。
　伝達関数行列 H の要素 h_{nm} を求める方法は、伝送するデータに付け加えられているパイロットシンボル（決められたシンボル）を使う方法や仮定値を使う方法などがある。ただし、h_{nm} が全部同じ値であると信号の分離はできない。すなわち、各伝送路は異なったマルチパスを持ち、異なったフェージングを受けていなければならない。送受

信アンテナがそれぞれ1本の通信の場合には、マルチパス波は妨害波とされているが、MIMOでは必要な信号として利用される。

(c) 空間分割多元接続の特徴

・直列信号を m 個づつ並列信号にして m 個同時に送ることにより、伝送速度が見かけ上 m 倍になる。ただし、送受信アンテナは同数とする。

・一つの周波数または帯域だけを使うので、周波数を有効利用できる。

・マルチパスやフェージングの有る回線でなければ使えない。

・アンテナ数を増やすことにより伝送速度を理論的にいくらでも速くできるが、その分だけ受信側で行う計算数が急激に増加するので時間が掛かりおのずと限度がある。実用可能なアンテナ数は8×8である。

・伝送速度を上げると計算時間が増加するので必要とする電力量が増加する。

・携帯端末（携帯電話など）では計算時間や使用できる電力量に限度があるので、送信側からパイロットシンボルを送ってもらい、受信した結果を送り返して、送信側でそれを処理した結果で送信信号を変調して送ることにより、受信側の負担を軽くする方法がある。

(2) ダイバーシティコーディング

一つの連続した情報を複数のアンテナから送信し、これを受信することでダイバーシティ効果が得られる。この方法は伝送時間を短縮することよりも伝送品質を良くする目的で使われる。

(3) ビームフォーミング

一つの信号を一つのアンテナから送信してこれを受信すると、マルチパスによって波形が広がり受信電力が弱くなる。そこで、複数のアンテナを使い、各アンテナから送出する電波の強度と位相を制御して、目的の受信点における受信強度が最大になるようにする。ビームフォーミングは携帯端末が基地局から遠く離れていて電波の強度が弱

い場合に使用される。

6.5　中継方式

遠距離を結ぶ回線の場合、送信波は回線途中で減衰するので、送信電力を大きくしない限り受信点まで到達しなくなる。また、雑音の混入やフェージングによる波形の劣化で符号を判別できなくなる。このため、中継を行い電力の増加や波形の整形などが必要となる。中継方式には、直接中継、ヘテロダイン中継、再生中継などがある。

6.5.1　直接中継方式

送信局から送られてきた搬送波を受信し、周波数を少し変え、電力増幅して再送信する方法である。異なった周波数に変えて増幅する理由は、周波数を変えないでそのまま増幅して送信すると、自局の送信波がアンテナ間の結合を介して受信され（ループ回路を形成する）、正常な動作ができなくなることを避けるためである。この方式は、

① 装置が比較的簡単である。
② 変復調などを行わないため、中継数の少ない回線ではひずみが少なく安定度が良い。
③ マイクロ波などの高い周波数で動作する高利得低雑音増幅器が必要である。
④ 回線の切替や分岐ができない。

などの特徴があり、衛星の中継器などに使用されている。

6.5.2　ヘテロダイン中継方式

図6.23のように、受信したマイクロ波などの周波数 f_1 を中間周波数 f_i に変換して増幅し、受信周波数と異なる周波数 f_2 に変換し、電力増幅して再送信する方式である。この方式においても、干渉を避けるために送信波を受信波と異なる周波数に変換する。この方式は、

① 変復調を行わないため、中継によるひずみが増加しない。

② VHF帯などの低い中間周波数で増幅するため安定であり、大きな利得が容易に得られる。

③ 回線の切替や分岐を中間周波数で行うことができる。

などの特徴があり、FDM方式などで使用される。

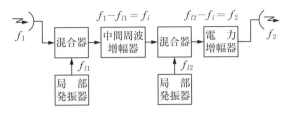

図6.23 ヘテロダイン中継方式の構成

6.5.3 再生中継方式

受信し復調して得られる信号波は元の方形のパルス波形からひずんだ山形波形になっている。再生中継方式は、このひずんだ波形を元のパルス波形に戻し（再生して）、この再生波によって新たに搬送波を変調して電力増幅し、再送信する方法である。図6.24は再生中継方式の構成であり、通常の受信機と送信機のほかに波形を再生する再生中継器が使われる。

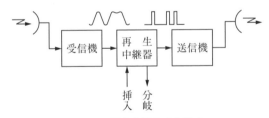

図6.24 再生中継方式の構成

(1) 再生中継器

再生中継器には次の二つの機能がある。

① 正しい位置にパルスを並べ直すタイミング

② 山形波形から方形のパルス波形に戻す波形再生

図6.25は再生中継器の構成例である。復調信号波は、雑音等の不規

則な変動を含んでいるので、等化器★により滑らかな波形にする。これを識別器に入れ符号パルスの有無を判定し、これによりパルス発生器でパルスを作ることにより波形再生をする。また、等化器の出力から、タイミング回路によりタイミング信号を抽出して識別器に加える。

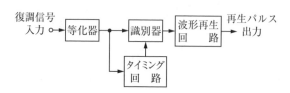

図6.25　再生中継器の構成例

　識別器には、部分タイミング方式、完全タイミング方式などがある。
　部分タイミング方式の識別器は、タイミング波として復調信号波に同期した正弦波を使い、復調信号波と加え合わせてその大小を比較する方式である。図6.26（a）の合成波のように、両振幅が正方向に一致したときのみ出力が大きくなるので、この出力が認識レベル以上になったときのみ波形再生回路が作動してパルス波を発生させる。
　完全タイミング方式の識別器は、図6.26（b）のように、幅の細いタイミングパルス波を識別器に加え、正のタイミングパルスが入ったときに復調信号波の振幅が識別レベル以上であれば、波形再生回路が作動してパルスが立ち上がり、負のパルスで立ち下がる方形の再生パルスを発生させる。この方式の特長は、再生パルスのタイミングが完全にとれることである。

★等化器：伝送路で生じたひずみや雑音などが混入した受信信号を、できるだけ送信信号に戻す装置。

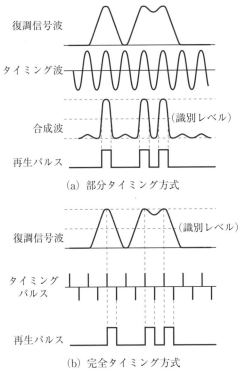

復調信号波

タイミング波

合成波

再生パルス (識別レベル)

（a）部分タイミング方式

復調信号波 (識別レベル)

タイミング
パルス

再生パルス

（b）完全タイミング方式

図6.26　タイミング法と識別方式

(2)　再生中継のジッタ

　符号パルスの立ち上り立ち下りは必ず一定周期で繰り返さなければ
ならない。しかし、伝送途中で入り込む雑音や大気の変動に伴う
フェージングなどにより、受信される信号波形がひずみ、これを再生
中継器へ入れると、再生されたパルスの周期や幅が送信パルスの周期
や幅を中心にして変動する。この現象を**ジッタ**（jitter）といい、伝
送品質の低下の原因となる。ジッタには雑音により発生するランダム
ジッタと同調回路のずれや符号間干渉などによって発生する系ジッタ
があり、前者は各中継で取り除かれるが、後者は取り除くことが困難
であるため中継するたびに累積されていく。

次の記述は、BPSK や QAM 変調方式における帯域制限の原理について述べたものである。□□□内に入れるべき字句の正しい組合せを下の番号から選べ。ただし、図 2 及び図 3 の横軸の正規化周波数 fT は、周波数 f〔Hz〕を $1/T$〔Hz〕で正規化したものである。また、図 2 の縦軸の正規化振幅は、$|G(f)/T|$ を表す。

$$g(t) = \begin{cases} 1, -T/2 \leq t \leq T/2 \\ 0, t < -T/2 \ \text{並びに} \ t > T/2 \end{cases}$$

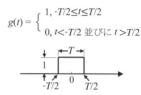

図 1　ベースバンドデジタル信号 $g(t)$

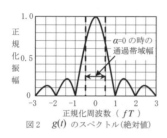

図 2　$g(t)$ のスペクトル(絶対値)

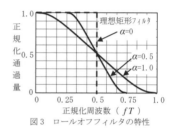

図 3　ロールオフフィルタの特性

(1)　図 1 のパルスの高さ 1、シンボル周期を T〔s〕とする矩形波のベースバンドデジタル信号 $g(t)$ のスペクトル $G(f)$ は、フーリエ変換により次式で表される。

$$G(f) = \int_{-\infty}^{\infty} g(t) e^{-j2\pi ft} dt = T \times \boxed{\text{A}}$$

(2)　(1)のフーリエ変換した正規化振幅（$|G(f)/T|$）は、図 2 に示す形状で周波数 0〔Hz〕を中心として無限に広がる。よって、この $g(t)$ で搬送波を変調すると同じスペクトル形状で帯域が広がるため、帯域制限が必要になる。

(3)　$g(t)$ をフィルタを用いて帯域制限し、シンボル間干渉を生じないようにするためには、フィルタのインパルス応答がシンボル周期 T〔s〕の整数倍の時刻ごとにゼロクロスしなければならない。

　　このことは、ナイキスト間隔でインパルス列を伝送し、受信パルスの中央で行う瞬時検出に対してシンボル間干渉が零であることをいう。

(4) (3)の基準を満足するロールオフフィルタは、図3に示すような特性を有し、ロールオフファクタ α は、$0 \leq \alpha \leq 1$ の値をとる。ロールオフフィルタの出力の周波数帯域幅は、α が小さいほど　B　なるが、半面、振幅変動が大きくなり、シンボル判定のタイミングがずれるとシンボル間干渉特性の劣化が大きくなる。なお、α は、帯域制限の傾斜の程度を示す係数であり、図3では、$\alpha = 1.0$、$\alpha = 0.5$ 及び理想矩形フィルタとして $\alpha = 0$ の特性を示している。

(5) 無線伝送では、$g(t)$ をロールオフフィルタで帯域制限した信号で搬送波を線形変調するので、その周波数帯域幅は、シンボル周期 T〔s〕及び α で表すと、周波数帯域幅 ＝　C　〔Hz〕となる。なお、図2では、図3に示す $\alpha = 0$ のときの通過帯域幅を $g(t)$ のスペクトル（絶対値）に重ねて示している。

	A	B	C
1	$\dfrac{\sin \pi fT}{\pi fT}$	広く	$\dfrac{1+\alpha}{T}$
2	$\dfrac{\sin \pi fT}{\pi fT}$	狭く	$\dfrac{1+\alpha}{2T}$
3	$\dfrac{\sin \pi fT}{\pi fT}$	狭く	$\dfrac{1+\alpha}{T}$
4	$\dfrac{\pi fT}{\sin \pi fT}$	広く	$\dfrac{1+\alpha}{2T}$
5	$\dfrac{\pi fT}{\sin \pi fT}$	狭く	$\dfrac{1+\alpha}{2T}$

練 習 問 題 Ⅱ　　平成31年1月施行「一陸技」（A－14）

次の記述は、雑音が重畳している BPSK（2PSK）信号を理想的に同期検波したときに発生するビット誤り等について述べたものである。□□□内に入れるべき字句の正しい組合せを下の番号から選べ。ただし、BPSK 信号を識別する識別回路において、図のように符号が "0" のときの平均振幅値を A〔V〕、"1" のときの平均振幅値を $-A$〔V〕として、分散が σ^2〔W〕で表されるガウス分布の雑音がそれぞれの信号に重畳しているとき、符号が "0" のときの振幅 x の確率密度を表す関数を

$P_0(x)$、"1" のときの振幅 x の確率密度を表す関数を $P_1(x)$ 及びビット誤り率を P とする。

(1) 図に示すように、雑音がそれぞれの信号に重畳しているときの振幅の正負によって、符号が "0" か "1" かを判定するものとするとき、ビット誤り率 P は、符号 "0" と "1" が現れる確率を $1/2$ ずつとすれば、判定点（$x = 0$ 〔V〕）からはみ出す面積 P_0 及び P_1 により次式から算出できる。 $P = (1/2) \times (\boxed{\text{A}})$

(2) 誤差補関数（erfc）を用いると P は、$P = (1/2) \times \{\text{erfc}(A/\sqrt{2\sigma^2})\}$ で表せる。同式中の $(A/\sqrt{2\sigma^2})$ は、$(\sqrt{A^2/(2\sigma^2)})$ であり、A^2 と σ^2 は、それぞれベースバンドにおける信号電力と雑音電力であるから、それらの比である SNR（真数）を用いて $(\sqrt{A^2/(2\sigma^2)})$ を表すと、$(\boxed{\text{B}})$ となる。また、この SNR を搬送波周波数帯における搬送波電力と雑音電力の比である CNR と比較すると理論的に CNR の方が $\boxed{\text{C}}$ 〔dB〕低い値となる。

	A	B	C
1	$P_0 + P_1$	$\sqrt{2SNR}$	6
2	$P_0 + P_1$	$\sqrt{SNR/2}$	3
3	$P_0 + P_1$	$\sqrt{SNR/2}$	6
4	$P_0 \times P_1$	$\sqrt{2SNR}$	3
5	$P_0 \times P_1$	$\sqrt{SNR/2}$	6

確率密度／判定点

$P_1(x)$　P_0　P_1　$P_0(x)$　振幅

$-A$　0　A　x〔V〕
"1"　　　"0"

練習問題 Ⅲ　　平成31年1月施行「一陸技」（A−15）

次の記述は、デジタル移動体通信に用いる変調方式について述べたものである。　　内に入れるべき字句の正しい組合せを下の番号から選べ。なお、同じ記号の　　内には、同じ字句が入るものとする。

(1) GMSK 方式は、$\boxed{\text{A}}$ フィルタにより帯域制限した NRZ 信号系列を変調ベースバンド信号として、変調指数0.5で FSK 変調したものであり、MSK 方式よりさらに狭帯域化が実現されている。また、$\boxed{\text{B}}$ が一定であるため、電力増幅器に C 級増幅器が使える。

(2) $\pi/4$ シフト QPSK 方式は、同一の情報系列の場合でも必ず $\pi/4$ 〔rad〕の $\boxed{\text{C}}$ が加えられるため、同一シンボルが連続しても

QPSK に比べてタイミング再生が容易である。また、[B]変動が緩和される。

	A	B	C
1	ロールオフ	位相	同期パルス
2	ロールオフ	振幅	位相遷移
3	ガウス	振幅	位相遷移
4	ガウス	位相	同期パルス
5	ガウス	位相	位相遷移

練 習 問 題 Ⅳ　平成31年1月施行「一陸技」（B−1）

次の記述は、静止衛星を用いた通信システムの多元接続方式について述べたものである。　　　内に入れるべき字句を下の番号から選べ。

(1) 時分割多元接続（TDMA）方式は、時間を分割して各地球局に回線を割り当てる方式である。各地球局から送られる送信信号が衛星上で重ならないように、各地球局の[ア]を制御する必要がある。

(2) 周波数分割多元接続（FDMA）方式は、周波数を分割して各地球局に回線を割り当てる方式である。送信地球局では、割り当てられた周波数を用いて信号を伝送するので、通常、隣接するチャネル間の干渉が生じないように、[イ]設ける。

(3) 符号分割多元接続（CDMA）方式は、同じ周波数帯を用いて各地球局に特定の符号列を割り当てる方式である。送信地球局では、この割り当てられた符号列で変調し、送信する。受信地球局では、送信側と[ウ]符号列で受信信号との相関をとり、自局向けの信号を取り出す。

(4) SCPC方式は、送出する一つのチャネルに対して[エ]の搬送波を割り当て、一つの中継器の帯域内に複数の異なる周波数の搬送波を等間隔に並べる方式で、[オ]一つである。

1　ガードバンドを	2　ガードタイムを	3　異なる
4　同じ	5　周波数分割多元接続（FDMA）方式の	
6　送信タイミング	7　周波数	8　一つ
9　複数	10　時分割多元接続（TDMA）方式の	

次の記述は、地上系マイクロ波（SHF）多重回線の中継方式について述べたものである。◯◯◯内に入れるべき字句を下の番号から選べ。

(1) 2周波方式による中継方式においては、中継ルートを ア に設定し、アンテナの イ を利用することによって、オーバーリーチ干渉を軽減できる。

(2) ウ 中継方式は、受信波を中間周波数に変換して増幅した後、再度マイクロ波に変換して送信する方式であり、信号の変復調回路を持たない。

(3) 再生中継方式は、復調した信号から元の符号パルスを再生した後、再度変調して送信するため、波形ひずみ等が累積 エ 。

(4) オ 中継方式は、送受アンテナの背中合わせや反射板による方式で、近距離の中継区間の障害物回避等に用いられる。

1　直線		2　非再生（ヘテロダイン）	
3　直接		4　パケット	
5　無給電		6　ジグザグ	
7　入力インピーダンス		8　指向性	
9　されない		10　される	

衛星通信

　通信に人工衛星を利用する主な目的は、衛星を見通すことができる地球上の如何なる場所とでも回線を設定できることにある。このために必要な衛星の数は衛星の高度に依存する。高度を高くすれば一つの衛星でカバーできる地球面の範囲が広くなるので、必要な衛星数は少なくて済む。また、地球から見た衛星の相対移動速度は遅くなる。この相対移動速度を0にしたものを静止衛星といい、ほかの衛星を移動衛星という。静止衛星は地球局が衛星を追尾する必要がないので、通信や放送用の衛星として使われている。

7.1　衛星通信の特徴

　静止衛星は、その公転周期を地球の自転周期の24時間と同じにしたものであり、その軌道半径は、赤道面からの距離約35 700〔km〕と地球半径の約6 300〔km〕の和で約42 000〔km〕となる。

　地球上から衛星を見る仰角を5度以上にしたとき、静止衛星から見通すことのできる地球上の面積は全地球面積の約38％となるので、赤道上空の遠方に衛星を打ち上げるとすれば、軌道上に等間隔で3個の衛星があれば、極地方を除いて全地球をカバーできることになる。

　衛星通信の利点は、

①　衛星が見える地球上の点であればどこからでも、また、必要ならば同時に通信ができる。

②　地上で発生する災害による故障が起こらない。

　欠点としては、

①　衛星の寿命が搭載する燃料によって決まり、限られているので、定期的に交換しなければならない。

②　宇宙線などの影響を受けて故障することがあるが修理できない。

③　Kuバンドなどの高い周波数を使っている衛星では、電波が降雨や降雪による減衰の影響を受けて通信が困難になることがある。Cバンドではこのような影響はないが、同一のアンテナ利得を得るためにはKuバンドに比べて大きなアンテナが必要である。

などが挙げられる。

　静止衛星の場合には、これに加えて以下のような特徴がある。

①　地球局のアンテナの方向をほぼ固定できるので、アンテナ駆動装置を簡易なものにできる。

②　電波の往復に約0.5秒の時間がかかるので、会話が滑らかにできない。

③　「**食**」が発生する。月食と同様に、太陽－地球－衛星の順にほぼ一直線に並んだとき、衛星が地球の影になる現象を「食」という。春分と秋分を中心にした約1箇月半（43日間）に渡って、地上が夜間の0時を中心にした最大72分間において食が発生し、衛星搭載の太陽電池が発電不能になる。この間、搭載している蓄電池を使って業務を継続する。

④　太陽雑音の影響を受けることがある。太陽－衛星－地球局の順にほぼ一直線に並ぶ短時間、地球局のアンテナビームの中に衛星と太陽が同時に含まれる。太陽からは太陽雑音と呼ばれる広い周波数範囲を持った雑音電波が常に放出されているので、これが通信衛星からの電波の受信を妨害する。この雑音の発生する時刻は地球局によって異なる。

7.2　通信衛星

　通信衛星として最初に打ち上げられた衛星がインテルサットⅠ（1965年）であり、国際通信衛星として国際公衆通信240チャネルで商用運用が開始された。現在は、船舶や航空機などの移動体通信用にインマルサットが国際通信衛星として運用されている。国内通信衛星は、日本のみならず各国それぞれ持っているか持つ予定であるが、静

止衛星軌道は赤道上空に 1 本だけであるので、乗せることのできる衛星数に限りがある。このため、国際的な取決めにより、衛星を乗せることのできる場所（経度）を各国または地域について 4 度おきに割り振られている。

7.2.1 インマルサット

インマルサット（international maritime satellite organization）は、当初、国際海事衛星機構として設立されたものであるが、現在は国際海事衛星機構から名称を改めた**国際移動衛星機構**（IMSO：international mobile satellite organization）の監督のもとに、インマルサット会社により、その公的業務部門の衛星通信システムが運営されている。

図7.1はインマルサットネットワークの概念図である。このネットワークは、陸上の公衆通信網からの電話、FAX、データ信号などを送受する**フィーダリンク**（陸上地球局と衛星間の回線）と、船舶や航

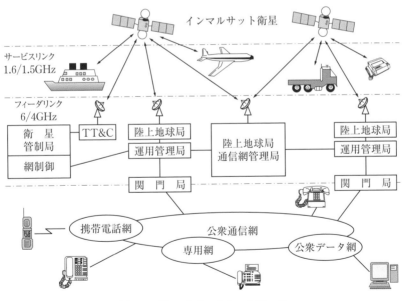

図7.1 インマルサットネットワーク

空機などからの信号を送受する**サービスリンク**（衛星と移動体地球局間の回線）に分けられる。

　衛星通信で使用される周波数帯は、**国際電気通信連合**（ITU：international telecommunication union）の無線通信規則によって定められている。通常、陸上（地球局）から衛星（宇宙局）への上り回線（**アップリンク**：uplink）と宇宙局から地球局への下り回線（**ダウンリンク**：downlink）とで使用周波数が異なり、衛星からは送信電力を大きくできないのでダウンリンクの方に伝搬損失の少ない低い周波数が割り当てられている。インマルサットは、フィーダリンクではCバンド（アップリンク6〔GHz〕、ダウンリンク4〔GHz〕、一般に6/4GHz帯のように表示）が、また、サービスリンクでは降雨の影響が少ないLバンド1.6/1.5GHz帯（アップリンク1.6〔GHz〕、ダウンリンク1.5〔GHz〕）が使われている。通信の割当方式は、電話ではFDM/FDMA方式であり、データ信号ではTDM/TDMAを使用して多重化している。

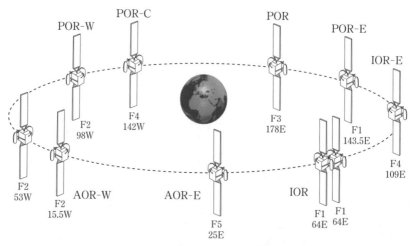

図7.2　衛星配置図（2007年5月現在）

　図7.2にインマルサット衛星の配置図を示す。静止衛星であるため、理論的には3個の衛星で地球全体をカバーできるが、当初陸上地球局

の分布を考慮して衛星を等間隔に配置しなかったので、太平洋と大西洋に通信できない海域が生じていた。この海域を補うために新たに衛星を上げて、現在は4個の衛星による4海域衛星システムとしている。さらに、信頼度の高いシステムとするために、これら4個の衛星に予備衛星が配置されている。

インマルサットシステムには、1982年のサービス開始以来現在まで、機器の改良に伴ってA，B，Cシステムのように順次に名称を付けてサービスが行われている。

(1) Aシステム、Bシステム

Aシステムは最初に開発されたシステムであり、船舶に搭載することが主目的であって、電話、テレックス、FAX、データ通信が可能であったがシステムの一部がアナログで構成されていた。

Bシステムは電話を含めてすべてデジタル化し、高速化、小型軽量化されたシステムであった。

これらの二つのシステムは、Aシステムが2007年末に、Bシステムが2016年末にそれぞれサービスを終了した。

(2) Cシステム

Bシステムのアンテナを小型にし無指向性にして、小型船舶、小型航空機や陸上車両などへも搭載可能にした小型システムで、BPSK 600〔bps〕の蓄積転送による通信であり、電話はないが使用料金は安い。

基本サービスと付加サービスがあり、基本サービスはテレックス、データ通信、Eメール、FAX，送達確認の各サービスがあり、また、付加サービスには以下の三つがある。

① ポーリング／データレポーティング

ポーリングは各端末に対してデータなどの送信を要求するコマンドである。Cシステムでは、陸側のユーザからC端末に対して位置情報などの送信を指示する。このコマンドは特定のC端末またはグループのC端末に一斉に出すことができるサービスである。データレポーティングはC端末から陸側のユーザに自動でデータなどを送信する

サービスである。

② 高機能データレポーティング

上記①のデータレポーティングでは、通信中にデータが失われた場合の（再送要求など）取扱いが不明確であったが、高機能データレポーティングはこれを改善し、データ送達確認を強化して信頼性を向上させている。

③ EGC

EGC（enhanced group call）はC端末に一斉放送するサービスであり、セーフティネット（Safety NET）とフリートネット（Fleet NET）がある。（9.4.7項参照）

Cシステムは GMDSS に適合した無線設備の一つとして IMO により認められているので、C端末は多くの船舶に搭載されている。

⑶ Aero システム

1990年から、航空衛星通信システム（Aero システム）の商用サービスとして開始され、高速で移動する航空機に適した装置により、高品質で安定したグローバル通信を提供している。種々の性能を持つ電話とデータ通信が可能である。

⑷ M システム

B端末（100kg）を小型軽量化し、約13kg にして移動体地球局でも使用できるようにしたシステムである。

ミニMシステムは、アンテナのスポットビームを採用することにより、M端末よりさらに小型化（2.4kg）した可搬型システムである。電話を主にしたサービスであるが低速データ伝送も可能である。

M4はミニM端末のアンテナを大きくし、データ伝送速度を上げて ISDN（integrated services digital network：サービス総合デジタル通信網）データ通信を可能にした陸上移動用システムである。このため、ルータを介してインターネットと接続可能になり、複数のPCで使用できるようになった。

⑸ F システム

陸上移動用の M4 サービスと同様のサービスを船舶にも提供でき

るようにしたものであり、アンテナ口径の大きい順に、F77、F55、F33 の 3 個のシステムがある。F77 と F55 は、64〔kbps〕の伝送速度で ISDN とパケット交換型データ通信機能（**MPDS**：mobile packet data service）を標準装備してインターネットなど常時接続する機能がある。このうち F77 は、128〔kbps〕ISDN とともに遭難・緊急通信機能を備えており、優先度の低い通話を切断して船舶からの遭難・緊急通信を発信する機能、陸からの遭難・緊急通信を確実に受信する機能などを備えている。F33 は F55 の通信速度を 9.6〔kbps〕に低速にしたものである。

(6) **BGAN システム**

　このシステムは携帯電話（3G UMTS）の衛星版と考えられ、IP データサービスと回線交換サービスが2005年末に、また陸上移動用として2008年に導入された。IP データサービスは、Web アクセスや E メールなどの携帯電話と同様のアプリケーションが利用でき、伝送したデータ量に応じて課金される「スタンダードサービス」と音声やビデオのように一定速度が必要な通信に使われる「プレミアムサービス」が有り、ユーザが選択できる。なお、プレミアムサービスは通信時間に応じた課金である。回線交換サービスには、4〔kbps〕音声符号化方式による電話サービスと 64〔kbps〕データ通信などを提供する ISDN サービスがある。

7.2.2　国内通信衛星

　我が国では、1983年に通信衛星 CS「さくら」が最初であり、その後 JCSAT、スーパーバード、N-STAR が打ち上げられ、ビジネスをはじめとして国、地方公共団体の防災無線や警察、消防、離島間通信などのほかにテレビ放送やラジオ放送にも使われている。現在、約20機の衛星がスカパー JSAT 株式会社によって運用されている。国内通信衛星と国際通信衛星の主な違いはアンテナの照射ビームの違いであり、日本の場合、日本列島とその周辺を照射する**スポットビーム**が使われている。図11.3は CS の 30/20GHz 帯を使用する回線のサー

ビス範囲、すなわちビームの照射範囲の例である。周波数は、このほかに 2.6/2.5GHz 帯、6/4GHz 帯、14/12GHz 帯が使用可能であるが、ビームの照射範囲はそれぞれ多少異なる。衛星位置は、静止軌道上の東経110度から150度までであり、ここに多数の日本の衛星が配置されている。

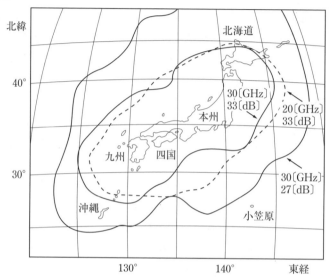

図7.3　CS のサービス範囲の例

7.3　衛星通信回線のネットワーク構成

ネットワーク構成の主なものは、
① 一般の加入者電話をまとめて一つの大型地球局に送り、衛星を介して他国や離島などにある同様の大型地球局とを多重回線で結ぶ方式
② テレビの中継や非常時に設定するもので加入者が中型地球局を持ち 1 対 1 で回線を構成する方式
③ 加入者が **VSAT**（very small aperture terminal：**超小型地球局**）を持ち中央のハブ（hub）局と呼ばれる比較的大きな地球局との

間で交信する方式

④　放送などのように比較的大きな中央局から送られた電波を中継
し、小型の受信機で受信する単向通信方式

などの構成がある。

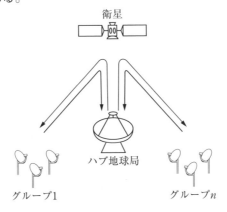

図7.4　VSAT システムの構成

　このうち、VSAT は図7.4のように、回線制御と監視を行う**ハブ局**
と多くの VSAT でスター型のネットワークを構成し、Ku（14/12）
バンドでハブ局と VSAT 間で通信するものである。通常、VSAT 相
互間では直接通信できないがハブ局を仲介して通信することはでき
る。このシステムの使用例として、多数の支店を持つチェーンストア
がある。ハブ局との通信は、カードの照合や発注情報などの短く散発
的なものが主であるから、多数の VSAT が同じ周波数を使用しても
ほとんど問題は起こらない。しかし、各 VSAT で使用するパラボラ
アンテナの直径が1〔m〕前後で小さいため、ビーム幅が広く、隣接
する衛星システムとの干渉が問題になる。このため、スペクトル拡散
変調方式を使用するなどの方策が必要となる。

7.4　衛星通信の多元接続

　一般の衛星通信では、一つの衛星を多くの地球局で同時に使用する

ために、互いに干渉しないように多元接続が行われている。衛星通信の多元接続には、周波数分割多元接続、時分割多元接続、符号分割多元接続及び空間分割多元接続がある。

7.4.1　FDMA（周波数分割多元接続）

FDMA（frequency division multiple access）は、衛星の中継器（トランスポンダ：transponder）の持つ広い周波数帯を分割して各地球局に割り当てる方式である。各地球局からの送信は割り当てられた周波数を使い、受信にはトランスポンダから送られてくるすべての周波数のうちから目的の相手局の周波数を選択する。この方式は、装置が簡単で同期をとる必要はないが、トランスポンダでは各地球局から送られてくるすべての周波数の信号を同時に増幅するため、衛星を同時にアクセスする局数が増加すると相互変調が増加し、１中継器当たりの伝送容量は急激に減少する。これをできるだけ避けるために増幅器を直線範囲内で動作させなければならない。

FDMA の一つに SCPC（single channel par carrier）方式があり、１チャネルごとに別々の搬送波が割り当てられ、一つの衛星で中継する方式である。割当て方法には、通信相手となる二つの地球局に最初から決められた搬送周波数を割り当てておく**プリアサイメント**（pre-assignment）または固定割当と、要求（呼の発生）に応じて回線を設定するのに必要な周波数等を地球局に割り当てる**デマンドアサイメント**（demand assignment）または要求割当がある。プリアサイメント方式はデマンドアサイメント方式と比較すると、図7.5に示すように、同時に行われるアクセス局数（回線数）が増えると急激に衛星回線の使用効率が悪くなる。したがって、多数の小さな地球局が一つのトランスポンダを共用するような場合、デマンドアサイメントの方が回線利用率が良い。さらに利用率を上げるために、音声が無い時には電波を出さない**ボイスアクティベーション**を使い、この時間を他の局が使えるようにしている。SCPC 方式は、地球局の数が多いシステムで一つの地球局が利用する回線数が非常に少ない固定通信に適している。

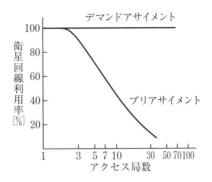

図7.5　デマンドアサイメントとプリアサイメントの回線使用効率

7.4.2　TDMA（時分割多元接続）

　TDMA は多数の地球局で一つの搬送周波数を使用し、周期的に自局に割り当てられる時間内で通信する方式である。各地球局はフレームと呼ばれる一定周期内において、自局に割り当てられた時間帯（タイムスロット）の間にいくつかの相手局へ時分割信号列（バースト）を送信する。衛星では、各地球局から順次送られてくるバーストを中継して全地球局へ送り返す。このように、TDMA では1フレームを周期とする飛び飛びの信号を扱うためデジタル通信にのみ使える方式であり、また同期も必要となる。しかし、トランスポンダでは一つの搬送波だけしか扱わないため相互変調はなく、チャネル数や回線も自由に設定できる利点がある。また、相互変調が発生しないためバックオフの必要はなく、中継器を非直線部分まで最大限使用できるので電力効率が良くなる。

7.4.3　CDMA（符号分割多元接続）

　この変調方式の特徴は、送信側の符号系列が分からなければ受信できない、すなわち、秘匿性があることと、通常の変調方式に比べてSN 比が悪くても受信できることである。また、一つの帯域内に収容できるチャネル数は、通常の変調方式に比べて数百〜数千倍が可能であり、異なる符合をアドレスとして各地球局に割り振れば、回線割当

制御を行うことなく多元接続ができるので衛星通信に向いた方式であるといえる。ただし、ほかのチャネルの電波は自チャネルにとっては雑音となるため、同時に使用されるチャネル数（アクセス数）が多くなるほど雑音が増加して、SN比が悪化することに注意が必要である。この方式を生かすためには、伝送する信号の帯域幅をできるだけ狭くすることが必要であり、テレビ信号のように広い帯域を持つ信号の伝送には向かない。

7.4.4 SDMA（空間分割多元接続）

SDMA（space division multiple access）は、多ビームアンテナを衛星に搭載し、それぞれのビームに目的の地球局が置かれている地域を割り当て、その地域を1本のビームでスポット照射するようにしたものである。このようなアンテナをマルチビームアンテナと呼ぶことから、この方式を**マルチビーム衛星通信方式**ともいわれる。大型のアンテナを使用して各ビームの幅を狭くすることにより、特定の地域に集中して電力を送ることができるため、SN比が上がり、伝送容量を増すことができる。例えば、電波の強さを100倍にすれば、伝送容量も100倍になり、もし、伝送容量を一定にすれば、地球局のアンテナ直径を1/10にできる。また、図7.6のように、ビーム間が離れていれ

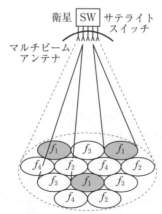

図7.6　マルチビームアンテナの照射地域と周波数

ば電波干渉が少なくなるので同じ周波数を使うことができ、周波数を有効利用できる。SDMAでは、異なったビームの属する地球局間で通信する必要があるので、ビームを切り換えるスイッチ（**サテライトスイッチ**）を衛星に搭載し、すべてのビームの組合せについて一定周期で繰り返し接続する。このため各地球局では、サテライトスイッチの切り替えタイミングを認識する必要があるので、地球局の一つを同期の基準局とし、ほかの地球局はこの基準局と同期することによりサテライトスイッチとの同期をとる。

7.5　多元接続の比較

各多元接続方式の特徴をまとめると、表7.1のようになる。

表7.1　各多元接続方式の長所と短所

方　式	長　　　　所	短　　　　所
FDMA	1．同期を必要としない。 2．地球局の設備が比較的簡単。 3．デマンドアサイメント運用が可能。	1．同時にアクセスする局数が増加するほど伝送容量が減少する。 2．回線相互間で相互変調を起こすことがある。 3．回線相互の接続を変更することが困難。
TDMA	1．衛星に同時にアクセスする局数が増加しても伝送容量が減少しない。 2．異なる通信速度間の接続が可能。 3．中継器の電力効率を上げることが可能。 4．相互変調が起きない。	1．他局との区別をするために同期が必要。 2．地球局の送信電力を大きくする必要がある。 3．回路などが多少複雑になる。
CDMA	1．混信や干渉などの妨害に強い。 2．秘匿性がある。 3．小さな S/N でも受信可能。	1．広帯域中継器が必要。 2．周波数帯域幅の利用率が悪い。 3．アクセス局数が増加すると S/N が悪くなる。

CDMA	4．デマンドアサイメント運用が可能。	4．広帯域の信号の伝送には向かない。
SDMA	1．衛星電波の等価電力が大きくなるので伝送容量を大きくできる。 2．周波数の利用効率を高くできる。 3．地球局のアンテナを小さくできる。	1．衛星搭載のアンテナが大きく複雑になる。 2．サテライトスイッチなどの装置を衛星に搭載する必要がある。

7.6　衛星中継器（トランスポンダ）

　衛星の中継器には種々の構成があり、それぞれ目的により異なる。ここでは一つの例として、我が国の通信衛星であるN‐STAR衛星の構成の一部について述べる。この衛星の中継器は、Kaバンド（30/20 GHz）、Kuバンド（14/12 GHz）、Cバンド（6/4 GHz）、Sバンド（2.6/2.5 GHz）の各周波数帯を使い、CとSバンドはホーンレフレクタアンテナを組み合わせた4ビームで、北海道、東日本、西日本、九州・沖縄とそれぞれの周辺を、また、KaとKuバンドは日本全土をそれぞれ照射するマルチビームアンテナを使用するSCPC方式である。図7.7は、このうち、Kaバンドのマルチビームアンテナを使う衛星中継器の構成である。2チャネルずつ8個の受信ビームを持つアンテナからの受信信号を受信機の低雑音増幅器（LNA：low noise amplitier）で増幅し、ダウンコンバータで1 045〔MHz〕の中間周波数（IF）に変換する。IFスイッチではIF信号を異なったビームへ切替えることができる。IF信号はアップコンバータでもとのKaバンドに変換し、TWTを使用して電力増幅し、合成器で3ビームの

図7.7　衛星中継器の例（マルチビーム方式）

出力としてアンテナから送信する。N－STAR衛星は、ほかのバンドとビームについて、上記のような構成の中継器をほかに4個搭載している。

7.7 衛星回線の特性

7.7.1 受信電力

衛星と地上間は、大部分が真空のため大気等による電波の減衰は少ないが、距離が長いため、自由空間伝送損失が非常に大きい。特に下り回線（down link）では、衛星における発電能力とアンテナの大きさに制限があり、地上に到達する受信電力に限界がある。一方、上り回線（up link）では、大型アンテナによる大電力送信が可能であり、衛星で必要な受信電力を得やすい。

衛星通信では、受信点における電波の強度を単位面積当りの**電力束密度**（**PFD**：power flux density）で表すのが一般である。これを P_D とし、送信電力を P_t、送信アンテナの絶対利得を G_t、送信機とアンテナ間のフィーダ損失を L_p、送受信点間の距離を d とすれば、P_D は、

$$P_D = \frac{P_t\, G_t}{L_P} \cdot \frac{1}{4\pi d^2} \; \text{〔W/m}^2\text{〕}$$

と表される。

この式中で、$P_t\, G_t / L_p$ を**実効放射電力**または**等価等方輻射電力**（**EIRP**：equivalent isotropic radiation power）といい、これを P_e とおくと、

$$P_e = \frac{P_t\, G_t}{L_P} \; \text{〔W〕} \qquad\qquad \cdots(7.1)$$

受信電力 P_r は、受信アンテナの出力でもあるから、アンテナの開口面積を S 〔m²〕、開口効率を η とすれば、次式で与えられる。

$$P_r = P_D S\eta = \frac{P_e}{4\pi d^2} \cdot S\eta \ [\text{W}] \qquad \cdots (7.2)$$

7.7.2 性能指数（ジーオーバーティ）

受信機入力端における等価雑音電力 N は、ボルツマン定数を k、帯域幅を B、アンテナと受信機内部で発生する雑音の和を受信機入力端の雑音温度に換算した等価雑音温度を T とすれば、次式で与えられる。

$$N = kTB \ [\text{W}] \qquad \cdots (7.3)$$

したがって、搬送波対雑音比（carrier to noise ratio）C/N は、式（7.2）と（7.3）より次式となる。

$$C/N = \frac{P_r}{N} = \frac{P_e}{4\pi d^2} \cdot \frac{S\eta}{kTB}$$

ここで、アンテナ利得 G_r は、$G_r = 4\pi S\eta/\lambda^2$ であるから、上式は次のようになる。

$$C/N = \frac{P_e}{4\pi d^2} \cdot \frac{\lambda^2}{4\pi} \cdot \frac{G_r}{kTB} = \left(\frac{\lambda}{4\pi d}\right)^2 \cdot \frac{P_e}{kB} \cdot \frac{G_r}{T} \qquad \cdots (7.4)$$

この式中、G_r/T を受信系の性能指数または利得対雑音温度比あるいは G/T（gain over temperature）（ジーオーバーティと読む）と呼んでいる。

G/T は dB で表されることも多く、次式で与えられる。

$$(G/T)_{\text{dB}} = 10 \log_{10}\left(\frac{G_r}{T}\right) \ [\text{dBK}] \qquad \cdots (7.5)$$

衛星からの小さな電波を受信するには、式（7.4）より、地上における高利得アンテナとローノイズアンプが必要であることが分かる。

第7章 衛星通信

次の記述は、衛星通信回線の雑音温度について述べたものである。□内に入れるべき字句を下の番号から選べ。

(1) アンテナを含む地球局の受信系の性能を定量的に表現するための G/T〔dB/K〕は、一般に、受信機の低雑音増幅器の入力端で測定される　ア　G〔dB〕と低雑音増幅器の　イ　端で換算した雑音温度 T〔K〕との比が用いられる。

(2) 低雑音増幅器の等価雑音温度 T_e〔K〕は、増幅器の内部で発生し、出力端に加わる雑音電力を入力端の値に換算し、雑音温度に変換したものであり、出力端の全雑音電力は、　ウ　〔W〕で表される。ただし、k〔J/K〕はボルツマン定数、T_0〔K〕は周囲温度、B〔Hz〕及び g（真数）は、それぞれ低雑音増幅器の帯域幅及び利得である。

(3) 低雑音増幅器の雑音指数 F は、等価雑音温度 T_e〔K〕及び周囲温度 T_0〔K〕との間に、$F=$　エ　の関係がある。

(4) システム雑音温度は、アンテナ雑音温度と受信機雑音温度（多くの場合、初段の低雑音増幅器の等価雑音温度）との　オ　で表される。

1	アンテナの利得	2	入力	3	$k(T_0-T_e)Bg$
4	T_e/T_0	5	和	6	低雑音増幅器の利得
7	出力	8	$k(T_0+T_e)Bg$		
9	$1+(T_e/T_0)$	10	積		

次の記述は、静止衛星を用いた通信システムの多元接続方式について述べたものである。□内に入れるべき字句を下の番号から選べ。

(1) 時分割多元接続（TDMA）方式は、時間を分割して各地球局に回線を割り当てる方式である。各地球局から送られる送信信号が衛星上で重ならないように、各地球局の　ア　を制御する必要がある。

(2) 周波数分割多元接続（FDMA）方式は、周波数を分割して各地球局に回線を割り当てる方式である。送信地球局では、割り当てら

れた周波数を用いて信号を伝送するので、通常、隣接するチャネル間の干渉が生じないように、 イ 設ける。

(3) 符号分割多元接続（CDMA）方式は、同じ周波数帯を用いて各地球局に特定の符号列を割り当てる方式である。送信地球局では、この割り当てられた符号列で変調し、送信する。受信地球局では、送信側と ウ 符号列で受信信号との相関をとり、自局向けの信号を取り出す。

(4) SCPC方式は、送出する一つのチャネルに対して エ の搬送波を割り当て、一つの中継器の帯域内に複数の異なる周波数の搬送波を等間隔に並べる方式で、 オ 一つである。

1	ガードバンドを	2 ガードタイムを	3	異なる
4	同じ	5 周波数分割多元接続（FDMA）方式の		
6	送信タイミング	7 周波数	8	一つ
9	複数	10 時分割多元接続（TDMA）方式の		

練習問題 Ⅲ　　平成30年7月施行「一陸技」（B-2）

次の記述は、図に示す衛星通信地球局の構成例について述べたものである。 内に入れるべき字句を下の番号から選べ。

(1) 送信系の大電力増幅器（HPA）として、クライストロンは以前から用いられてきたが、現在では、進行波管（TWT）などが用いられている。TWTは、クライストロンに比べて使用可能な周波数帯域幅が ア 。

(2) アンテナを天空に向けたときの等価雑音温度は、通常、地上に向けたときと比べて イ なる。受信系の等価雑音温度をアンテナ系の等価雑音温度に近づけることにより、利得対雑音温度比（G/T）を改善できる。このため、受信系の低雑音増幅器には、 ウ やHEMTなどが用いられている。

(3) 送信系及び受信系において良好な周波数変換を行うため、 エ が高く、位相雑音のレベルが低い特性の局部発振器が用いられ、周波数を混合した後で、帯域フィルタ（BPF）で必要な周波数成分だけを取り出す際に、不要な周波数成分が出力されないようにす

る。また、 オ をするように入出力のレベルを適切な値に設計し、
相互変調積などが発生しないようにする。

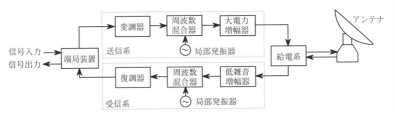

1 広い	2 高く	3 PINダイオード
4 出力インピーダンス	5 線形動作	6 狭い
7 低く	8 GaAsFET	
9 周波数安定度	10 非線形動作	

第7章 衛星通信

第8章

放送用送受信機

現在、我が国では一般向け放送として、AM放送、FM放送、地上及び衛星テレビジョン放送、短波放送などがあり、さらにこれらにはステレオ放送、文字放送、データ放送などのサービスができるものもある。ここでは、このうちからFM放送、地上デジタルテレビジョン放送、衛星放送について説明する。

8.1 FM放送

FM放送には、モノラル放送、ステレオ放送、多重放送があり、VHF帯の76〜90〔MHz〕、また**ワイドFM**の放送用として90〜94.9〔MHz〕内で各放送局に割り当てられた一つの周波数を使用してこれらを放送している。このうち、モノラル放送は通常のFM通信と変わらないのでここでは省略する。

8.1.1 ステレオ放送

ステレオ（stereophony）は、複数の音を再生して立体的な音の感覚を与えることを目的とするものであり、最低2個の伝送路を必要とする。ステレオ放送の方式は**モノラル**（または**モノホニック**）との両立性（コンパチビリティ）が要求されるため、一つの電波で多重技術を採用した各種の方式があり、和差方式、左右切り換え方式、方向信号方式などがある。ここでは、わが国で採用されている和差方式について説明する。

ステレオ放送では左と右の両方のマイクで拾った信号を、左右の振幅の比と位相関係を保ったまま受信機の左右のスピーカーに別々に出さなければならない。このために二系統の伝送路が必要となる。一方、

同じ放送をモノラルで受信できることも周波数の有効利用の点から必要である。ステレオ放送では左信号 L と右信号 R は別々の信号であると考えられるから、これをモノラルで受信するとき、その一方のみを受信したのでは不十分である。このため、モノラル用の信号（主チャネル）は、和信号 $M(=L+R)$ でなければならない。ステレオ放送には副チャネルを使い、これに差信号 $S(=L-R)$ を乗せて送る。これを和差方式と呼び、この二つの信号を受信してマトリクス回路を通すことにより、次式のようにステレオ信号を作ることができる。

$$\left.\begin{array}{l} M+S=(L+R)+(L-R)=2L \\ M-S=(L+R)-(L-R)=2R \end{array}\right\} \qquad \cdots(8.1)$$

⑴ FM ステレオ放送送信機

搬送波抑圧 AM−FM 方式はパイロットトーン方式とも呼ばれ、図8.1にこの方式による送信機の構成を示す。L 信号と R 信号をそれぞれプリエンファシス回路を通して**マトリクス回路**に加えて、和信号 $L+R$ と差信号 $L-R$ を作る。パイロット信号の周波数を2逓倍した 38〔kHz〕信号を副搬送波とし、$L-R$ とともに平衡変調器に加えて振幅変調する。平衡変調器の出力は搬送波が抑圧された AM 波となる。この AM 波と $L+R$ 及びパイロット信号 P をミキサに加えて、

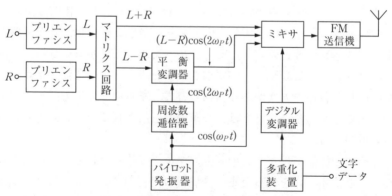

図8.1　FM ステレオ放送用送信機の構成

次式のコンポジット信号 v を得る。

$$v = (L+R)+(L-R) \cos (2\omega_P t)+P \cos (\omega_P t) \qquad \cdots (8.2)$$

この v により主搬送波を FM して送信する。19〔kHz〕のパイロット信号は、復調のとき必要な 38〔kHz〕副搬送波の代わりに送られる。

主搬送波の最大周波数偏移は
±75〔kHz〕であり、パイロット信号ではこの 10〔％〕
(7.5〔kHz〕)、主チャネルと
副チャネル信号ではこの 45
〔％〕である。図8.2にこの信号の周波数配置を示す。

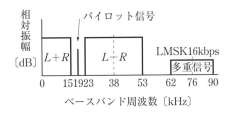

図8.2　ステレオと多重放送の周波数配置

(2)　FM ステレオ放送受信機

図8.3に一般的なステレオ多重放送受信機の構成を示す。VHF 帯で放送された電波を通常の方法で受信し、検波出力をそのまま 15〔kHz〕の LPF を通すと $L+R$ 成分が得られる。一方、検波出力を分岐し、23〜53〔kHz〕の BPF を通して搬送波抑圧 AM 波を得る。これを復

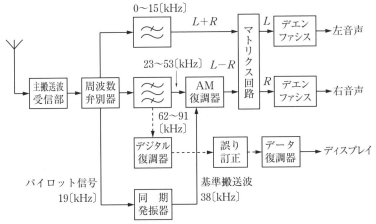

図8.3　FM ステレオ多重放送受信機の構成例

調するのに必要な基準搬送波（38〔kHz〕）は、検波出力中に含まれている 19〔kHz〕のパイロット信号を同期発振器に加えて得られる。AM検波器の出力として $L-R$ が得られるから、これと $L+R$ をマトリクス回路を通して L と R を分離する。これらの信号をそれぞれデエンファシス回路を通してステレオ音声出力とする。L と R を分離する方法には、マトリクス回路を使う方法のほかに**スイッチング方式**がある。

スイッチング方式にはスイッチング形とエンベロープ形があり、その原理図を図8.4（a）と（b）にそれぞれ示す。検波によって得られる信号は、和信号 $(L+R)$、差信号 $(L-R)\cos 2\omega_P t$、パイロット信号 $A\cos\omega_P t$ であり、このうち差信号を取り出すためには $2\omega_P$ の基準搬送波が必要であるので、パイロット信号の周波数を2倍して使用する。これら3信号を合成したものをスイッチング方式の R, L 分離回路への入力とする。

スイッチング形は、同図（a）に示すように、搬送波の最大値をサンプリングして L 信号とし、最小値のサンプリングを R 信号として

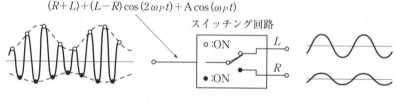

$(R+L)+(L-R)\cos(2\omega_P t)+A\cos(\omega_P t)$

（a）スイッチング形

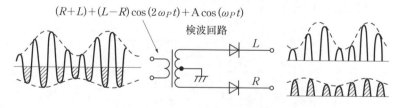

$(R+L)+(L-R)\cos(2\omega_P t)+A\cos(\omega_P t)$

（b）エンベロープ形

図8.4　スイッチング方式 R、L信号分離回路

取り出す。

　エンベロープ形は、同図（b）に示すように、互いに反対向きのダイオードによって検波して R と L 信号を分離する。

　多重放送の受信が必要な場合には、主搬送波の検波出力から62〜91〔kHz〕の BPF で多重信号を取り出し、デコーダによって文字データなどの出力を得る。

8.1.2　FM 多重放送

　図8.2において、53〜90〔kHz〕の周波数帯の使用は各放送局の自由であり、現在、NHK だけが各地域向けに道路交通情報通信システム（VICS：vehicle information and communication system）センターからの情報を放送している。VICS（ビックス）センターでは、国内各地から集めた道路交通情報を処理、編集して、放送だけでなく道路上に設置されたビーコンなどによってカーナビなどに提供している。

8.1.3　ワイド FM

　AM 放送は基幹放送の一つであり、日本国内どこでもいつでも明瞭な聴取が可能であることが望まれる。しかし、中波帯の電波は夜間になると遠方まで届くようになり、これがほかの放送エリアの放送波に混信を与えて聴取困難になる。また、地形の影響や都市におけるビルディングや大きな雑音のため聴取が困難な場合もある。ワイド FM（FM 補完放送）は、これらの難聴対策として、従来から行われてきた FM 放送波帯の上側の周波数帯 90〜94.9〔MHz〕において、AM 放送を中継放送するものである。これを受信するにはこの周波数帯を受信できる FM 受信機が必要である。

8.2　地上デジタルテレビジョン放送

　1998年に世界で初めてイギリスで地上デジタルテレビジョン放送が

開始され、以後アメリカや韓国などに続き、我が国では2003年12月に関東地域から順次放送が開始された。放送方式は各国や地域によって異なり、現在、ヨーロッパのDVB－T方式、アメリカのDTV方式と日本のISDB－Tの3方式で、それぞれ放送されている。

　地上デジタルテレビジョンは、高品質の画像が要求される固定受信、伝送路中の妨害を受けやすい移動受信、簡単な携帯受信など多彩な受信形態が要求される。一般に、伝送帯域幅を一定にした場合、高品質の画像は大きな伝送容量が必要になるが、大きな伝送容量の変調方式や誤り訂正は妨害に弱くなる。逆に、妨害に強い変調方式や誤り訂正を採用すれば、伝送容量を小さくしなければならない。地上デジタルテレビジョンの固定受信と移動受信は、このような相反する伝送方式を要求している。これを一定の帯域幅（6〔MHz〕）を持つ1チャネルの電波で満足させるために、マルチキャリア（複数搬送波）伝送方式が採用されている。

8.2.1　日本の地上デジタルテレビジョン放送方式(ISDB－T方式)

ISDB－T（integrated services digital broadcasting-terrestrial：統合デジタル放送－地上）方式の送信系統を図8.5に示す。映像、音声、データの各ベースバンド信号はそれぞれ情報源符号化部で符号化された後、多重化されてMPEG－2 TS（moving picture experts group－2 transport stream）となり、伝送路符号化部へ送られる。伝送路符号化部では複数の番組のTS（transport stream）と再多重化して一つのTSにまとめられてから、階層並列処理、周波数インタリーブ、TMCC（transmission and multiplexing configuration control）信号等の付加などを行った後、IFFT（inverse fast fourier transform：高速逆フーリエ変換）によりOFDM（orthogonal frequency division multiplexing：直交周波数分割多重）信号として送信される。OFDM信号は、約429〔kHz〕の帯域（セグメント）を基本単位として合計13個のセグメントを組み合わせた帯域幅5.61〔MHz〕の信号である。13個のセグメントは、固定受信や移動受信などの異なる受信条件に対

応した最大３種類の伝送パラメータを設定できる。

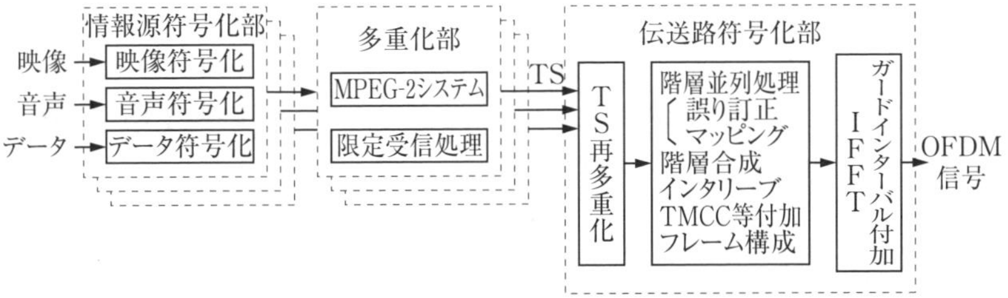

図8.5　ISDB-T の送信系統の例

ISDB－T 方式の主な特徴には以下のものがある。

① 12個のセグメントを使用することにより、ハイビジョン放送（HDTV）ができる。

② セグメントを分割使用することにより、最大で３個の標準 TV 放送が同時にできる。

③ 安定した画像を受信できる移動体用の部分受信サービス（ワンセグ）ができる。

④ OFDM 信号の各シンボル間に長いガードインターバルを挿入することにより、マルチパス障害（アナログテレビで現れたゴースト障害など）を軽減できるようになり、また、一つの周波数で放送ネットワーク（SFN：single frequency network）を構成できるので、周波数を有効に利用できる。

8.2.2　情報源符号化部

図8.5の各ブロックについて順次説明する。

(1)　映像符号化

情報源符号化部の中で映像符号化が最も重要であり、複雑でもある。ISDB－T 方式では、BS デジタル放送などと共通の受信方式が使えるように、同じ符号化方式 **MPEG－2**（Video）が採用されている。ただし、ワンセグは MPEG－2ではなく H264 方式である。

MPEG（moving picture experts group）（エムペグと読む）とは、国際標準化機構（ISO）と国際電気標準会議（IEC）の下に設置され

た動画に関する専門家グループの名称であり、画像圧縮の技術基準の名称としても使われている。当初は MPEG-1 から MPEG-4 まであったが、MPEG-3 は MPEG-2 に吸収され、現在は欠番になっている。MPEG-2 は、DVD やデジタル放送などに使う動画圧縮技術として世界的に多方面で使われていて、日本のデジタル TV 放送でも使われているので、ここでは主に MPEG-2 について説明する。

(a) 映像信号

色は、色相、飽和度、輝度の 3 属性によって表される。色相は、赤や青などの色合いを表し、飽和度は色の濃さまたは彩度（鮮やかさ）を表す。この二つの属性を一定にしたまま光量を増やすと明るく感じる。これを輝度という。

図8.6は CIE（国際証明委員会）の色度図と呼ばれるものであり、色相と飽和度を合わせた呼び方である色度を表す。この図形の太線上で完全な色彩となり、内部へ行くにしたがって白っぽくなり、完全に白になった点が原点になっている。太線上の数値は色の波長を表す。

図形中にある点R、G、Bは、写真やカラーテレビなどで使われる三原色（赤、緑、青）であり、これら 3 点を結んでできる三角形の内部の色は、この三原色を異なる割合で加え合わせることによりすべて表現できる。逆に、この範囲以外の色は表現できないから、カラーテレビなどでは実際の色と少し異なる色が出ている場合がある。

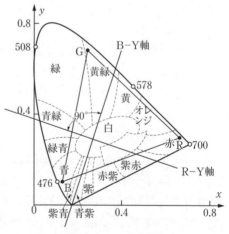

図8.6　CIE 色度図

テレビ映像をカラーで表示する場合、RGB の 3 信号のほかに輝度信号も必要になる。輝度信号 Y は、人が明るさ（輝度）を感じる色の割合が赤：緑：青に対して、$0.30 : 0.59 : 0.11$ になっていることか

ら、Y＝0.30R＋0.59G＋0.11B で作られる。テレビ伝送では伝送する情報量を減らすため、Y と RGB の 4 個の信号すべてを送るのでなく、Y と R－Y、B－Y の 3 個の信号を送り、受信側で Y 信号の中に含まれている G 信号を取り出す。この R－Y と B－Y を**色差信号**といい、それぞれ Cr 信号、Cb 信号と呼ぶ。

デジタルテレビでは、信号を画素（ピクセル）単位で扱う。例えば、アスペクト比（画面の縦横比）が 3：4 の標準（画質）テレビ（SDTV：standard definition TV）の場合、横：縦がそれぞれ640：480画素であり、画面全体では307 200画素となる。したがって、一つの画素に付き Y、Cr、Cb の 3 個の信号が映像信号として得られることになり、情報量は非常に多くなる。これを圧縮するために、人の色に対する感覚が鈍いことを利用して、Y の画素サンプル数 4（縦 2 ×横 2）に対して、Cr と Cb はそれぞれ横方向の画素を一つおきに間引いてサンプル数を 2（縦 2 ×横 1）にする。このように、色差信号を輝度信号の半分の情報量にすることを 4：2：2 フォーマットという。

(b) **MPEG－2符号化規則**

このように多数の画素で構成される一枚の画像をフレームといい、SDTV の場合一枚のフレーム構成は、横方向640画素×縦方向480ラインのように表す。縦方向をライン数で呼ぶのは、横方向の画素の並びをアナログテレビと同様に走査線として扱うためである。この走査線による画面走査の方法には、図8.7に示す**順次走査**（**プログレッシブ**）と**飛越走査**（**インターレース**）がある。テレビでは画面が約30（正しくは29.97）〔フレーム/秒〕で切り替わる。この場合、動画では動きが少しぎこちなくなるので、飛越走査を使って一つのフレームを二つに分けて表示する。この二つに分けた画面をそれぞれフィールドという。すなわち、動画の場合には約60（正しくは59.94）〔フィールド/秒〕にして滑らかな表示を実現する。一方、静止画の場合には、フィールド単位で表示すると画面がちらつく欠点があるので、順次走査によってフレーム単位の表示にする。デジタルテレビでは、フィー

ルドとフレームの切り替えが容易にできるようになっている。

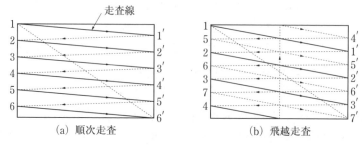

図8.7　画面走査法

　MPEG－2は、図8.8に示すように、Ｉピクチャ（intra picture）などのフレームの集まりであるGOP（group of picture）により構成されている。Ｉピクチャは最初に符号化するフレームであり、得られた画像を時間方向処理を行わないで符号化する。また、インタピクチャは予測ピクチャであり、前のフレームを使った予測（前方予測）、後のフレームを使った予測（後方予測）、前後のフレームを使った予測（両方向予測）があり、Ｐピクチャ（predictive picture）は前方予測であり、Ｂピクチャ（bi‐directionally predictive picture）は前方予測、後方予測、両方向予測の中から最適なもの選んで予測したピクチャである。

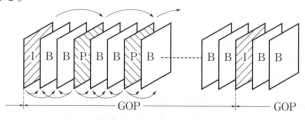

図8.8　フレームと GOP

（c）　基本的な映像符号化（情報量の圧縮法）

　図8.9に、情報源符号化部の中の一つである映像符号化の基本構成を示す。映像信号をそのまま符号化した場合、その情報量は膨大になり伝送に不都合が生ずるので、情報量を大きく圧縮してから符号化する。その方法を下図の各ブロック順に説明する。

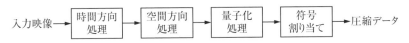

図8.9　映像符号化の基本構成

① 　時間方向処理では、動き推定と動き補償が行われる。これは、い
ま符号化しようとしているテレビ画像（符号化対象画像）が一つ前
のフレームの画像（参照画像）と比較して、どの部分がどの方向へ
どれだけ動いたかを検出する（動き推定）ことにより、動きベクト
ルを求める。このベクトルを参照画像に適用して、符号化対象画像
とほぼ同じ画像（予測画像）を得る（これを動き補償という）。得
られた予測画像と符号化対象画像を比較し、その差を求め、もしそ
の差が0になったとすれば、予測画像は正しいことになる。したが
って、動きベクトルだけを送って、すでに送られている画像（参照
画像）に適用すれば符号化対象画像と同じ画像が得られるので、動
きベクトルだけを符号化すればよいことになる。一方、その差が0
でないときには差分信号が発生するので、これを符号化して送るこ
とになる（時間的冗長性の削除）。この処理は、画面を小さなブロッ
クに区切った領域を単位として行われる。Iピクチャでは、この処
理は行わない。

② 　空間方向処理は人間の目の特性が細かな絵柄には反応がにぶいこ
とを利用して情報量の圧縮を行うものである（空間的冗長性の削
除）。

　　映像信号のスペクトルは周波数が高くなると急速に減衰する。し
たがって、高次成分に割り当てるビット数を減らすことができる。
この処理（画像圧縮）を行うために映像信号を周波数領域に変換す
る。こ の 変 換 に **離 散 コ サ イ ン 変 換**（DCT：discrete cosine
transform）が使われる。

　　2次元 DCT は、面上の位置 x, y における値を $f(x, y)$、DCT
の位置 u, v における変換係数を $F(u, v)$ とすれば、次の定義式で
与えられる。

$$F(u,\ v) = \frac{2}{N}\,C(u)\,C(v)$$

$$\cdot \sum_{x=0}^{N-1} \sum_{y=0}^{N-1} f(x,\ y) \cdot \cos\frac{(2x+1)\,u\pi}{2N} \cdot \cos\frac{(2y+1)\,v\pi}{2N} \qquad \cdots (8.3)$$

ただし、

$$C(u),\ C(v) = \frac{1}{\sqrt{2}} \qquad (u,\ v = 0)$$

$$C(u),\ C(v) = 1 \qquad (u,\ v \neq 0)$$

　DCT を画像圧縮に使う場合、上式の N は MPEG-2 と MPEG-4 では 8 であるから、図8.10（a）のように画素数が 8×8 の各画素位置における信号強度 f_{xy} は、同図（b）の同じ 8×8 の周波数領域の係数 F_{uv} に変換される。なお、このようなデータや係数の組を（8×8 の）マトリクスと呼ぶことがある。

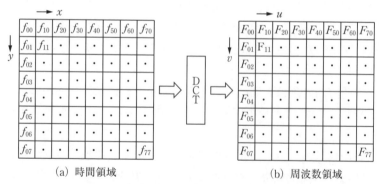

(a) 時間領域　　　　　　　　　(b) 周波数領域

図8.10　2 次元 DCT の要素（・は省略を表す）

　図8.11のように、画像の各画素の信号強度を a_0〜a_7 とし、これを DCT 演算すれば、b_0 の直流成分と b_1〜b_7 までの交流成分に分解される。分解された各成分の大きさは、同図のように、直流成分と低い周波数成分が大きく、高い周波数成分は非常に小さくなるので、これを量子化すれば a_n を量子化するよりもビット数を減らす

（圧縮する）ことができる。2次元 DCT 係数を得るには、1次元 DCT で得た係数をメモリの横方向に沿って書き込み、これを縦方向に沿って読み出して再度1次元 DCT を行う。図8.10（b）は、このようにして得られた2次元 DCT 係数である。2次元 DCT 係数は、1次元 DCT 係数と同様に最も低い周波数成分（直流成分）F_{00} が最も大きく、高い周波数成分になるに従って急激に0になり、それ以後すべて0になる。

DCT の特徴は、ほかの変換法よりも変換係数の高次成分（高い周波数成分）が早く小さくなるとともに演算量が少ない。このため、LSI を作ることが容易になり、高速演算が可能となるので画像圧縮に多用されている。

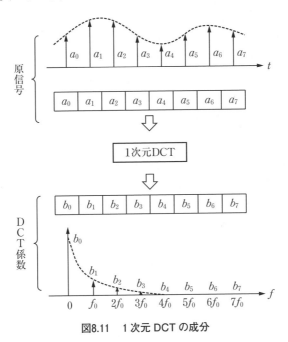

図8.11　1次元 DCT の成分

③　量子化では、人間の目の特性が高い周波数ほど変化に鈍感になる特性を利用して、DCT 係数の低い周波数ほど細かなステップで量子化することにより、画質を維持しながら全体の情報量を減らして

いる（視覚的冗長性の削除）。

　上記②で得られた2次元 DCT 係数をさらに別の 8 × 8 個の**量子化マトリクス**（変換係数の行列）によってそれぞれ除算して新しい DCT 係数を求める。量子化マトリクスの各数値は量子化ステップの割合を与えるものであり、視覚の特性を考慮して低い周波数の DCT 係数は小さなステップで、高い周波数の DCT 係数ほど大きなステップで量子化するように作られている。このため量子化された新しい DCT 係数の高い周波数成分ほど元の DCT 係数よりもさらに小さくなり、無視できる程度になる。したがって、情報量圧縮効果はさらに大きくなる。圧縮率は量子化マトリクスに一定の値を掛けることによって変えることができる。

④　符号割り当てには、可変長符号化が使われている。**可変長符号化**（VLC：variable length coding）は、発生する確率の高いシンボルには短い符号語を、低いシンボルには長い符号語を割り当てる方式であり、これにより平均の符号長を短くする（データの統計的な冗長性の削除）。

　量子化された DCT 係数が、例えば図8.12のようになっていたとする。これを→の順に読み出せば、DCT 係数の性質から、最初は大きな数値が出て来るが、後部は 0 が続くようになる。図の例では、123、8、3、0、0、1、0、…以後すべて 0 になる。このうち最初の直流成分123は直前の DCT 係数の直流成分との差分をとって可変長符号化（VLC）する。以後の数値は、その前までにある連続した 0 の数（ゼロランレングス）とともに、次のようにまとめたものを 2 次元ハフマン符号★で符号化すると、(0,8)、(0,3)、(2,1)、(EOB) のようになる。最後の EOB（end of block）はこれ以後のデータがすべて 0 であることを意味する。このように、VLC により送るデータ量を大幅に圧縮できる。

★ 2次元ハフマン符号：代表的な VLC であり、その一部を示すと、
　EOB →10, (0,1)→110, (0,2)→01000, …, (1,1)→0110, …

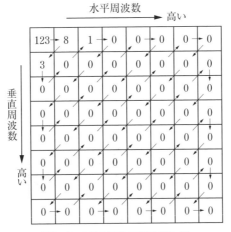

図8.12　DCT係数の読み出し例

(2)　音声符号化

　音声符号化方式は多数あるが、日本のデジタルテレビ放送では MPEG−2 **AAC**（advanced audio coding）を採用している。AACは音響信号を周波数スペクトルに分解し、聴覚の**マスキング★**という性質を組み合わせた圧縮符号化方式である。この方式は音声信号を1/12程度に圧縮しても、音質は原音とほとんど変わらない。

　AAC符号化方式には、メイン、LC、SSR 三つのプロファイルがあり、そのうち LC（low complexity）プロファイルは音質とパフォーマンスのバランスが良く、また、予測器がないため伝送路での誤りに強いので、日本のデジタル放送ではこのプロファイルが採用されている。デジタル放送用では高音質を実現するために音声のベースバンドが20〔kHz〕になっているので、サンプリング周波数は48〔kHz〕に、また、量子化ビット数は16〔bit〕以上とされている。

(3)　データ符号化

　静止画、文字、動画、音声などの**モノメディア**を組み合わせて統合したものを**マルチメディア**といい、放送でこのマルチメディアを実現

★マスキング：小さな音が大きな音にかき消されて聞こえなくなる現象。

するために **XML**（extensible markup language）をベースにして作られた **BML**（broadcast markup language）という記述言語が使われている。BML はタグと呼ばれる二つのマーク（＜と＞）で、文字を挟んで記述する文書であり、XML に類似した構造を持っている。

8.2.3 多重化部

テレビ放送のサービス（NHK の総合や教育など）は、映像、音声、データなどのコンポーネント信号で構成されている。これらのコンポーネントのデジタル信号を一つのチャネルで送るには、これらの信号を多重化して、1 本のデータの流れにしなければならない。デジタルテレビ放送で使われている多重化信号は MPEG-2 Systems で、放送用として定められている **TS**（transport stream）（デジタル放送信号）である。

⑴ PES とセクション

映像や音声などの符号化されたデータ列を ES（elementary stream）と呼ぶ。この ES をデコード（デジタル信号を映像や音声などに戻す）などに都合がよい長さに区切り、これにヘッダを付けて可変長の**パケット**（packet：小包）にしたものを PES（packetized elementary stream）と呼ぶ。また、字幕スーパーなども PES 化される。

一方、字幕放送などのデータは符号化されて、可変長のセクションという形式にされる。

⑵ TS の多重構造

映像や音声などの PES は、必要に応じてさらに分割され、ヘッダを含む188バイト★の固定長の TS パケットになる。また、セクションも同様に固定長の TS パケットにされる。これらの TS パケットは時間的に、同時に（並列に）得られたものであるが、これを直列に並び替えて、伝送に都合がよい形式にしたものが TS であり、TS にす

★バイト：8ビットを1バイトという。

ることを多重化という。図8.13にTSの多重化と構造の例を示す。

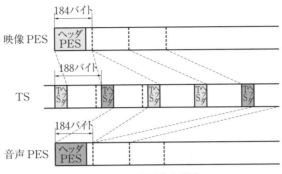

図8.13　TS 多重化と構造

　TSヘッダには、多重化された信号を受信側で元の状態に再構成するためのPID（packet identifier：小包番号）が付加されている。また、TSパケットのペイロード（payload：積荷）にはPESヘッダも搭載されている。テレビ番組として再編成するときには、映像や音声などが一致しなければならない。そのため、受信してデコードした信号を画面やスピーカに出す時刻を書き込んだPTS（presentation time stamp）がPESヘッダに記述されている。PTSを実行するためには、送信側の時計STC（system time clock）と受信側のSTCの同期が必要になるので、PCR（program clock reference）と呼ばれるSTC校正データをTSパケットで送っている。

⑶　限定受信処理

　限られた視聴者向けの放送や有料放送のように、一定の要件を満たした視聴者のみが受信できるようにするのが限定受信である。送信側では信号をスクランブルし、それを解く鍵を暗号化して送り、受信側では送信側との契約によってその鍵を入手して、デスクランブルを行って視聴する。

8.2.4　伝送路符号化部

　アナログテレビ放送では一つのチャネル（周波数帯域）で、一つのサービスだけしか提供できなかったが、ISDB－T方式では一つのチ

ャネルで、複数のサービスを提供できる。複数のサービスを一つのチャネルで伝送するためには、それらのサービスの TS を再度多重化しなければならない。

(1) TS 再多重化

各サービスの TS は、それぞれ188バイトごとに分割され、これに16バイトのヌルデータ（空データ）が付加されて、204バイトの TS パケットになる。この TS パケットは誤り訂正符号を付加する外符号部へ送られて、リードソロモン符号 RS（204、188）に変換される。このとき、16バイトのヌルデータは廃棄され、これに代えて誤り訂正符号16バイトが付加される。

(2) 誤り訂正符号

ISDB-T 方式では、伝送途中で発生する符号誤りの訂正を、RS 符号と畳み込み符号の2種類の誤り訂正符号を使って行っている。誤り訂正は、送信側で誤り訂正符号を作って送り、受信側でその訂正符号を使って誤り訂正を行う。このように送受一対の操作で誤り訂正がなされる。2種類の誤り訂正符号を使う場合、図8.14のように、伝送路を中心にして順序が対照的になり、外側の一対を**外符号**、内側を**内符号**という。デジタルテレビ放送では、外符号としてバースト誤りに効果的な RS 符号、内符号にランダム誤りの訂正能力を高める畳み込み符号が使われている。

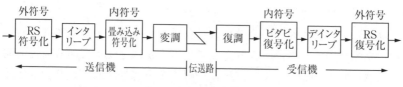

図8.14　内符号と外符号

(3) 階層並列処理

TS 再多重化して外符号処理された信号は階層並列処理部へ送られる。ISDB-T 方式では目的によって異なった変調方式が使える。例えば、移動体向けのワンセグ放送では画面が粗いが雑音に強い QPSK が、逆にハイビジョンでは画面はきれいだが雑音に弱い 64QAM が使

われる。このように変調方式の異なる番組を同時に伝送する階層構造になっていて、最大3階層まで伝送可能である。この三つの階層は、最も雑音に強い（または誤り訂正の強い）変調方式から順にA階層（強階層）、B階層（中階層）、C階層（弱階層）のように呼んでいる。

このように、階層によって異なる処理を行うため、階層並列処理部へ入る前に階層分割が行われる。分割された各階層は、それぞれビットインタリーブ、畳み込み符号化、キャリア変調などの処理を行う。

⑷　**伝送モード**

テレビ1チャネルに割り当てられている帯域幅はアナログ放送の時と同じ6〔MHz〕であるから、これを14等分すると、一つが約429〔kHz〕の周波数帯域（segment：**セグメント**）になる。この14セグメントのうち周波数の高い方の13セグメントを使用し、残りの最も低い周波数帯の1セグメントを隣接チャネルとの干渉防止用ガードバンドに使っている。

伝送パラメータには三つのモードがあり、雑音やフェージングに強いが画面が粗い移動体用のモード1、画面が繊細であるが雑音などに弱い固定受信用のモード3、これらの中間のモード2があり、それぞれのパラメータは表8.1のように決められている。

表8.1　各モードの伝送パラメータ

パラメータ ＼ モード	モード1	モード2	モード3
キャリア本数	1405	2809	5617
キャリア間隔	250/63 ≒3.965kHz	125/63 ≒1.983kHz	125/126 ≒0.992kHz
帯域幅	約5.575MHz	約5.573MHz	約5.572MHz
シンボル長	252μs	504μs	1008μs
キャリア変調方式	QPSK、16QAM、64QAM、DQPSK		
誤り訂正外符号	RS（204、188）		
誤り訂正内符号	畳み込み符号（符号化率1/2、2/3、3/4、5/6、7/8）		
ガードインターバル長	有効シンボル長の1/4、1/8、1/16、1/32		

この三つのモードのうち、現在はモード3が使われているので、モード3のパラメータの主なものについて説明する。

　キャリア本数：OFDM波は周波数分割の多重波であるから多数の搬送波（キャリア）によって構成されている。モード3ではキャリアは5 617本で、このうちデータキャリアは4 992本であり、残り625本はCP（continual pilot、受信のときの同期や復調に使用するパイロット信号）を含むパイロットキャリアなどである。

　キャリア間隔：パイロット信号を除いた帯域幅 $(6/14)×13$〔MHz〕をキャリア本数5 616（CPの1本を除く）で割ると、$(6 000/14)×13/5 616 = 125/126 ≒ 0.992…$〔kHz〕となる。

　帯域幅：帯域幅は5.572〔MHz〕（$=(6/14)×13$）となるが、実際にはCPを1本加えるのでキャリア間隔1個分0.992〔kHz〕だけ広くなる。ここで求めた帯域幅は、図8.15に示すように、帯域幅の中で最も低い周波数のキャリアから最も高い周波数のキャリアまでの周波数範囲である。実際のOFDM電波のエネルギーを99%伝送するのに必要な帯域幅は、これより少し広い5.61〔MHz〕になる。

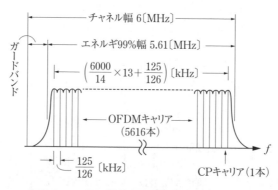

図8.15　OFDM信号の周波数分布（モード3）

　有効シンボル長：キャリアの基本周波数 f_0 の逆数 $1/f_0$ である。各キャリア周波数は f_0 の整数倍 nf_0（n は整数）であるから、有効シンボル長 T_e はキャリア間隔の逆数に等しい。したがって、モード3では $T_e = 126/125 = 1 008$〔μs〕となる。

外符号誤り訂正：204バイト1ブロックのリードソロモン符号である。204バイトのうち188バイトが情報データであり、その後に16バイトのチェックビットが付加されている。

内符号誤り訂正：表中のカッコ内の数値は符号化率であり、64QAMでは3/4が、QPSKでは2/3が現在使われている。例えば符号化率2/3とすれば、伝送可能なデータ量は3/2倍に増えるので、増えた分を誤り訂正能力を高めるために使っている。

ガードインターバル長：有効シンボル長の1/8であるので、126〔μs〕（＝1 008×1/8〔μs〕）である。なお、1/8などはガードインターバル長と有効シンボル長の比であり、これを**ガードインターバル比**といい、現在1/8が使われている。

(5) **キャリア変調**

キャリア変調は各搬送波を信号のシンボルで変調することである。その変調方式は、放送目的に応じてQPSKや16QAMなどから選んで使われる。これらのキャリア変調された信号を図8.16に示すようなコンスタレーションに**マッピング**する。

図8.16　各変調方式のコンスタレーション

図8.17はOFDM信号を周波数領域（スペクトル）と時間領域（波形）で同時に見たものである。同図（a）は、基本周波数f_0のキャリアとその整数倍の周波数f_nのキャリアを重ね合わせたものであり、台形のスペクトル分布となる。このとき、各キャリアは互いに直交しているので、これらすべてを重ね合わせても相互に干渉しない。また、同図（b）のように、各キャリアはそれぞれ異なる符合語によってQAMなどの変調を受けて、その振幅と位相が変わる。これらの信号を合成すると図のような雑音に近似した波形になる。

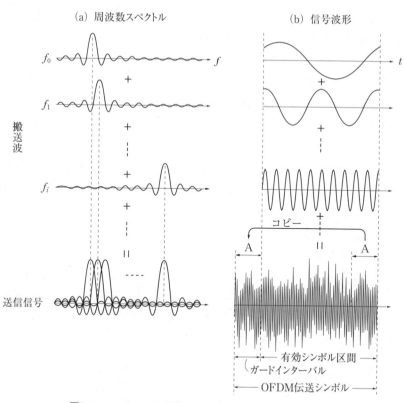

(a) 周波数スペクトル　　　　　　　　(b) 信号波形

図8.17　OFDM の周波数スペクトルと対応する信号波形

(6)　階層合成

　各階層についてそれぞれの変調方式でキャリア変調を行った後、再度階層合成して１本の信号にする。

　ISDB-T 方式の信号は13セグメントを適切に組み合わせて使用している。例えば、キャリア変調で得られた全帯域をセグメント番号の若い順に、図8.18のように、各階層を割り振ってOFDMセグメントとする。同図（a）の例では、ハイビジョン放送のB階層には12セグメントを使い、残りの１セグメントを移動体用放送（ワンセグ放送）のA階層に使っている。また、同図（b）はワンセグ放送（A階層）と二つの標準放送（B、C階層）を行う例である。

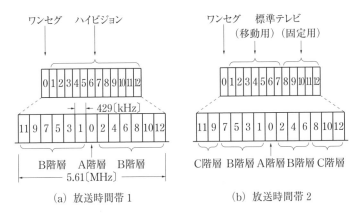

図8.18　ISDB-T波のセグメント分配例

(7) インタリーブ

インタリーブ部では、時間インタリーブと周波数インタリーブ（図8.18のセグメント配列参照）が行われる。いずれも、バースト的な符号誤りを分散させるために、順序良く並んでいる信号を不規則に並び替える。これにより、時間インタリーブではフェージング等の同時に発生する誤りを、また、周波数インタリーブでは混信などの妨害により、特定帯域内の複数のキャリアに、同時に発生する誤りを訂正可能にする。

(8) OFDMフレーム構成

OFDM信号の各フレームは204シンボルで構成されていて、画像や音声などのデータシンボルのほかにパイロット信号（SP：scattered pilot）が一定間隔で挿入されている。このSPは受信のとき遅延波などの影響で崩れた信号の同期をとるときの基準信号である。これらのフレームの構成はキャリアごとに異なっていて、TMCC（制御信号）だけで構成されているキャリアもある。

(9) IFFT

IFFTは周波数軸上の信号を時間軸上の信号に高速に変換する逆フーリエ変換である。キャリア変調で得られた周波数軸上のOFDM信号は、図8.17（a）の送信信号のように、等間隔に搬送波の数だけ

並んでいる。これを IFFT によって一括して時間軸上の OFDM 信号にすると、同図（b）最下部に示すような信号波形となる。

　離散逆フーリエ変換（DIFT）の演算は、周波数軸上の信号を $S(n)$、時間軸上の信号を $s(t)$ とすれば、次式によって実行される。

$$s(t) = \frac{1}{N}\sum_{n=0}^{n-1}S(n)\left\{\cos\frac{2\pi nt}{N} + j\sin\frac{2\pi nt}{N}\right\} \qquad \cdots(8.4)$$

　なお、N は 2^n（n：正整数）でなければならない。ISDB－T モード 3 では $N = 2^{13} = 8\,192$ などが使われている。なお、上記のように、とびとびの数値を扱う場合、離散 IFT や離散 IFFT のように呼ぶ。

　⑽　**ガードインターバル**

　マルチキャリア伝送方式である OFDM は、シングルキャリア方式に比べると、伝送速度を同じにした場合、シンボル長を長くでき、ガードインターバルを付加できるために伝送途中で発生する**マルチパス★**障害に強い特徴がある。

　ガードインターバルは、IFFT によって一括変換されたシンボルデータ区間の前に設けられた一区間であり、ここにシンボル最後の部分がそのままコピーされている。図8.19はガードインターバルを説明したものである。ガードインターバルが付加された OFDM 信号の直接波に、マルチパスによって生じて遅れて到達した反射波が加わると、全シンボル区間の最初の部分（反射波の遅延時間相当）の波形は乱れるが、ほかの部分は乱れない。もし、反射波の遅延時間がガードインターバルより短ければ、乱れていない部分から有効シンボルを切り出すことができ、マルチパス障害を少なくできる。また、振幅と位相は直接波から一定量異なるが、復調のためのパイロット信号も同じ影響を受けるので、修正可能であり正常に復調できる。

★マルチパス：送信点から受信点に至る電波通路には、直接波の通路（パス）のほかに反射波の通路がある。市街地では建物などによって多数の反射波の通路、すなわち、マルチパスができる。

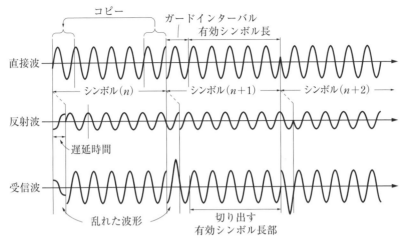

図8.19 ガードインターバルの使用原理

このガードインターバルを利用すれば、周波数利用効率の良い
SFN（single frequency network：単一周波ネットワーク）を構築で
きる。SFN では、直接波とマルチパス波との到着時間差がガードイ
ンターバルより短くなるように、ネットワークを構成することにより
同一周波数を使って、同一地域内の異なる場所から放送することがで
きる。ISDB−T のガードインターバル長は 126〔μs〕であるので、
距離差に換算して 37.8〔km〕（＝光速×126〔μs〕）以内に反射点が
ある地域で SFN を構築できることになる。

このように多くの処理をされた OFDM 信号は、最後に UHF 帯の
周波数に変換されて送信される。

8.2.5　OFDM 変調器

図8.20に OFDM 変調器の構成例と QPSK 変調の場合の動作を示す。
同図のように、2〔bit〕の直列データ（時間的に異なるデータ）①、②、
…、n が入力された場合を考える。IFFT を実行するには入力が並列
データ（時間が一致する周波数データ）でなければならないので、入
力された直列データは直並列変換器によって並列データに変換され

る。マッピングでは、周波数 f_1、f_2、…、f_n のキャリアを並列データによってそれぞれ QPSK 変調する。マッピングされた各キャリアは入力データに対応した位相情報を含むので、これを実数部（I 軸）の値 x_j と虚数部（Q 軸）の値 y_j に分けて扱う。これらの f_1 から f_n までの各周波数軸上のデータ（x_j、y_j）は一括して、IFFT により t_1 から t_n までの時間軸上のデータ（a_j、b_j）に変換され、I 軸データと Q 軸データ別々に直列データに変換された後、それぞれガードインターバルが付加され、最後に直交変調によって合成されて OFDM 波となる。IFFT の一回の変換により生成される時間軸データ（信号波）が OFDM 波の 1 シンボルになる。

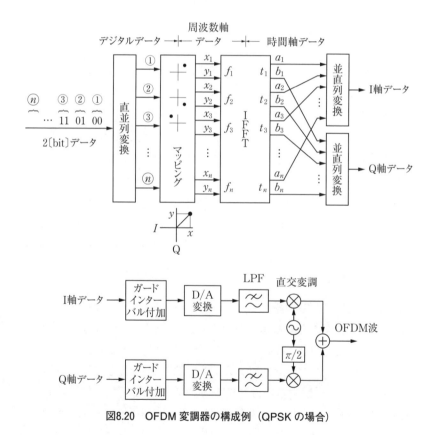

図8.20　OFDM 変調器の構成例（QPSK の場合）

8.3 衛星放送

衛星放送は、**静止衛星**を仲介して放送することにより、全国均一のサービス行うことができる。現在、我が国の衛星放送は、**放送衛星**（**BS**）と**通信衛星**（**CS**）によって、テレビジョン放送、音声放送、データ放送などが行われている。

8.3.1 衛星放送の構成

図8.21は、衛星放送の仕組みを描いたものである。地上にある放送局（主局）や副局、車載局などから、SHF帯の電波で衛星へ番組などを送る。衛星ではこれを受信して、周波数を変えて増幅し、地上の受信者へ向けて再放送する。副局は、主局が災害などで使用不能になったときのバックアップとして、また降雨時のサイトダイバーシチとして設けられている。車載局はニュース番組の実況中継などに機動的に使用される。衛星放送の特徴は、地形や建造物による遮へいや受信障害がなく、移動中でも受信でき、また、一つの衛星による弱い送信電力で地上放送のサービスエリアをはるかに越えるサービスができることである。一方、衛星には寿命があり、ほぼ一定周期で更新を繰り返さなければならない。衛星は真空中の宇宙へ打ち上げられている

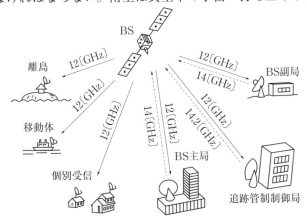

図8.21　衛星放送のしくみ

とはいえ、種々の微弱な力を受けて徐々に軌道からずれたり、衛星から照射するビームの方向が変わったりする。このような衛星の姿勢の変化を常に監視するために、追跡管制制御局が必要であり、小型ロケットを噴射する指示を出して衛星をもとの状態に戻す。ただし、積載しているロケットの燃料がなくなると衛星を制御できなくなるから、このときが衛星の寿命となる。

　通常、衛星で使用する電力は太陽光発電でまかなわれているが、静止衛星では、衛星が地球の陰になる「食」の期間があり、この間、太陽光発電の電力が低下するか全く発電しなくなる。

　静止衛星の位置を、図8.22（a）のように、受信点の真南の赤道上空に配置しておくと、食の期間における夜中の0時を中心にした時間帯で、衛星は地球の影に入ってしまい発電できなくなる。そこで、同図（b）のように、受信点の真南より少し西へ配置しておくと、受信点が0時頃でも衛星はまだ地球の影に完全に入っていないので発電ができる。一方、受信点が1時頃～3時頃には影に入ることになって発電できなくなるが、この間は視聴者も少ないので電波を止めることもできる。しかし、放送が必要な場合には、搭載している大型の蓄電池から電力を供給する。現在の放送衛星の位置は東経110度であり、日本列島の経度範囲は約125～145度であるから、日本の西端である沖縄

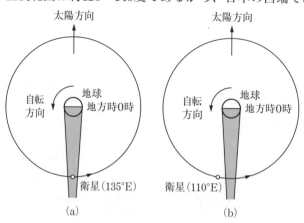

図8.22　静止衛星の位置

よりさらに15度西へ寄っていることになる。

　衛星放送で使用している電波の周波数は非常に高く、波長が短いので雨滴の影響を受け、衛星からの電波が降雨域を通過すると減衰を受ける。このため、受信アンテナから南西方向に強雨域がある時には、受信状態が悪くなることがある。このような場合、アップリンクでは地球局の送信電力を上げて、衛星における受信電力が低下するのを防いでいる。

8.3.2　BSの周波数帯

　図8.23は12〔GHz〕帯のチャネル配置と各チャネルの帯域幅を描いたものである。周波数範囲は11.7〜12.2〔GHz〕であり、これを24チャネルに分割して、それぞれ頭にBSを付けてBS−1チャネルのように呼んでいる。このうち我が国に割り当てられたチャネルは、BS−1〜BS−15までの奇数チャネル8個である。各チャネルの間隔は19.18〔MHz〕であり、隣り合うチャネルの周波数帯は互いに重なり合っているが、BS電波は右回転（右旋）または左回転（左旋）の円偏波が使われていて、偏波の回転方向をチャネルごとに左右交互に反

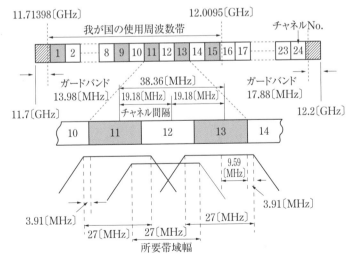

図8.23　BSのチャネル配置

転させることにより、隣り合うチャネルの電波が干渉しないようにしている。これは、反対回転の偏波の電波は、同じ周波数でも受信することができないことを利用している。我が国では右旋偏波を使うことになっている。

8.3.3　通信衛星による TV 放送（CS 放送）

CS による放送は、発足当初は業務用に限られていたが、現在は法改正により、スカパー JSAT が一般向けの有料放送も行っている。**スカパー JSAT** は東経124度と128度に打ち上げられた静止衛星（CS）及び BS と同じ110度に打ち上げられたデジタル放送用静止衛星（CS）の複数個によって放送を行っている。

CS 放送の送信電力は、BS 放送の 120〔W〕に対して、20〜30〔W〕と小さく、これを受信するためには BS アンテナより大きな面積のアンテナが必要であり、さらに124度と128度の CS 放送を受信するためには、BS アンテナの向きより70〜90度東方向を向けなければならない。ただし、110度 CS デジタル放送を受信するには、BS アンテナと同じ向きで良い。

CS 放送の使用周波数は、12.5〜12.75〔GHz〕であり、電波の偏波は BS 放送の円偏波に対して、垂直と水平偏波を使用している。このため、受信アンテナは当然 BS 用アンテナとは異なる。

このように、BS と CS では異なった受信アンテナが必要になるが、最近では BS と CS で共用できる直径40〔cm〕程度のアンテナも開発されている。

CS の放送方式は BS の放送方式に準拠しているが、すべて有料放送であるので**スクランブル**が掛けられている。したがって、CS 放送を受信するにはスクランブルデコーダが必要となる。

8.3.4　BS デジタルテレビ放送

ISDB−T に対して衛星デジタルテレビ放送は **ISDB−S**（S：satellite）という。図8.24は ISDB−S の送信系統の例であり、情報源

符号化部、多重化部、伝送路符号化部、アップリンク部で構成されている。この構成でISDB-Tと大きく異なる点は、衛星電波にはマルチパス伝搬の影響がほとんどないことから、OFDM、IFFT、ガードインターバル付加などのマルチパス対策用の処理がないことである。これらの部のうち、情報源符号化部と多重化部はISDB-Tとほぼ同じであるので説明を省略し、伝送路符号化部以降について述べる。

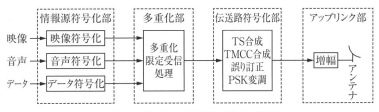

図8.24　ISDB-S放送送信系統の構成

(1) フレーム構成

伝送路符号化部の構成は図8.25のようになっている。ISDB-Sでは、一つのキャリアで複数のサービスを伝送できるように、各サービスに対応して作られた多数の188バイトMPEG-2 TSを時間的に並べて多重化した信号（主信号）を作る。この信号に、誤り訂正外符号としてリードソロモン誤り訂正符号16バイトを付け加えて204バイトにしたものを1スロットとする。なお、誤り訂正内符号は畳み込み符号を使用している。

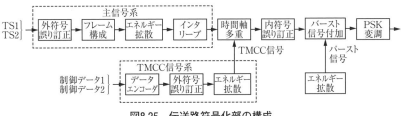

図8.25　伝送路符号化部の構成

このスロットが最小単位であり、変調方式やTSの割付けはスロット単位で行われる。また、スロットを48個並べたものを1フレームとし、フレームごとに同期信号とTMCC信号を付加している。さらに、

フレームを8個並べて1スーパフレームとし、エネルギー拡散やインタリーブなどを行う単位としている。ISDB−Sでは、このようにスロット、フレーム、スーパフレームの三つを単位とした、図8.26のようなフレーム構成にしている。

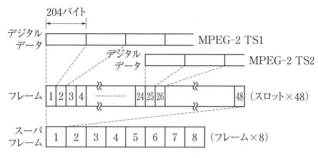

図8.26　フレーム構成

(2)　エネルギー拡散

伝送する信号が「0」または「1」が連続する場合、送信電波の周波数分布が不均一になってほかの放送や通信に妨害を与えたり、受信し復調するときに必要なクロック信号の検出が不安定になったりする。これを防ぐためにランダム信号を送信信号に重畳し、同じ符号が連続して長く続かないようにエネルギー拡散変調を行っている。ランダム信号は決められた形の擬似乱数符号であり、これを発生させて1スーパフレームの周期で重畳している。

(3)　インタリーブ

衛星−地上間通信でビットエラーを発生させる主な原因はガウス雑音であるので、エラーは離散的に発生する。このようなエラーは畳み込み符号を使うことによって効果的に訂正できるが、バーストエラーはこの訂正がうまくいかない場合がある。このため、インタリーブと同様の方法により、1スーパフレームを周期としてバーストエラーを分散させ、外符号のリードソロモン符号での誤り訂正を容易にしている。

(4)　TMCC信号と位相基準バースト信号

TMCC信号にはスロットごとの変調方式やMPEG−2TSの識別情

報などの重要な情報が記述されているので、低いC/Nでも誤りなく受信できることが必要になる。このため、内符号として畳み込み符号、外符号としてリードソロモン符号 RS（64、48）、また、変調方式にBPSK を採用している。TMCC 信号は、復調に必要な情報を得るために、受信時に最初に解読される信号であるので、各フレームの先頭に置かれて同期信号とともに送られている。

　位相基準バースト信号は位相変調波を復調するときに必要な基準信号であり、あらかじめ定められた複数の位置に BPSK 変調波で挿入されている。

(5)　変調方式

　一般に、衛星で使用できる電力には制限があるため、消費電力が最も大きい電力増幅器（TWT）を効率良く使わなければならない。このため、TWT を飽和状態で使用している。飽和状態で使うということは増幅する信号の振幅情報が使えないことになる。PSK 変調は振幅情報が必要ないので、ISDB−S では BPSK、QPSK、8PSK の三つの変調が使われている。伝送できる情報量は BPSK、QPSK、8PSK の順に 1、2、3〔bit〕であるが、雑音に対する耐性は逆に 8PSK が最も小さく BPSK が最も大きくなる。

(6)　階層化

　衛星から一般家庭までのダウンリンクは 12〔GHz〕帯の電波が使われている。この周波数帯の電波は降雨による減衰が大きく、通常使われている 8PSK は雑音耐性が小さいので、激しい降雨のとき復調が不可能になることがある。このため、スロットごとに変調方式が変えられることを利用して、高階層として 8PSK、低階層として QPSK や BPSK を組み合わせた階層化伝送を行っている。これにより、激しい降雨のときには受信機がそれを感知して低階層に自動的に切り替え、画質は悪くなるものの映像の遮断が少なくなるようにしている。

　一方、アップリンクでは 14〔GHz〕帯の電波が使われているので、12〔GHz〕帯よりさらに降雨減衰の影響が大きくなる。このため、主局からある程度離れた場所に副局を設けて、強雨時に切り替えるサイ

トダイバーシティによる運用を行っている。

8.4　デジタルテレビ受信機

　現在、デジタルテレビ放送はBS、110度CS、地上デジタルの3波が放送されている。この3波を1台で受信できる3波共用デジタルテレビ受信機とそれぞれの放送だけを受信する専用受信機がある。これら受信機の違いは入力部だけであり、それ以後は共通に使えるようになっている。したがって、デジタルテレビ受信機を理解するには3波共用デジタルテレビ受信機を学ぶことが基本になる。

8.4.1　3波共用デジタル受信機の構成

　図8.27に3波共用デジタルテレビ受信機の構成を示す。この図に示すように、構成はフロントエンド部とバックエンド部の二つに大きく分けられる。フロントエンド部はさらに地上デジタルテレビ放送（ISDB‐T）用とBS/110度CSデジタルテレビ放送（ISDB‐S）用に分けられる。バックエンド部はISDB‐TとISDB‐Sで共通に使える。

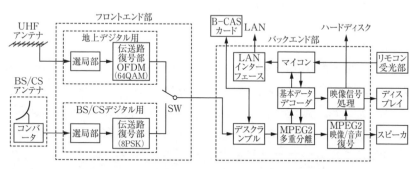

図8.27　3波共用デジタルテレビ受信機の構成例

8.4.2　フロントエンド部

　フロントエンド部は、希望するチャネルを選局する選局部と、そのチャネルで採用されている変調方式に合わせて復調することにより送

信されたデジタルデータを得る伝送路復号部で構成されている。選局部は、FM や SSB 受信機のようなアナログ回路であり、伝送路復号部はデジタル回路である。

(1) ISDB－T 用フロントエンド部

地上デジタルテレビ放送は UHF 帯の電波で放送されている。この電波はアンテナからケーブルで受信機入力端まで運ばれる。

(a) 選局部

選局部は通常のダブルスーパヘテロダイン方式で構成されている。受信機へ入力された UHF 帯の OFDM テレビ電波の中から、中心周波数を変えることのできる 6〔MHz〕帯域フィルタにより希望チャネルの電波が選ばれる。選局されたチャネルの OFDM 信号は高周波増幅器で増幅された後、第 1 周波数変換器で 57 ± 3〔MHz〕に、さらに第 2 周波数変換器で 4.06 ± 3〔MHz〕に変換され、それぞれ低域フィルタを通って AD 変換器に送られてデジタル信号に変換される。

(b) 伝送路復号部

伝送路復号部では、AD 変換器から受け取ったデジタル信号から、送信側とは逆の手順で MPEG－2 TS を取り出す。

① 直交検波：検波により I 軸信号と Q 軸信号を取り出す。

② 同期再生：ガードインターバルの検出、FFT に使うデータ区間とその同期信号の生成を行う。

③ **FFT** ★（fast fourier transform：高速フーリエ変換）：直交検波によって得られた時間軸データから周波数軸データに変換する。

④ TMCC 復号：OFDM の復号に必要な TMCC（伝送多重制御）情報を取り出す。

⑤ キャリア復調：TMCC 情報を参照しながら、OFDM の各キャリ

★FFT：フーリエ変換をデジタル計算機で実施するには飛び飛びの変数（データ）について計算しなければならない。これを離散フーリエ変換（DFT）という。FFT は DFT を高速で演算する方法（アルゴリズム）である。

アの振幅と位相を検出する。

⑥　デインタリーブ：送信側で行った時間インタリーブと周波数イン
　　タリーブを順番を逆にして元に戻す。

⑦　デマッピング：各キャリアの振幅と位相から、それぞれ符号語の
　　データを検出する。

⑧　送信側から一括して送られてきたデータを階層分割した後、それ
　　ぞれにビットデインタリーブとデパンクチャを行う。

⑨　階層合成を行ってからビタビ復号をする。

⑩　再度、階層分割した後、それぞれにバイトデインタリーブとエネ
　　ルギー逆拡散を行い TS に再生する。

⑪　外符号（RS 符号）の誤り訂正を行い、バックエンド部へ送る。

(2)　ISDB－S 用フロントエンド部

(a)　BS・CS コンバータ部

　パラボラアンテナの焦点付近に設置されているコンバータでは、受
信機からケーブルを使って送られてくる直流電源を使って、低雑音増
幅器、周波数変換器、局部発振器、IF 増幅器を動作させ、12〔GHz〕
帯の衛星電波を 1〔GHz〕帯の第 1 中間周波数に変換して同じケーブ
ルを使って受信機へ送り出す。

(b)　選局部

　受信機入力端から選局部に入った第 1 中間周波信号（1 032～2 071
〔MHz〕）は、増幅された後、I 軸信号と Q 軸信号に分けられ、それ
ぞれ第 2 中間周波数に変換され、17.25〔MHz〕の LPF を通り AD 変
換されて伝送路復号部へ送られる。この際、局部発振器の発振周波数
は希望チャネルが選ばれるように変えられる。

(c)　伝送路復号部

　選局部からの I、Q 軸信号は、伝送路復号部で送信側と逆の手順で
処理されて MPEG－2 TS が取り出される。図8.28は伝送路復号部の
構成例である。

①　直交検波部：数値制御発振器で直交する二つの正弦波を入力信号
　　から作り、それらを使って I、Q 軸信号を同期検波する。数値制御

発振器は、位相誤差検出回路で検出されフィルタを通った誤差信号で制御される。

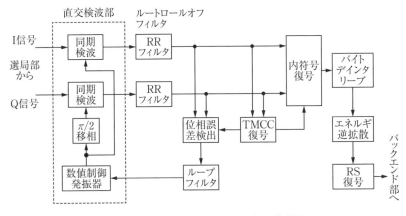

図8.28　ISDB−S 用伝送路復号部の構成例

② 　ルートロールオフフィルタ：ロールオフ特性の平方根の特性を持つフィルタであり、送受信両側で一対として使い回線全体で一つのロールオフ特性を持たせ、目的の帯域制限と波形の整形を行う。

③ 　TMCC 復号：雑音に強い BPSK で送られてきた TMCC 信号から、同期信号を検出し、また復調するときに必要な情報を取り出す。

④ 　内符号復号：TMCC 復号で得られた変調方式などの情報を使って、ルートロールオフフィルタから出力される PSK 信号を復号する。

⑤ 　復号された信号は、バイトデインタリーブ、エネルギー逆拡散の後、RS 復号で外符号誤り訂正の処理が行われてバックエンド部へ送られる。

8.4.3　バックエンド部

バックエンド部は ISDB−T と ISDB−S で共通に使用される回路であり、視聴者の希望するチャネルや要求する視聴環境を提供するシステムとなっている。

① 　B−CAS カード：デジタル信号は何回コピーしても情報が劣化し

ないので、一度流出すると著作権などの権利を保護するのが困難になる。たとえ放送局側で権利保護情報を付加して放送しても、受信機がその情報に反応しないように作られていれば、保護情報の意味がない。そこで許可された受信機にだけB-CASカードを発行し、放送に付加されている権利保護情報に反応しない受信機の製作販売を阻止する仕組みにしている。

② デスクランブル：放送波に組み込まれている権利保護情報のような鍵情報とB-CASカードを照合してスクランブルを解除し、視聴が可能なTS信号にする。

③ MPEG-2多重分離：TS信号から、ヘッダに書かれているパケットID（PID）により、プログラム特定情報（PSI）と番組配列情報（SI）を分離して基本データデコーダへ出力する。また、希望する番組のTSパケットのみを抽出してMPEG-2映像／音声復調部へ出力する。

④ 基本データデコーダ：SI情報を使って電子番組ガイド（EPG）を作るとともに、フロントエンド部の選局部にある局部発振器の発振周波数を希望チャネルが受信できるように制御する。また、PSI情報から得た希望番組のネットワーク情報をマイコンへ出力する。

⑤ MPEG-2映像／音声復調部：復調した音声はスピーカへ出力され、映像は映像信号処理部へ送られてディスプレイに出力される。

練 習 問 題 I　　　平成29年1月施行「一陸技」（B-5）

　次の記述は、図に示す我が国のFM放送（アナログ超短波放送）におけるステレオ複合（コンポジット）信号について述べたものである。□□□内に入れるべき字句を下の番号から選べ。ただし、FMステレオ放送の左側信号を"L"、右側信号を"R"とする。なお、同じ記号の□□□内には、同じ字句が入るものとする。

(1) 主チャネル信号は、和信号"L+R"であり、副チャネル信号は、差信号"L−R"により、副搬送波を□ア□したときに生ずる側波帯である。

(2)　　イ　　は、ステレオ放送識別のための信号であり、受信側で副チャネル信号を復調するときに必要な副搬送波を得るために付加されている。

(3)　ステレオ受信機で復調の際には、"L＋R"の信号及び"L−R"の信号の　ウ　、"L"及び"R"を復元することができる。

(4)　モノラル受信機で復調の際には、　エ　は帯域外の成分としてフィルターでカットされるため、　オ　のみが受信される。

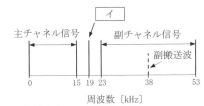

1	振幅変調	2	周波数変調
3	主チャネル信号	4	副チャネル信号
5	左側信号（"L"）	6	パイロット信号
7	多重信号	8	加算・減算により
9	乗算・除算により	10	右側信号（"R"）

表は、我が国の標準テレビジョン放送のうち地上系デジタル放送の標準方式（ISDB−T）で規定されているモード2における伝送信号パラメータ及びその値の一部を示したものである。　　　内に入れるべき字句の正しい組合せを下の番号から選べ。ただし、OFDMのIFFT（逆離散フーリエ変換）のサンプリング周波数は、512/63〔MHz〕、モード2のIFFTのサンプリング点の数は、4,096であり、$512 = 2^9$、$4,096 = 2^{12}$である。また、表中のガードインターバル比の値は、有効シンボル期間長及びガードインターバル期間長が表に示す値のときのものであり、キャリア総数は、図のOFDMフレームの変調波スペクトルの配置に示す13個の全セグメント中のキャリア数に、帯域の右端に示す復調基準信号に対応するキャリア数1本を加えた値である。

復調基準信号

セグメント No. 11	セグメント No. 9	セグメント No. 7	セグメント No. 5	セグメント No. 3	セグメント No. 1	セグメント No. 0	セグメント No. 2	セグメント No. 4	セグメント No. 6	セグメント No. 8	セグメント No. 10	セグメント No. 12	周波数〔Hz〕

伝送信号パラメータ	値
セグメント数	13〔個〕（No. 0〜No. 12）
有効シンボル期間長	A 〔μs〕
ガードインターバル期間長	B 〔μs〕
ガードインターバル比	1/8
キャリア間隔	C 〔kHz〕
1セグメントの帯域幅	6,000 /14 〔kHz〕
キャリア総数	D 〔本〕

	A	B	C	D
1	504	63	125/63	2,809
2	504	63	250/63	2,809
3	1,008	126	125/126	5,617
4	252	31.5	125/63	5,617
5	252	31.5	250/63	1,405

練習問題 Ⅲ　　平成30年1月施行「一陸技」（A−3）

　次の記述は、我が国の標準テレビジョン放送等のうち、放送衛星（BS）によるBSデジタル放送（広帯域伝送方式）で使用されている画像の符号化方式等について述べたものである。□□□内に入れるべき字句の正しい組合せを下の番号から選べ。なお、同じ記号の□□□内には、同じ字句が入るものとする。

(1)　ハイビジョン（HDTV、高精細度テレビジョン放送）等の原信号（画像信号）は、情報量が多いため、原信号を圧縮符号化し、情報量を減らして伝送することが必要になる。原信号の画像符号化方式は、動き補償予測符号化方式、離散コサイン変換方式及び A などを組み合わせた B 方式である。

(2)　原信号の画像符号化方式のうち、 A は、一般に、信号をデジタル化すると、デジタル化した値は均等な確率で発生するのではなく、同じような値が偏って発生する傾向があることから、統計的に発生頻度の C 符号ほど短いビット列で表現して、全体として平均的な符号長を短くし、データの統計的な冗長性を除去することにより、伝送するビット数を減らす方式である。

	A	B	C
1	可変長符号化方式	MPEG−2	高い
2	可変長符号化方式	MPEG−2	低い
3	マルチキャリア方式	JPEG	高い
4	マルチキャリア方式	JPEG	低い
5	マルチキャリア方式	MPEG−2	高い

練 習 問 題 Ⅳ 平成30年1月施行「一陸技」（B−3）

次の記述は、デジタル信号の伝送時に用いられる符号誤り訂正等について述べたものである。☐☐☐内に入れるべき字句を下の番号から選べ。

(1) 帯域圧縮などの情報源符号化処理により、デジタル信号に変換された映像、音声、データ等の送信情報を伝送する場合、他の信号の干渉、熱雑音、帯域制限及び非線形などの影響により、信号を構成する符号の伝送誤りが発生し、デジタル信号の情報が正しく伝送できないことがある。このため、送信側では、☐ア☐により誤り制御符号としてデジタル信号に適当なビット数のデータ（冗長ビット）を付加し、受信側の☐イ☐ではそれを用いて、誤りを訂正あるいは検出するという方法がとられる。

(2) 伝送するデジタル信号系列を k ビットごとのブロックに区切り、それぞれのブロックを $i = (i_1, i_2, \cdots i_k)$ とすると、符号器では、i に $(n-k)$ ビットの冗長ビットを付加して長さ n ビットの符号語 $c = (i_1, i_2, \cdots i_k, p_1, p_2, \cdots p_{n-k})$ をつくる。ここで、$i_1, i_2, \cdots i_k$ を情報ビット、$p_1, p_2, \cdots p_{n-k}$ を誤り検査ビット（チェックビット）と呼び、n を符号長、☐ウ☐を符号化率という。また、チェックビットは、情報ビットの関数として定まり、あるブロックのチェックビットが☐エ☐関数として定まる符号をブロック符号、☐オ☐関数として定まる符号を畳み込み符号と呼ぶ。

1　直交変調器　　2　符号器

3　k/n　　4　過去にわたる複数の情報ビットの

5　復号器　　6　直交検波器

7　$(n-k)/n$　　8　同じブロックの情報ビットだけの

9　ナイキストフィルタの伝達　　10　伝送路の伝達

次の記述は、直交周波数分割多重（OFDM）方式について述べたものである。 □ 内に入れるべき字句の正しい組合せを下の番号から選べ。

(1) 図に示すように、各サブキャリアを直交させてお互いに干渉させずに最小の周波数間隔で配置している。最小のサブキャリアの間隔を ΔF〔Hz〕とし、シンボル長を T〔s〕とすると直交条件は、 A である。

(2) サブキャリア信号のそれぞれの変調波がランダムにいろいろな振幅や位相をとり、これらが合成された送信波形は、各サブキャリアの振幅や位相の関係によってその振幅変動が大きくなるため、送信増幅では、 B で増幅を行う必要がある。

(3) シングルキャリアをデジタル変調した場合と比較して、伝送速度はそのままでシンボル長を C できる。シンボル長が D ほどマルチパス遅延波の干渉を受ける時間が相対的に短くなり、マルチパス遅延波の影響で生じるシンボル間干渉を受けにくくなる。

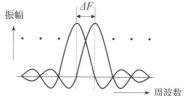

各サブキャリアの変調スペクトル

	A	B	C	D
1	$T=1/\Delta F$	非線形領域	短く	短い
2	$T=1/\Delta F$	線形領域	短く	短い
3	$T=1/\Delta F$	線形領域	長く	長い
4	$\Delta F/T=1$	線形領域	長く	長い
5	$\Delta F/T=1$	非線形領域	長く	長い

練習問題・解答	Ⅰ	アー1　イー6　ウー8　エー4　オー3
	Ⅱ	1　Ⅲ　1
	Ⅳ	アー2　イー5　ウー3　エー8　オー4
	Ⅴ	3

航行支援システム

　航空機、船舶、自動車などの移動体が誤りなく目的地に到達するためには、現在地を把握し、同時に障害物や悪天候を避けて進まなければならない。現在地を把握する方法としては、従来種々のシステムが構築され使用されてきたが、現在最も優れているものとして、人工衛星による GPS がある。障害物を探知する方法としては主としてレーダが使用されてきた。また、気象情報もいくつかの手段によって入手できる。このように、航行に必要な情報がすべて得られたとしても、機器類の故障や事故に遭遇することがある。このようなときのために、特に船舶では救難システムが用意されている。航空機の航行支援システムは特殊なものが多いので、別に扱うことにする。

9.1　測位システム

　自分の現在居る場所を知る測位システムには、旧来から使用されてきた種々のシステムがあるが、現在使用されなくなったシステムも多いので、ここではそれらのシステムを除くことにする。

9.1.1　衛星航法

　人工衛星を使用する測位システムとして、最初に登場したのがアメリカ海軍が開発した NNSS（navy navigation satellite system）である。このシステムの欠点を改良して精度の良い測位ができるようにしたものが、アメリカ国防省が軍事用に開発した全世界測位システム、GPS（global positioning system）である。また、GPS とほぼ同じシステムとして、ロシアの GLONASS、ヨーロッパのガリレオ、中国の北斗がある。現在、GPS と GLONASS、ガリレオの 3 波が使える受信機があり、一般の人もこれらのシステムを使うことができる。今後、測位精度を上げるために GPS だけでなく他のシステムも同時に

使うようになると思われるので、これらの統一した呼び名として GNSS（global navigation satellite systems：全地球航法衛星システム）が使われるようになるであろう。この本では従来どおり GPS を使うが、必要に応じて GNSS と読み替えても良い。

⑴ GPS（全世界測位システム）

　NAVSTAR と呼ばれる周期が約12時間の軍事用航行測位衛星（周回衛星）を、高度約 20 200〔km〕、軌道傾斜角約55度で軌道面の異なる 6 個の円軌道にそれぞれ 4 個ずつ計24個配置し、地球上のどこからでも、いつも 4 個以上の衛星から電波を受信できるようにしたシステムである。図9.1は GPS 衛星の軌道と配置である。衛星からは周波数 1 575.42〔MHz〕の L1 と 1 227.6〔MHz〕の L2 の 2 波が送信されていて、それぞれ P コード（precision code）または Y コードと呼ばれる軍用の高精度測位用コードで変調され、特に L1 のみが C/A コード（clear and acquisition code）と呼ばれる一般用コードで変調されている。P コードと C/A コードは符号化された航法信号であり、10.23〔Mbps〕の擬似雑音符号（PN 符号）でスペクトル拡散変調されている。航法信号は搭載されているセシウム原子時計などから得られる正確な時刻信号と軌道情報である。軌道情報には、その衛星の正確な軌道情報（エフェメリス）と全衛星のおよその軌道情報（アルマナック）がある。GPS 受信機は、全衛星のおよその軌道情報から各衛星の出現時刻を予測し、受信を開始する。この軌道情報は受信するたびに更新される。すべての GPS 衛星は L1 と L2 の同じ周波数を送信しているが、各衛星には異なった PN 符号が割り当てられているので、互いに干渉することなく航法信号を得ることができる。また、二つの周波数の電波を使うことにより、電離層で生じる遅延を計算し、衛星から受信点までの電波の伝搬時間の補正を行っている。

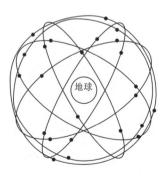

図9.1　GPS 衛星の軌道と配置

⑵ GPS の測位原理

いま、図9.2のように、地球の中心を原点にとった座標で3個の衛星 S_1、S_2、S_3 の位置をそれぞれ $(x_1、y_1、z_1)$、$(x_2、y_2、z_2)$、$(x_3、y_3、z_3)$、測位点Pの位置を $(x_0、y_0、z_0)$ とし、各衛星から点Pまでの距離をそれぞれ d_1, d_2, d_3 とすれば、次の連立方程式が成り立つ。

$$\left.\begin{array}{l} d_1 = \sqrt{(x_1-x_0)^2+(y_1-y_0)^2+(z_1-z_0)^2} \\ d_2 = \sqrt{(x_2-x_0)^2+(y_2-y_0)^2+(z_2-z_0)^2} \\ d_3 = \sqrt{(x_3-x_0)^2+(y_3-y_0)^2+(z_3-z_0)^2} \end{array}\right\} \quad \cdots(9.1)$$

各衛星と測位点の時刻が一致していれば、衛星から発射された電波の到達時間を測ることにより距離 d_1〜d_3 が求まり、各衛星の位置が分かっているので、この連立方程式を解くことにより点Pの座標 $(x_0、y_0、z_0)$ が求まる。実際には、各衛星と測位点の時刻は一致していないので、この補正のために第四の衛星が使われる。

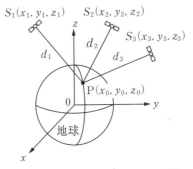

図9.2　各衛星から測位点までの距離

⑶ GPS の測位精度

位置決定の精度は使用する衛星の配置や受信点の状況によって異なり、補正しない場合の測位精度は約 10〔m〕である。

GPS 衛星は移動衛星であるので、測位点上空における衛星の配置は時々刻々変化している。最も測位精度の良い配置は、測位点上空に広い範囲にわたって均等に衛星が分布しているときであるが、通常はこのようなことが少ないので、これより測位精度が低くなる。これと同じ理由で、受信点の周囲に高層建築物や山などがあり、受信できる衛星が少なくなっているときにも測位精度が低下する。このほかに、電離層と大気を電波が通過するときの遅延による誤差もあるが、これ

らは補正されている。

⑷ **RTK-GPS**

RTK-GPS〔real time kinematic GPS：**リアルタイムキネマティック GPS**〕は、GPS の測位精度を上げるために、地上の基準点の座標（緯度、経度）と GPS による測位値との誤差を求め、その補正値を利用者へ提供するシステムであり、国土地理院が中心となって構築されたものである。利用者はその補正値を使って移動（キネマティック）しながらでも実時間で測位できる。なお、これと同様の考え方で海上保安庁によって実施されてきた DGPS システムは2019年3月をもって終了した。

初期の RTK-GPS システムでは基準点と測位点との距離が10km を超えると測位が困難になった。この方法を改良したシステムがネットワーク型 RTK-GPS システムであり、3個以上の電子基準点のデータを使うことにより基準点と測位点との距離に関係なく高精度の測位ができるので、現在このシステムが一般に使用されている。

ネットワーク型 RTK-GPS システムには VRS（仮想基準点）方式と FKP（面補正パラメータ）方式がある。

⒜ **VRS 方式**

この方式は **VRS-GPS**〔virtual reference station GPS：**仮想基準点 GPS**〕方式とも呼ばれていて、①測位しようとする者（移動局）は、GPS 測位で得たその地点の位置情報（概略値：通常10m 程度の誤差がある）をインターネット等を使って配信事業者（**VRS データセンタ★**）へ送る。②配信事業者では、その移動局のすぐ近くに仮想基準

★VRS データセンタ：国土地理院から提供された GPS データを使い、利用者から要求された位置情報を計算して提供する事業者。

★★電子基準点：高さ5mのポールの上に球形などの筐体（入れ物）を乗せ、その中に GPS 受信機、通信装置、アンテナなどを設置して GPS の信号を連続受信し、データを国土地理院へ送っている。現在、国内1300か所以上に設置されていて、これらの電子基準点のデータはリアルタイム（1秒間隔）で更新されインターネットで配信されている。

点を決め、その周辺に設置されている3個以上の**電子基準点**★★^(前頁)
のデータを使って、仮想基準点で観測されるはずの補正情報を計算し
返送する。③移動局はそれを受け取り、実際に測位する地点でGPS
測位を行い、その補正値を使って位置決定計算を行い精度の高い測位
値を求める。この方式では、一度、仮想基準点が設定されると、その
近辺で移動しても容易に精度の良い（1cm以下）測位ができる利点
がある。

また、サーバ型VRS方式もあり、この方式では、①移動局はその
地点のGPSによる位置情報（概略値）をインターネット等で解析処
理事業者（解析処理サービス事業者）を経由して配信事業者へ送る。
②配信事業者ではVRS方式と同様にして補正データなどを計算して
解析処理事業者へ送り返す。③解析処理事業者は、この補正データと
移動局から得たGPS概略値を使い、移動局の精度良い位置決定計算
をして移動局へ返信する。このサーバ型VRS方式では、移動局で位
置決定計算を行わないため測位点を変えるたびに解析処理事業者に位
置決定計算を行ってもらわなければならない。

(b) **FKP方式**

配信事業者は、多くの電子基準点のGPS観測値から、各電子基準
点における電離層遅延などの各種誤差を推定して誤差量を計算し、こ
れを元に面補正パラメータを算出している。

移動局では、インターネット等により配信事業者から移動局の近傍
にある電子基準点の面補正パラメータを取得し、面の傾きと移動局の
GPS測位値を使って移動局の位置を計算する。

(5) **準天頂衛星**

日本の**準天頂衛星**（quasi-zenith satellites：QZS）「みちびき」は
測位衛星であり、GPSの測位精度の向上と使用勝手改善のための補
完的役割を目的とする衛星である。衛星の軌道は、離心率0.1の楕円
形で軌道傾斜角45度、周期は静止衛星と同じ23時間56分である。この
ような楕円軌道の二つの焦点の中心を地球の中心と一致させた場合、
地表に投影した衛星軌道の軌跡は赤道を挟んで対称な8字形になる。

すなわち、この衛星は赤道を挟んで8字を描いて南北に移動し、赤道から離れるに従ってその緯度付近に留まる時間が長くなる。この衛星システムを日本で24時間連続使用するには最低3個の衛星が必要であり、1個が最低8時間日本上空に留まっていなければならない。この使用時間を長くするには楕円軌道の中心を地球の中心から北にずらして遠地点を日本上空に持って来る必要がある。「みちびき」はこのような衛星で、地表に投影した軌道は図9.3のように北側のループが小さい8字形になる。

この衛星はGPSと共通の仕様で作られているので、GPSと共に使用することにより測位精度が上がり、また今まで建物の影などで測位が困難だった場所でも「みちびき」3個が交代で天頂付近にいるので精度の良い測位ができるようになる。なお、みちびきによる測位には専用の受信機が必要である。

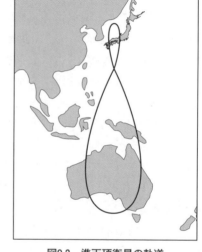

図9.3　準天頂衛星の軌道

9.2　レーダ

レーダ（radar：radio detection and ranging の頭部 ra－d－a－r の合成語）は、通常、目的の方向に電波を送信し、反射して戻ってきた電波と元の電波を比較することにより、反射物体までの距離や形状、性質などを知る無線設備であるといえる。使用する電波の形式により分類すると、パルスレーダとCWレーダがあり、また、両者の複合形式もある。レーダは一つの装置ごとに閉じられたシステムであるので、目的に合った最良の装置を作ることができる。このため、多種多様なレーダが開発されている。ここでは、ごく一般的なレーダについて解説することにする。

9.2.1 パルスレーダ

通常、マイクロ波を搬送波としてこれを短いパルスで振幅変調し、回転するアンテナから発射する。発射波は、アンテナが向いた方向の伝搬途上に電波を反射する物体（物標）があれば、その物標の反射率に応じた強度で、物標までの往復時間 t だけ遅れた反射波として戻ってくる。この反射波を送信と同じアンテナで受信し、PPI（plan position indicator）画面に表示する。物標までの距離 d は、電波の速度を c とすれば、$d = ct/2$ として求まる。

遠距離にある物標を検出するには、瞬間的に大きな送信せん頭電力が必要である。このせん頭電力 P_t と平均電力 P_a との間には次式の関係がある。ただし、パルスの繰返し周期を T、パルス幅を τ、衝撃係数を $D(=\tau/T)$ とする。

$$P_t = \frac{T}{\tau} P_a = \frac{P_a}{D} \qquad \cdots (9.2)$$

通常、P_t は測定が困難なので、図9.4のようにオシロスコープで τ と T を測定し、これと P_a から P_t を計算で求める。

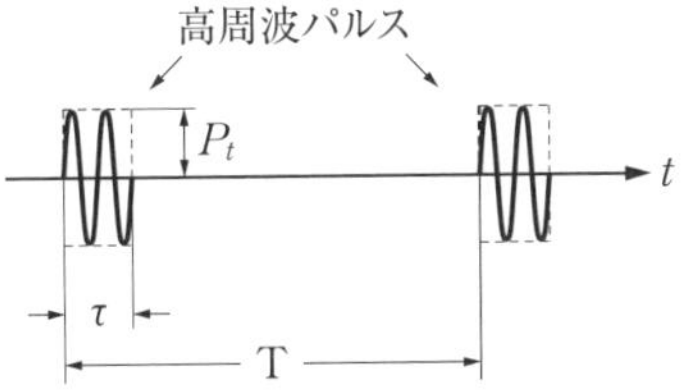

図9.4　パルスレーダの電波型式

(1) レーダ方程式

レーダ送信機から電力 P_t〔W〕の電波が無指向性アンテナから放射されたとき、距離 R〔m〕における電波の電力密度 w は、送信アンテナから半径 R の球面上の単位面積当たりの電力であるから、次式で与えられる。

$$w = \frac{P_t}{4\pi R^2} \quad \text{〔W/m}^2\text{〕} \qquad \cdots (9.3)$$

送信アンテナは通常、鋭い指向性アンテナを使うので、その利得を G とすると、上式の w は G 倍されて次式となる。

第9章　航行支援システム

297

$$w = \frac{GP_t}{4\pi R^2} \ \mathrm{[W/m^2]} \qquad \cdots (9.4)$$

電波が物標に当たったとき、その実効的な反射面積 σ〔m²〕（**レーダ断面積**）に比例した大きさの電波を反射する。その強度を p とすれば、p は次式で与えられる。この p は物標を送信源と考えたときの送信電力である。

$$p = \frac{GP_t\sigma}{4\pi R^2} \ \mathrm{[W]} \qquad \cdots (9.5)$$

この反射波を送信と同じアンテナで受信するものとし、その実効面積が A_e〔m²〕であるとすれば、受信電力 S_r は次式となる。

$$S_r = \frac{pA_e}{4\pi R^2} = \frac{GP_t A_e\sigma}{(4\pi R^2)^2} \ \mathrm{[W]} \qquad \cdots (9.6)$$

パラボラアンテナのような開口面アンテナでは $G = 4\pi A_e/\lambda^2$ の関係があるから、これを上式に代入すると、次のレーダ方程式が得られる。ただし、λ は使用波長〔m〕である。

$$S_r = \frac{G^2\lambda^2\sigma}{(4\pi)^3 R^4}P_t \ \mathrm{[W]} \qquad \cdots (9.7)$$

レーダ受信機で検出できる最小受信電力を S_{rmin} とすれば、レーダの最大探知距離 R_{max} は上式から、

$$R_{max} = \sqrt[4]{\frac{G^2\lambda^2\sigma P_t}{(4\pi)^3 S_{r\,min}}} \ \mathrm{[m]} \qquad \cdots (9.8)$$

となる。これはレーダの性能を表す理論式であり、式（9.7）または（9.8）をレーダ方程式という。

(2) **レーダ装置の構成**

図9.5はレーダ装置の構成例である。装置は同図のように、送信部、受信部、表示部及びアンテナから構成されている。ここでは、主に船

舶用のレーダを中心にして解説する。

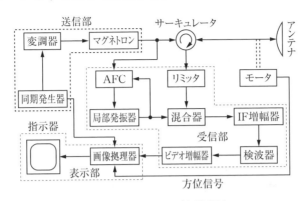

図9.5　パルスレーダの構成例

⒜　**送信部**

　送信部では、同期信号発生器からの一定周期のパルス電圧をマグネトロンに加えて、非常に短く高出力のマイクロ波を発振させる。この高周波電力をサーキュレータ（送受切換器）に加えて、アンテナ方向にのみ電力を送る。

⒝　**アンテナ部**

　レーダアンテナの指向性は探知の目的によって異なり、航空機や気象用に使われるペンシルビーム及び船舶などで使われるファンビーム（水平面内の半値幅が１度以下と非常に狭く、垂直面内は数十度と比較的広い扇形の放射特性）がある。このようなアンテナに送信機から電力を加え、水平方向に360度連続回転させると、ビームが向いた方向から反射波が戻ってくる。アンテナビームを回転する方法には従来から電動式が使用されてきたが、最近では必要に応じてフェーズドアレーアンテナを使用した電子式ビーム制御により、ビームを自由に振ることができるものもある。ビームの方向は表示器で使うための角度情報として取り出される。反射波は送受共用のアンテナで受信し、サーキュレータへ送られる。サーキュレータでは反射波信号を受信機方向にのみ送り、送信機側には送らない。このように、サーキュレータは一方向のみに信号を送るように作られているが、これを実際に使

用する場合には、送信機からの高出力信号が誘導などにより誤って受信機に入らないように、受信機入力端にリミッタを挿入する。

　(c)　受信部

　受信部では、微弱な反射波信号を表示部で表示できる程度まで十分に増幅しなければならない。この際、最も障害になるのが受信機の内部雑音であり、これが主に雑音指数を悪くする原因である。このため多くのレーダ受信機では高周波増幅器を設けずに、受信信号を直接ミキサに加えて雑音指数の向上を図っている。このミキサとしては、低雑音で機械的に強いショットキーダイオードなどが使われている。

　中間周波増幅器は、高利得低雑音で位相特性が良く、ひずみがないことが必要条件であり、SAW フィルタと低雑音高利得増幅器などで構成されている。IF 増幅段の雑音と位相特性はレーダの最大探知距離と分解能に影響を与える。**SAW**（surface acoustic wave device）は**表面弾性波素子**ともいわれ、$LiNbO_3$（ニオブ酸リチウム）などの圧電特性を持つ基板に、図9.6のようなクシ形の電極を形成し、その入力に交流を加えると、圧電効果により表面弾性波が発生し、出力電極へ伝搬する。これを出力電極から取り出すことにより特性の良いフィルタなどが得られるようにしたものである。

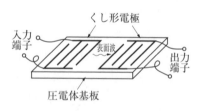

図9.6　SAW フィルタの原理図

　IF 増幅された高周波パルスは、周波数特性の良い検波器で包絡線検波され、ビデオ増幅器に送られる。ビデオ増幅器は、この検波出力のパルス波形を忠実に増幅するために広帯域でなければならない。

　AFC 回路は、送信パルスの周波数と受信機の局部発振周波数との差を常に一定にして、IF 増幅回路で安定な増幅度を得るために必要である。マイクロ波の発振にマグネトロンを使用する場合、自励発振器であるために発振周波数が不安定である。この送信電波の反射波を受信して混合器に加え、中間周波数に変換するとこの中間周波数も不安定になり、中間周波回路の同調周波数からずれて増幅度が不安定に

なる。これを避けるために、VCO などを使って AFC 回路を構成し、局部発振周波数を送信周波数に追従させるように制御している。

STC（sensitivity time control）回路は**海面反射抑制回路**とも呼ばれ、海面からの強い反射波によって近距離の物標が見えにくくなるのを防ぐために備えられている。遠距離の物標からの反射波は弱く、これを増幅するためには増幅器の大きな利得が必要である。一方、近距離から非常に強い反射波があるときには、利得が大きいままでは増幅器が飽和してしまう。STC 回路は図9.7のように、振幅が

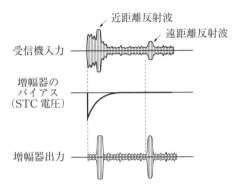

図9.7　STC 電圧と増幅器の出力

指数関数的に変化するバイアス電圧を増幅器に加え、近距離ほど利得を下げるようにして、上記のような問題を解決しようとするものである。海が荒れているときには海面からの強い反射波があるので、STC を使うことにより、この影響を少なくすることができる。

FTC（fast time constant）回路は**雨雪反射抑制回路**とも呼ばれ、雨や雪などからの反射波によって物標が見えにくくなるのを防ぐために備えられている。雨や雪のように広い範囲に分布している物体からの反射波は、図9.8のように連続した雑音のようになっているため、これを微分すると物標からの反射波に比べて相対的に振幅が小さくなる特性を利用したものである。FTC 回路はビデオ信号を微分する微分回路であり、検波回路の後部に挿入されている。

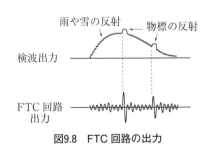

図9.8　FTC 回路の出力

IAGC（instantaneous automatic gain control）は**瞬間自動利得調節**とも呼ばれ、混信や平均クラッタ（不要な反射波）レベルの急変動によって起こるレーダ表示画面の乱れを抑制するために、受信機の利得を瞬時に制御する回路である。

(d) 指示部

指示部はディスプレイと画像処理装置などで構成されている。航行に必要な情報やレーダで得られた情報などは、すべてディスプレイ上に表示されるようになっていて、画像処理装置でこれらの情報を収集し表示する処理を行っている。必要な情報としては、自船の位置、方位、船首方向、アンテナ回転角度、緯度経度線などであり、このうち位置と方位情報は、それぞれ GPS やジャイロコンパスなどから得ている。また、距離目盛や緯度経度線などを表示する信号はそれぞれの目盛発生器で作られている。レーダ受信信号はディスプレイ上に PPI方式で表示される。これをそのまま表示する従来の方法は、CRT（ブラウン管）の残像を使ったため非常に暗かったが、現在はこれを TV信号に変換して液晶ディスプレイ（LCD）に表示するので、非常に明るくなった。

(3) レーダの性能

レーダの性能を表すものには、最大探知距離、最小探知距離、距離分解能、方位分解能がある。

(a) 最大探知距離

これは物標を探知できる最大の距離で、理論的には式（9.8）で与えられる。最大探知距離を長くするには、この式から、送信せん頭電力、アンテナ利得をそれぞれ大きくし、波長を長くして最小受信電力を小さくすれば良いことが分かる。しかし、一般にアンテナ利得は、同じ大きさで比較すると、波長が長いほど低下するので、両方を満足するにはアンテナを大型にしなければならない。また、最小受信電力は以下のようにして決まる。雑音指数 F は、受信機入力端における受信信号と雑音の値をそれぞれ S_r と N_r とし、受信機 IF 出力端におけるそれらの値をそれぞれ S_0 と N_0 とすると、次式で与えられる。

$$F = \frac{S_r/N_r}{S_o/N_o}$$

したがって、受信電力 S_r は、絶対温度で表した外気温を T、受信機の帯域幅を B、ボルツマン定数を k とすれば、次式で表される。

$$S_r = FN_r \cdot \frac{S_o}{N_o} = kTBF \cdot \frac{S_o}{N_o} \qquad \cdots (9.9)$$

ここで、受信機 IF 出力端における最小の SN 比を $(S_o/N_o)_{min}$ とすれば、最小受信電力 $S_{r\,min}$ は次式のようになる。

$$S_{r\,min} = kTBF\left(\frac{S_o}{N_o}\right)_{min} \qquad \cdots (9.10)$$

すなわち、最小受信電力は、受信機の雑音指数、帯域幅及び受信機の IF 出力端における S/N が小さいほど小さくなる。このうちパルス幅を広くすれば受信機の帯域幅 B（τ に反比例する）を狭くしても良いから、最小受信電力を小さくすることができる。しかし、パルス幅を広くすることは、次に述べる最小探知距離と距離分解能を悪化させることになるので、むやみにパルス幅を広げることはできない。また、探知距離を長くしようとすると、反射波が到来するまでの長い時間を考慮しなければならないので、パルスの繰返し周期を長くする必要がある。

このほかに、水平方向の最大探知距離の限界値を決めるものとして電波の**見通し距離**がある。我々が水平線を見たとき、水平線上に見える物体までの距離が光学的見通し距離であるが、レーダ電波は地球の湾曲に沿って少し曲がるので、電波の見通し距離は光学的見通し距離より少し長くなる。

(b) **最小探知距離**

物標を識別できる最も近い距離を最小探知距離といい、これが小さいほど良い。この限界は、送信パルス幅、アンテナの高さ、垂直面内アンテナビームの死角などによって決まる。

図9.9のように、送信パルスの幅がτであれば、τの間は電波が放射されているので、反射波があっても受信することができない。その間に対応する距離をR_{min}とすれば、R_{min}は電波の速度をcとして、次式で与えられる。

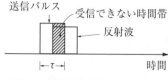

図9.9　最小探知距離のパルス幅

$$R_{min} = \frac{1}{2}c\tau = 1.5 \times 10^8 \times \tau \times 10^{-6} = 150\tau \ \text{(m)} \qquad \cdots (9.11)$$

ただし、τは(μs)とする。

すなわち、R_{min}を小さくするにはτを小さくすれば良いことになる。

図9.10のように、垂直面内のアンテナビーム幅は水平方向からある範囲内に制限されるので、電波が照射されない死角が存在する。電波の照射される最小距離が最小探知距離となるので、アンテナ高が低いほど、また、ビーム幅が広いほど最小探知距離は短くなる。

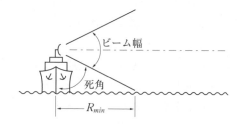

図9.10　ビームの死角と最小探知距離

このほか、ディスプレイの輝点の大きさなども関係するが、これらのうち最も大きく影響するものがそのレーダの最小パルス幅である。

（c）　距離分解能

レーダから同一方向に存在する二つの物標をレーダ画面で分離して見ることができる最小の物標間の距離を距離分解能という。図9.11のように、物標Aと

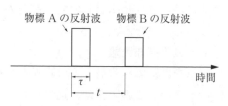

図9.11　距離分解能を定めるパルス間隔

Bの反射波の時間差を t とし、パルス幅を τ とすれば、物標 A と B の距離 d が狭くなって、$t \leqq \tau$ になると二つの物標を区別できなくなる。したがって、$t = \tau$ のときの d が距離分解能であり $d = 150\tau$ で与えられる。ただし、τ は〔μs〕である。距離分解能は最小探知距離と同様に送信パルス幅が狭いほど良いことになる。

(d) 方位分解能

図9.12に示すように、レーダから同一距離にある二つの物標を見分けることができる物標間の最小角度 θ を方位分解能という。これは、主に水平面内のアンテナビーム幅 δ によって決まり、ビーム幅が狭いほど良い。ビーム幅は、周波数を一定にした場合、アンテナの水平方向のディメンションが大きいほど狭くなる。

図9.12　方位分解能

9.2.2　CW レーダ

CW レーダには、何も加工されていない連続波を放射し、その反射波のドップラー効果を利用するドップラーレーダと、搬送波を FM して距離も測定できるようにした FM–CW レーダがある。

(1) ドップラーレーダ

移動している物体に電波を照射すると、その反射波はドップラー効果により周波数偏移を受ける。

物標までの距離を R、使用周波数 f の波長を λ とすると、電波が往復したときに受ける全位相変化 θ は、次式で与えられる。

$$\theta = 2R \cdot \frac{2\pi}{\lambda} = \frac{4\pi R}{\lambda} \qquad \cdots(9.12)$$

位相角の時間変化は角周波数であるから、上式からドップラー角周波数 ω_D は次式となる。ただし、周波数偏移を f_D とする。

$$\frac{d\theta}{dt} = \omega_D = 2\pi f_D = \frac{4\pi}{\lambda} \cdot \frac{dR}{dt} \qquad \cdots(9.13)$$

上式において、dR/dt は物標の速度 v であるから、電波の速度を c とすれば、ドップラー周波数 f_D は次式となる。

$$f_D = \frac{2v}{\lambda} = \frac{2vf}{c} \qquad \cdots (9.14)$$

　CW を使用するドップラーレーダでは、アンテナを送受共用にすることもできるが、良い結果は得られないので、図9.13のように、送受アンテナを別にするシステム構成が多い。送信機から一定周波数の CW を送信し、その一部を参照信号として反射波とともに混合器へ入れヘテロダイン検波する。これを増幅し、その周波数をカウンタなどの指示器に表示する。f_D は物標が近づいてきても離れていっても同様に大きくなるので、これを区別するには反射波の周波数が送信周波数より高いか低いかを調べる必要がある。

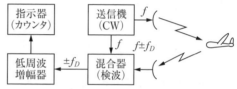

図9.13　ドップラーレーダの構成例

(2)　FM−CW レーダ

　搬送波の周波数を連続的に変化させた（FM）電波を使うレーダを、FM−CW レーダという。これは CW を使用して距離を測定するもの

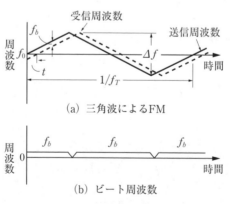

(a)　三角波によるFM

(b)　ビート周波数

図9.14　FM−CW レーダの原理　（物標静止中）

であり、周波数を直線的に変化させた電波を送信し、その反射波と送信波とのビート周波数を測定して物標までの距離を求める。送信周波数をどこまでも増加または減少し続けることはできないので、通常、ある周波数で折り返す。すなわち、図9.14（a）のように中心周波数f_0を三角波でFMする。

物標までの距離をRとすれば、反射波は時間$t = 2R/c$だけ遅れて受信される。このtの間に送信周波数は変わってしまっているので、これと受信波とを混合すると、同図（b）のように一定周波数のビートが発生する。そのビート周波数をf_bとすると、同図（a）から次式の関係が得られる。ただし、Δfを送信周波数の最大値と最小値との差、f_Tを三角波の繰返し周波数とする。

$$\frac{f_b}{t} = \frac{f_b}{2R/c} = \frac{\Delta f}{(1/2) \cdot (1/f_T)} = 2f_T\Delta f$$

$$\therefore \quad f_b = \frac{4f_T\Delta fR}{c} \qquad \cdots(9.15)$$

距離Rは上式から次のようになる。

$$R = \frac{cf_b}{4f_T\Delta f} \qquad \cdots(9.16)$$

もし、物標がvで移動していれば、そのビート周波数f_{vb}はf_bからf_Dだけ変化し、次式のようになる。

$$f_{vb} = f_b \pm f_D = f_b \pm \frac{2v}{\lambda} \qquad \cdots(9.17)$$

ただし、＋符号は周波数が下降しているとき、－符号は上昇しているときであり、λは波長である。

したがって、三角波の1周期についてf_{vb}を平均するとf_bになるので、物標が移動していてもその瞬間の距離を求めることができる。図9.15はこれらの関係を描いたものである。

なお、式（9.17）から、移動速度 v も求めることができる。

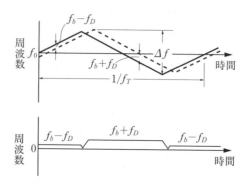

図9.15　FM－CW レーダの原理（物標が移動中）

　周波数変調に使用する波形は正弦波でも良いが、三角波の方が精度が良いので、一般に三角波が使われる。FM－CW レーダの特徴は、パルスレーダのような瞬間的に高電力を必要としないため小型化できるので航空機の高度計などに利用されている。

9.2.3　パルス圧縮レーダ

　通常のパルスレーダで距離分解能を向上させるにはパルス幅を狭くしなければならないが、パルス幅を狭くするとパルスの総電力が低下して遠距離の物標が検出できなくなる。**パルス圧縮レーダ**は、パルスに特定の変調を加えて送信し、反射波を圧縮受信することにより、距離分解能を向上させるとともに遠距離の物標も検出可能にしたレーダである。パルス圧縮には種々な方法があるが、ここでは符号変調方式と周波数変調方式について説明する。

⑴　符号変調方式

　変調に使用する符号には自己相関特性が良好なものを使う。その代表的な符号として**バーカーコード**がある。図9.16は符号変調方式の例であり、幅 T のレーダパルスを図（a）のような7〔bit〕符号「1110010」で図（b）のように位相変調して送信する。この反射波を受信して、これを符号のビット位置によって遅延時間の異なる図（c）のような

遅延回路に通して加算器で合成し再生すると、変調波が圧縮されて、図 (d) のように、圧縮する前の振幅 V_0 の 7 倍のパルスが得られる。

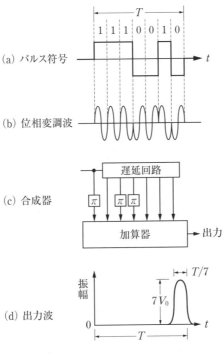

図9.16　符号変調方式レーダの原理

(2)　周波数変調方式

　これは、搬送波の周波数が一定の割合で変化する変調（線形周波数変調）をした高周波パルスを使う方式である。例えば、図9.17 (a) のように幅 T のパルスの搬送波周波数を低い方 f_L から高い方 f_H へ直線的に Δf だけ変化（FM）させて送信する。この反射波を受信して、周波数が低いほど遅延時間が大きいフィルタに通すとパルス幅が $1/\Delta f$ に圧縮され、振幅は $\sqrt{T\Delta f}$ 倍されて出力される。このフィルタはパルス幅がちょうど $1/\Delta f$ に圧縮される遅延特性、すなわち変調時の周波数対遅延特性の逆特性に整合していることが必要であり、このよ

うなフィルタを整合フィルタ（**マッチドフィルタ**）という。マッチドフィルタはSAW遅延線か等価のFFT処理によって実現している。

この線形周波数変調した電波が固定周波数の電波と合成されると音程が変化するビートを起こす。このビート音は、チューチューという小鳥などの鳴き声 chirp に聞こえることから、この変調方式のレーダを**チャープレーダ**（またはFMチャープレーダ）と呼んでいる。

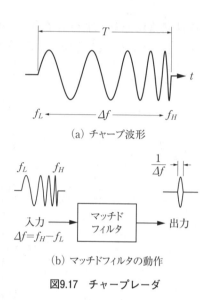

(a) チャープ波形

(b) マッチドフィルタの動作

図9.17 チャープレーダ

9.3 航空支援システム

高速で3次元移動する飛行機を人間が誤りなく操縦することは、非常に技術を要することであり困難である。特に多くの人命をあずかる乗り物であるから、操縦に誤りがあってはならないし、また、人間の判断では間に合わない場合も起こりうる。このため信頼度の高い航空支援システムが必要であり、現在多くのシステムが使用されている。ここでは、それらシステムの概要とともに多少技術的な内容を加えて説明する。

9.3.1 航空交通管制用レーダ

(1) ARSR

ARSR（air route surveillance radar）は**航空路監視レーダ**であり、半径約200〔海里〕（370〔km〕）の広い範囲に飛行している航空機を検出する高出力1次レーダとSSR（後で述べる）を組み合わせた装

置である。このレーダサイトは、なるべく遠方の航空機まで検出できるように山頂などに設置されていて、都市部に置かれている航空交通管制部と専用回線で結ばれている。得られた航空機の位置、飛行高度、識別番号などは、フライトプランなどの運行情報とともに指示器上に表示され、管制業務に使用される。レーダ送信機は、送信周波数1 030〔MHz〕、出力2〔MW〕である。アンテナは垂直面内が**変形コセカント2乗特性**★で利得35〔dB〕であり、降雨や降雪時における物標の検出能力の低下に対応するために直線偏波と円偏波が切り替えられるようになっている。

(2) **ORSR**

ORSR（oceanic route surveillance radar）または**洋上航空路監視レーダ**は、ARSRでは届かない空域を飛行する国際線航空機を監視するための長距離用2次監視レーダであり、航空機の識別番号、飛行高度、位置情報などを航空路レーダ情報処理装置に表示する。監視できる空域は半径460〜470〔km〕であり、日本では男鹿など数箇所の海岸に近い高所に設置されていて、それぞれ北回りヨーロッパルートのように各飛行ルートの監視に使われている。ORSRは2次レーダであるため、航空機がいないときには正常に動作しているかどうか分からない。このため、少し離れた場所に擬似のATCトランスポンダを設置し、これに対して電波を出してレーダの動作確認を行っている。この装置はORSR独特の重要なものである。

★変形コセカント2乗特性：コセカント2乗（$\cosec^2 \theta$、θ は仰角）特性のアンテナパターンは、距離にかかわらず一定の高度において一定の反射電力が得られるようにしたものである。一方、近距離域では周りからの不要反射波が多いためにSTC回路を使って近距離における利得を下げている。これにより、近距離にいる航空機が検出しにくくなるので、これを補償するために、近距離におけるアンテナ利得を大きくしている。これを変形コセカント2乗特性という。

⑶ ASR

ASR（airport surveillance radar）は**空港監視レーダ**とも呼ばれ、空港の周りにいる航空機の位置を把握するための1次レーダであり、後で述べる SSR とともに同じ画面上に表示される。管制官はこれらの映像を見て空港の周囲にいる航空機を誘導する。ASR は反射波のドップラー偏移を検出して移動物体だけを表示することもできる。性能は15〔m^2〕の有効反射面積を持つ航空機で、有効探知範囲50～75〔海里〕（93～139〔km〕）、方位分解能約1.2度、距離分解能約150〔m〕である。

⑷ ASDE

ASDE（airport surface detection equipment）は**空港面探知レーダ**とも呼ばれ、空港面上にある航空機や車両などの移動を把握するために使われるレーダであり、特に夜間や濃霧のときに便利である。アンテナは管制塔の屋上などの高所に設置され、垂直面内の特性は逆コセカント2乗特性である。ASDE はごく近距離の物標を明りょうに探知する必要があるために、アンテナビームを細くし、パルス幅を狭くして、方位分解能約0.3度、距離分解能約3〔m〕を得ている。このレーダは通常のレーダと異なり、移動と固定の両物標を表示する必要があるため **MTI**（移動目標指示）を持たず、また、最大探知距離よりも最小探知距離の方が重要であり、約80〔m〕である。

⑸ SSR

地上に設置されている**インタロゲータ**（質問機）と航空機に搭載されている ATC **トランスポンダ**（応答機）で構成される航空交通管制用レーダビーコンシステム（ATCRBS：air traffic control radar beacon system）において、地上装置を **SSR**（secondary surveillance radar）または**2次監視レーダ**と呼んでいる。このレーダは、物標からの反射波を利用するものでなく、物標となる応答機にレーダ波を送り、これを受信した応答機が自動的に、持っている情報を別の電波で送り返えすようにした装置であり、これを受信して、その情報を画面に表示する。このようなレーダを**2次レーダ**という。

第9章　航行支援システム

SSR インタロゲータから図9.18のような質問パルスで変調した 1 030〔MHz〕の電波を送信する。質問パルスにはモードAからモードDまでがあり、これらのうちモードAとCはそれぞれ航空機識別用と高度情報用の質問で交互に送信される。航空機に搭載しているATCトランスポンダでこれらの質問パルスを受信すると、それぞれの質問モードに対応した航空機の情報により、パルス変調した1 090〔MHz〕の電波で応答する。この応答信号をSSR受信機で受信して識別信号等を解読し、1次レーダであるASRの画像情報とともに画面に表示する。

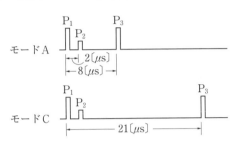

図9.18 インタロゲータの質問パルス

質問パルスは P_1 と P_3 のモードパルスと **SLS** (side lobe suppression ：**サイドローブ抑圧**) パルスと呼ばれる P_2 パルスで構成されていて、 P_1 と P_3 は ASR とともに回転する利得が約20〔dB〕のファンビームアンテナから、また、 P_2 は同じ所に置かれた3〔dB〕の平面内無指向性アンテナからそれぞれ送信される。したがって、パルス電波の強度は、 P_1 と P_3 は同じであるが、 P_2 はこれらより弱くなる。もし、図9.19のように、ファンビームアンテナがサイドローブを持っていれば、サイドローブが航空機を向いたとき、トランスポンダが応答してしまいSSR画面に偽像が現れる。そこ

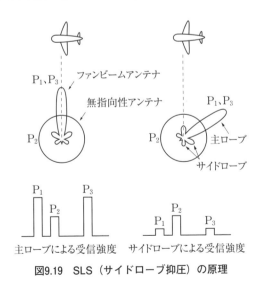

図9.19 SLS (サイドローブ抑圧) の原理

で、トランスポンダでは P_1 (P_3) と P_2 とを比較し、P_1 (P_3) が P_2 より一定レベル以上大きいときのみ主ローブによる質問信号と判断して応答する。逆に P_2 の方が大きいか等しければ、サイドローブからの信号と判断して約 35〔μs〕の間は応答しない。このようにして、サイドローブからの放射による誤った応答を避けるようにしている。

現在では、モードA、Cのほかに航空機ごとにアサインされた24ビットのアドレスを使用した各航空機の個別質問が可能なモードSも運用されている。モードSのデータ通信機能によりさらに詳細な情報交換が可能となり、後述の ACAS にも利用されている。

9.3.2 航空機搭載レーダ

⑴ ACAS

ACAS（airborne collision avoidance system）は**航空機衝突防止装置**といわれ、管制官やパイロットによらず、航空機に搭載した装置のみで空中衝突を回避するシステムである。

これは航行中に、自機の周辺にいる航空機に対してモードC及び受信したほかの航空機のモードSアドレスにより質問信号を発射し、これを受信した航空機は搭載している2次監視レーダ（SSR）のトランスポンダを使用して応答する。質問を発射した航空機は、その応答信号を受信して解析し、応答した航空機の相対高度や距離などを求めてその位置情報を出し、もし衝突の危険性があればパイロットに回避情報を出す。位置情報は自機を中心にして周辺にいる航空機とその距離、方位、高度、上昇または下降情報がディスプレイ上に表示される。接近情報や回避情報は回避情報指示器に表示され、必要な場合は音声による指示がされる。

⑵ 気象レーダ

航空交通に関する一般的な気象情報は気象庁などから航空交通管制機関などへ送られて利用されているが、飛行中の航空機前方に急に現れる小さな気象の変化は航空機自身によって検出しなければならない。このために、航空機には気象レーダ（**WX レーダ**：weather radar）が搭載され、航空機前方の気象状況を常に把握している。

WXレーダは、基本的には通常のパルスレーダと同じであるが、航空機前方にある雲や雨、氷粒などを検出しなければならないため、発射電波の周波数安定化、受信機の高性能化、アンテナ性能の向上などにより、検出の精度（方向と距離、雨滴の大小）の向上が図られている。アンテナは直径が約80cm の平面に多数のスロットを配置したフラットアンテナで、利得35〔dBi〕、ビーム幅3.5度を得ている。このフラットアンテナは航空機の先頭に設置されていて、航空機の揺れによるビームの振れを抑える装置が設けられている。また、周波数は、近傍にある雲や雨滴を検出するために適した高い周波数9〔GHz〕帯と、それらを通してその前方にある積乱雲などの障害物を検出することができる低い周波数5〔GHz〕帯を使えるが、多くの航空機で9〔GHz〕帯が使われている。

(3) 電波高度計

航空機に搭載されている高度計には、海面からの高度を気圧によって求める気圧高度計と電波を使って対地高度を求める電波高度計がある。また、電波高度計にはパルスレーダとCWレーダがある。CWレーダは、高度が2 500フィート（750m）以下で使われる低高度電波高度計として、低高度で飛行するときや着陸するとき、さらに地面や海面、前方の山などに異常接近したとき使われる重要な装置である。

9.3.3　無線航法

(1) DME

DME（distance measuring equipment）は、航空機に搭載されているインタロゲータと地上に設置されているトランスポンダによって構成される測距システムであり、後で述べる VOR、ILS、MLSと組み合わせて使用される。

航行中の航空機のインタロゲータから地上にあるトランスポンダに対して図9.20（b）のような質問パルスを発射する。トランスポンダがこの電波を受信すると、一定時間（遅延時間）Δt〔μs〕後に、質

問パルスと異なった周波数で応答パルスを発射する。航空機のインタロゲータはこの応答パルスを受信し、質問パルスからの時間差 t〔μs〕を求めて、次式により地上 DME 施設までの斜め距離 D を知ることができる。

$$D = \frac{t - \Delta t}{12.36} \ 〔海里〕 \qquad\qquad \cdots (9.18)$$

ただし、定数12.36は、電波が1マイルを往復する時間〔μs／海里〕である。また、Δt は50、56、62〔μs〕などがある。

DME のパルスは、同図のように2個のパルス（ツインパルス）で構成されている。これは、受信機において、このツインパルスの間隔 δ が規定値以外のものを除外することにより、混信や雑音による誤動作をできるだけ少なくするためである。δ には 12〔μs〕、36〔μs〕などがある。

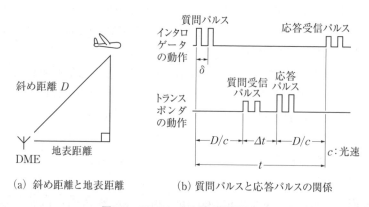

（a）斜め距離と地表距離　　（b）質問パルスと応答パルスの関係

図9.20　DME による斜め距離測定法

(2) NDB

NDB（non-directional radio beacon）または**無指向性無線標識**は、ホーミングビーコン（homing beacon）とも呼ばれ、局の標識符号で振幅変調された長中波帯の A2A 電波を水平面内が無指向性のアンテナから送信している。航行中の航空機では、飛行経路上の主要地点に

設置されている送信施設から送信されている NDB 電波を、ADF（自動方向探知機）を使用して受信し、NDB 局のある方位を知る。このため、航空機は NDB 局の方向と機首の方向を一致させて飛行すれば、目的地に到達することができる。このように、方位などの航行に必要な情報を得ながら目的地へ向かうことをホーミングという。

　この NDB は長中波帯の電波を使用しているため、これら周波数帯特有の伝搬特性による夜間誤差や海岸線誤差などを生じ、精度が低下する。このため現在の航空機では、次に述べる VOR を使用して飛行する方法が主流となっていて、NDB は徐々に VOR/DME に置き換えられている。

(3) VOR

　VOR（VHF omni-directional radio-range）または**超短波全方向式無線標識**は、VHF 帯の 108～117〔MHz〕帯の電波を使用し、航空機に対して VOR 局から見た航空機の磁方位を連続的に示すための施設であり、空港用、空路用、これらの両用として設置されている。

　VOR には、標準 VOR（**CVOR**：conventional VOR）と**ドップラーVOR**（**DVOR**：doppler VOR）があり、送信波の変調方式が異なる。CVOR は装置が簡単であり、また、アンテナ回路の損失が少ないため DVOR と同じ送信機出力を使っても、放射電力が大きくなり遠方でも使用できる利点がある。一方、DVOR は CVOR に比べて精度が良いという特徴がある。

(a) 標準 VOR（CVOR）

　VOR は 30〔Hz〕で変調された二つの信号の位相差から VOR 局の方向を検出する装置であり、その一方の信号を基準位相信号、他方を可変位相信号と呼ぶ。

　基準位相信号波は、30〔Hz〕の基準位相信号で 9.96〔kHz〕の副搬送波を FM し、さらにこの信号で VHF 搬送波を AM して、水平に置かれた 4 個のアルホードアンテナに同相で供給し、どの方向へも同位相で送信される。また、この 4 個のアルホードアンテナの放射パターンは水平面内で無指向性であるため、基準位相信号波の強度の水

平面内パターンは円形となる。この信号を受信し復調することにより、受信方向に依存しない30〔Hz〕の基準位相信号が取り出される。図9.21はCVOR送信機とアルホードアンテナの構成を示す。

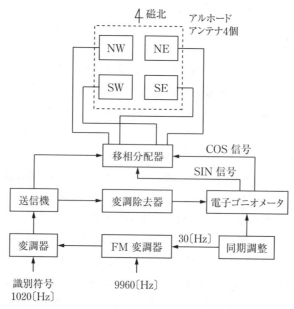

図9.21　CVOR送信機とアンテナの構成

　可変位相信号波は水平面内で30〔rps〕で回転するアンテナ放射パターンで送信される信号である。同図に示すように、基準位相信号波の一部を変調除去器に通して振幅変調成分を取り除き、電子ゴニオメータによって位相が90度異なる30〔Hz〕信号でAMされた二つのVHF信号を作る。この信号を対角線の関係にある二組のアルホードアンテナ（NW−SE、NE−SW）にそれぞれ加えると、その放射パターンは水平面内で回転する8字形特性となる。その回転方向は、磁北から東回りに回転するように設定されている。この回転する信号波は、各アンテナに同相で加えられている基準位相信号の搬送波に対する上下側波となる。

　基準位相信号と可変位相信号は同じアンテナから放射されるので、

その放射パターンは二つの信号の放射パターンを合成したものとなる。8字形放射特性の二つの円の方向へそれぞれ放射される電波の位相は互いに180度異なるので、これと円形の放射パターンとを合成すると、**カージオイド特性**という単方向性の放射パターンになる。この合成放射パターンは、8字形放射特性が回転するにしたがって、水平面内で30〔rps〕の一定速度で回転する。これをアンテナから一定の方向で受信すると、放射パターンの最大方向が受信点へ向いたとき受信強度が最大で、逆向きのとき最小となり、30〔Hz〕で変動する。すなわち、30〔Hz〕で振幅変調された電波と等価になるので、これを検波すると可変位相信号が取り出される。図9.22は、電波の最大放射方向がそれぞれ N、E、S、W になるときの8字形放射特性と合成放射パターンの向きを表す。

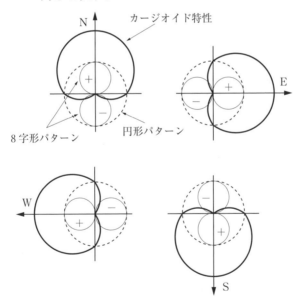

図9.22　円形と8字形パターンの合成放射パターンの4例

　VOR局で、可変位相信号の放射パターンの最大方向が磁北を向いたとき、基準位相信号が最大になるように設定しておけば、任意の方向で基準位相信号の最大点から可変位相信号が最大になるまでの時間

（位相）が検出できる。この位相はVOR局から見た受信点の方向に比例する。図9.23はVOR局から見た航空機の方位θ及び基準位相信号と可変位相信号の位相関係である。

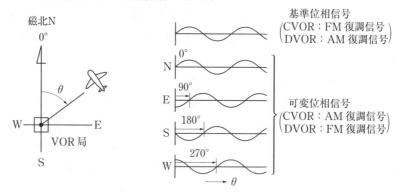

図9.23　VOR局から見た航空機の方位と可変位相信号の位相

（b）　ドップラーVOR（DVOR）

前述したCVORは、設置場所の周囲に電波の放射を乱す物があると誤差を生ずることがあり、これを避けるために設置場所に制限がある。DVORはこのような欠点を改良したものである。DVORにはDSB変調方式とSSB変調方式があるが、ここでは精度の良いDSB変調方式について説明する。

図9.24のように、平面大地上で点Oを中心にして、半径rの円周上を等速で回転するアンテナから電波を放射し、これを十分遠方で受信すると、電波はドップラー偏移を受けて、その周波数はアンテナが受信点に近づいてくるときには高くなり、遠ざかっていくときには低く

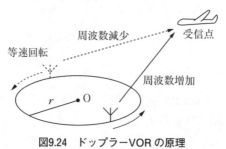

図9.24　ドップラーVOR の原理

なる。すなわち、送信波は周波数変調された電波として受信されることになる。このとき、送信点から見た受信点の方向と最大周波数偏移の関係は常に一定である。DVORはこの原理を使い、基準位相信号と可変位相信号との位相差を検出して、VOR局から見た受信点の方位を決定する。

　実際には、直径が波長の5倍の円周上に50個（または48個）のアルホードアンテナを等間隔に並べ、給電するアンテナを次々と一定回転方向に切り換えることにより、前述の回転するアンテナと同様の効果を得ている。給電する信号は、VHFの搬送波周波数より9.96〔kHz〕離れた上下二つの側帯波であり、図9.25のように、これを対角線上にある二つのアンテナに給電し、これを回転する。回転速度は、CVORの放射パターンの回転速度と同じ30〔rps〕であり、回転方向は、CVORとの両立性を得るために逆方向にしてある。これを受信すると、最大周波数偏移が480〔Hz〕の30〔Hz〕でFMされた可変位相信号となる。また、円の中心には1個または4個で構成されたアルホードアンテナが設置されていて、これから可変位相信号と同じ30〔Hz〕でAMされた基準位相信号が送信されている。

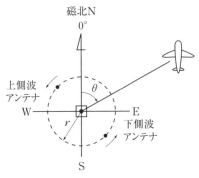

図9.25　DVOR の実際のアンテナ

（c）　VOR 受信機

　図9.26はVOR受信機の構成例である。VOR電波は通常のスーパヘテロダイン受信機で受信され、基準位相信号と可変位相信号をそれぞれFM及びAM検波して取り出し、位相比較器で両信号の位相差を検出して指示器へ出力する。この受信機でCVORを受信した場合は、30〔Hz〕フィルタの出力①が基準位相信号であり、出力②が可変位相信号となるが、DVORを受信した場合は、出力①が可変位相信号で出力②が基準位相信号となる。しかし、前述したように、

DVOR の送信アンテナの回転方向が CVOR の放射パターンの回転方向と逆になっているので、位相検出器の出力は正常になる。このように VOR 受信機には、なんら手を加えることなく CVOR と DVOR を利用できる。

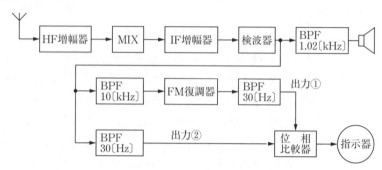

図9.26　VOR 受信機の構成例

⑷　ILS

ILS（instrument landing system）は**計器着陸装置**といわれ、図9.27 のように、ローカライザ（水平面誘導電波）、グライドパス（垂直面誘導電波）、マーカビーコンによって構成されていて、電波により航空機を安全に滑走路まで誘導するシステムである。

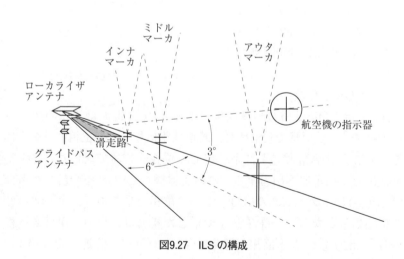

図9.27　ILS の構成

(a) ローカライザ（LLZ：localizer）

航空機が滑走路へ進入するとき、滑走路の中心線の延長線からのずれを航空機の指示器上に表示する装置である。

図9.28のように、滑走路の末端に置かれたアンテナから放射される電波の**変調度パターン**（変調度が同じ値の点の軌跡、変調度＝側波強度/搬送波強度）は、滑走路の中心線に対して左右対称で、航空機から見て右側では150〔Hz〕、左側では90〔Hz〕で、それぞれ変調した電波の変調度が大きくなるように合成されている。したがって、航空機が滑走路の中心線の延長線上より右側にいるときは150〔Hz〕信号が強くなり、機上の指示器は左方向に振れて左へ向けて飛行するよう指示し、左側にいるときは90〔Hz〕信号が強くなって右に向けるよう指示する。パイロットはこの指示器を見て、その指示が常に中央にいるように操縦する。使用する電波の周波数は、108〜112〔MHz〕帯から選ばれ、上記の航法信号のほかに1 020〔Hz〕による識別符号で変調されている。

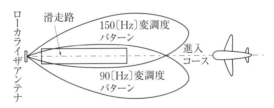

図9.28 ローカライザの変調度パターンと進入コース

150〔Hz〕、90〔Hz〕の変調度をそれぞれ M_{150}、M_{90} とすれば、**DDM**（difference in depth of modulation：変調度差）は、

$$DDM = M_{90} - M_{150}$$

と定義される。したがって、$DDM >$、$=$、< 0 によって、航空機のコースからの位置が決まることになる。

なお、実際に使用されているアンテナは同じアンテナ（例えば対数周期ダイポール、コーナレフレクタ、八木アンテナなど）を多数並べ

たものである。

(b) グライドパス（GP：glide path）

滑走路へ進入するときの正しい進入角（通常は2.5〜3度）を指示器に表示する装置であり、**グライドスロープ**（GS：glide slope）とも呼ばれる。

滑走路の横に設置されたグライドパスアンテナにより、図9.29に示すように、正しい降下路の上側では90〔Hz〕信号が、下側では150〔Hz〕信号が、それぞれ強くなるような変調度パターンが作られている。滑走路へ進入してきた航空機が正しい降下路の上側にいるときには90〔Hz〕信号が強く、下側では150〔Hz〕が強くなり、指示器はそれぞれ下方と上方に振れて下降と上昇の指示を与える。したがって、パイロットは両信号が等しくなる点、すなわち指示器の振れが中央になるように操縦すれば、正しい降下路に沿って降下できる。使用周波数は329〜335〔MHz〕帯から選ばれ、必ずローカライザの周波数と組になっているので、ILS受信機でローカライザの周波数を選定すればグライドパスの周波数は自動的に設定される。

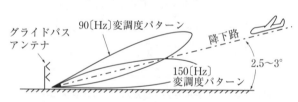

図9.29　グライドパスの変調度パターンと降下路

(c) **マーカビーコン**（marker beacon）

進入コース上の航空機から滑走路進入端までのおよその距離を知らせるためのコース上に設置されているビーコンであり、通常、インナマーカ、ミドルマーカ、アウタマーカの3個で構成される。図9.30は各マーカのアンテナ位置を示す。各アンテナは75〔MHz〕の2素子ダイポールアンテナであり、ビームを上空に向けて設置している。

インナマーカ（inner marker）は、3〔kHz〕の毎秒6個のドット信号で75〔MHz〕の搬送波をAMした信号であり、滑走路進入端か

ら75〜450〔m〕に設置されたアンテナから放射される。

ミドルマーカ（middle marker）は、1.3〔kHz〕によりドットとダッシュの交互信号で75〔MHz〕をAMした信号であり、滑走路進入端から900〜1 200〔m〕の点に設置されたアンテナから放射される。

アウタマーカ（outer marker）は、400〔Hz〕の毎秒2個のダッシュ信号で75〔MHz〕をAMした信号であり、滑走路進入端から6.5〜11.1〔km〕の点に設置されたアンテナから放射される。

これらの断続音に加えて、アウタマーカ（紫）、ミドルマーカ（橙）、インナマーカ（白）の各ランプによっても表示される。

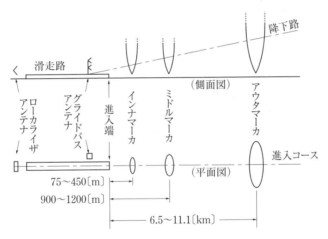

図9.30　各マーカの位置と放射パターン

9.4　GMDSS

GMDSS（global maritime distress and safety system）は**全世界海上遭難安全システム**であり、国際的に統一された装置を使用した海上遭難救援システムである。古くから多くの海難通信方式が別々に作られ、また、近年は衛星を使用した装置も開発され、それぞれ使用されてきた。これらの装置を改良及び自動化して結合し、全世界で一つのシステムとして構成したものがGMDSSであるといえる。このた

め以下のような多くの通信及び遭難通報システムがGMDSSの内の
それぞれ単独のシステムとして認められている。なお、GMDSSは海
難通信として構築されたものであるが、衛星を使用した短時間の遭難
通報が可能となったため、航空機でも使用できるようになった。

① 　中波、短波、超短波の各無線電話
② 　航行警報テレックス（NAVTEX）
③ 　狭帯域直接印刷電信（NBDP)
④ 　デジタル選択呼出し（DSC)
⑤ 　捜索救助用レーダトランスポンダ（SART）
⑥ 　衛星通信（インマルサット）
⑦ 　非常用位置指示無線標識（EPIRB)

ここでは、このうちの主なものについて解説する。

9.4.1　狭帯域直接印刷電信装置（NBDP)

狭帯域直接印刷電信装置はSSB送受信機と接続して、7ビット符
号を使った通信文を海岸局や船舶局間で自動的に送受する印刷電信装
置である。電波型式はサブキャリア1 700〔Hz〕周波数偏移±85
〔Hz〕のF1Bで、変調速度100〔ボー〕★のFSKである。周波数は
2 174.5〔kHz〕のほか、短波帯において5波が割り当てられている。

　このような無線電信では、混信や雑音等によりビット誤りが生ずる
ので、ARQまたはFEC誤り訂正方式が採用されている。ARQは1
対1の通信で行われる方式であり、受信側で誤りを検出すると、誤り
がなくなるまで繰り返し再送要求をする。FECには放送のように1
対多数の通信で行われるCFECと特定複数局へ放送するSFECがあ
り、同じ符号を2度送信する。受信側では正しい方の符号を文字に変
換して印字するが、両方誤っていれば誤りのマーク（アスタリスク）

★ボー（baud）：変調速度の単位。1秒に1回変調する速度を1ボーという。
　例えば、1回の変調で2〔bit〕を送る100ボーの送信機の伝送速度は200
　〔bps〕である。

を印字する。

9.4.2 NAVTEX（ナブテックス）

NAVTEX（navigation telex）は、**航行警報テレックス**とも呼ばれ、中波帯 518〔kHz〕の F1B 電波を使用した一方向誤り訂正方式の狭帯域直接印刷電信（NBDP：narrow band direct printer）による海上安全情報（MSI：maritime safety information）を放送するシステムである。海上安全情報は、航行警報、気象警報、捜索救助情報などの緊急情報などであり、我が国では海上保安庁と気象庁から送られる。受信機では、これらの情報のうち、遭難通報や緊急情報などの重要な情報を除いて選択受信ができ、出力は印刷される。NAVTEX は通常英文で放送されるが、我が国では 424〔kHz〕を使用して和文による放送も行われている。

9.4.3 デジタル選択呼出し（DSC）

DSC（digital selective calling）はデジタル信号を使用して、送受が同期をとってグループ局や特定の無線局を選択的に呼出して情報を送ることができる装置である。10〔bit〕のデジタル信号を、中波と短波では 100〔ボー〕の速度で、超短波では 1 200〔ボー〕の速度で一定周期で同じコードを繰り返し送信する。デジタル信号の最初から 7〔bit〕は、10 進数に直して 0～127 に対応しており、それぞれ特別の意味を持たせている。例えば、112 は遭難呼出し、116 は全船呼出し、遭難の場合には遭難の種類（100～124）などである。後部の 3〔bit〕は誤り検出符号である。DSC 信号全体は呼出し信号に続く遭難呼出しや全船呼出しなどのフォーマット信号及び各種情報によって構成される。

9.4.4 捜索救助用レーダトランスポンダ（SART）

SART（search and rescue radar transponder）とも呼ばれ、生存艇に装備されて捜索艇などのレーダにその遭難場所を指示するもので

ある。船舶や航空機に搭載されている9〔GHz〕帯のレーダから発射された電波をSARTが受信すると、受信したことを音などで遭難者に知らせるとともに発振回路が作動し、レーダ周波数の範囲内で300〔MHz〕にわたって周波数が一方向に連続的に12回繰り返し変化する電波を発射する。このため船舶や航空機に搭載されているレーダには何も手を加えることなく画面上に、SARTの位置から自船（自機）とは反対方向に12個の輝点が表示される。これにより捜索艇は、生存艇または遭難艇までの距離と方向を知ることができる。有効範囲は、海上で10マイル、航空機で30マイルである。

9.4.5 衛星通信

船舶通信に使う衛星としてインマルサットがあり、船舶に装備されている無線局（船舶地球局）からインマルサットと海岸地球局を経由して、目的の相手と交信及び情報の伝送ができる。インマルサットが提供するサービスの主なものは、電話、テレックス、データ通信、遭難・緊急・安全通信などがある。

9.4.6 衛星EPIRB

EPIRB（emergency position indicating radio beacon）は、**非常用位置指示無線標識**（イーパブ）と呼ばれ、北米においてサーサット衛星により航空機の緊急位置送信装置（ELT）として開発されたものであるが、当時のソ連でもコスパスという同様のシステムを作ることが決められたため、両衛星を共同運営する**コスパス・サーサットシステム**（COSPAS/SARSAT system）が作られた。

コスパス・サーサットシステムを使う406MHz極軌道衛星利用EPIRBは、これを装備した船舶が遭難したとき、船が沈没すれば水圧センサーが働き自動的に離脱して浮上し、また、救命艇などに持ち込めば手動でそれぞれ遭難信号を発信することができる。コスパス・サーサットは約100分間で地球を一周する極軌道衛星であり、4個以上が回っているので、平均約1時間半で地球上のどの地点からでもい

ずれかの衛星を十数分間見ることができる。この間、衛星では EPIRB からの信号を十数回受信でき、受信波のドップラー偏移からその発射点が求められる。EPIRB から発射される信号は、ドップラー偏移を求めるための無変調信号に続くデジタル信号により、ビーコン識別データ、遭難の種類、船名識別データなどで構成されている。これらのデータは衛星に蓄積され、地球局上空に来たときに取り出すことができる。

9.4.7 EGC 受信機

EGC（enhanced group calling）**受信機**はインマルサット高機能グループ呼出し受信機とも呼ばれ、NAVTEX のサービス域を超える海域を航行する船舶に搭載が義務付けられている。EGC とはインマルサット人工衛星局の機能を利用した、全船舶向け、地域別向け、船団向けに行われる情報の伝送のことである。海岸地球局が EGC により情報を送信すると、EGC 受信機により自動受信される。この情報には、セーフティネット（Safety NET）とフリートネット（Fleet NET）の二つのサービスがあり、内容はそれぞれ以下のようになっている。なお、この受信機はインマルサット C システムにも内蔵されているので、C システムを装備している場合は EGC 受信機を搭載しているものとみなされる。

⑴　**セーフティネットサービス**

海上保安庁や気象庁からの海上保安情報で、以下のものがありこれらは無料で提供される。

航行警報、気象警報と予報、船舶向け遭難情報とその他の緊急情報、NAVTEX の再放送、流氷警報。

⑵　**フリートネットサービス**

加入者が対象の商用放送であり、契約した特定のグループに対して以下の内容が有料で放送される。

全社の船舶に対する一斉放送、ニュースと娯楽放送、電子海図の修正情報と気象情報、商品市況、自国籍船に対する一斉放送。

　次の記述は、ドプラ VOR（DVOR）の原理について述べたものである。[　　]内に入れるべき字句の正しい組合せを下の番号から選べ。

⑴　DVOR は、原理図に示すように、等価的に円周上を 1,800〔rpm〕の速さで周回するアンテナから電波を発射するものである。この電波を遠方の航空機で受信すると、ドプラ効果により、[A]で周波数変調された可変位相信号となる。また、中央の固定アンテナから、周回するアンテナと同期した 30〔Hz〕で振幅変調された基準位相信号を発射する。

⑵　実際には、円周上に等間隔に並べられたアンテナ列に、給電するアンテナを次々と一定回転方向に切り換えることで、⑴の周回アンテナを実現している。この際、標準 VOR（CVOR）との両立性を保つため、ドプラ効果による周波数の偏移量が CVOR の基準位相信号の最大周波数偏移（480〔Hz〕）と等しくなるよう、円周の直径 2r を搬送波の波長の約[B]倍にするとともに、その回転方向を、CVOR と[C]にする。

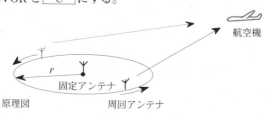

原理図　　　　　　　周回アンテナ

	A	B	C
1	30〔Hz〕	8	同一方向
2	30〔Hz〕	5	同一方向
3	30〔Hz〕	5	逆方向
4	60〔Hz〕	5	同一方向
5	60〔Hz〕	8	逆方向

次の記述は、レーダーに用いられるパルス圧縮技術の原理について述べたものである。□□□内に入れるべき字句の正しい組合せを下の番号から選べ。

(1) 線形周波数変調（チャープ）方式によるパルス圧縮技術は、送信時に送信パルス幅 T〔s〕の中の周波数を、f_1〔Hz〕から f_2〔Hz〕まで直線的に Δf〔Hz〕変化（周波数変調）させて送信する。反射波の受信では、遅延時間の周波数特性が送信時の周波数変化 Δf〔Hz〕と　A　の特性を持ったフィルタを通してパルス幅が狭く、かつ、大きな振幅の受信出力を得る。

(2) このパルス圧縮処理により、受信波形のパルス幅が T〔s〕から　B　〔s〕に圧縮され、せん頭値の振幅は $\sqrt{T\Delta f}$ 倍になる。

(3) せん頭送信電力に制約のあるパルスレーダーにおいて、探知距離を増大するには送信パルス幅を広くする必要があり、他方、　C　分解能を向上させるためには送信パルス幅を狭くする必要がある。これらは相矛盾するものであるが、パルス圧縮技術によりこの問題を解決し、パルス幅が広く、かつ、低い送信電力のパルスを用いても、大電力で狭いパルスを送信した場合と同じ効果を得ることができる。

	A	B	C
1	逆	$T/\Delta f$	方位
2	逆	$T/\Delta f$	距離
3	逆	$1/\Delta f$	距離
4	同一	$T/\Delta f$	方位
5	同一	$1/\Delta f$	距離

次の記述は、レーダー方程式において、送信電力等のパラメータを変えた時の最大探知距離（R_{max}）の変化ついて述べたものである。 内に入れるべき字句の正しい組合せを下の番号から選べ。ただし、R_{max} は、レーダー方程式のみで決まるものとし、最小受信電力は、信号の探知限界の電力とする。

(1) 最小受信電力が 4 倍大きい受信機を用いると、R_{max} の値は、約 A 倍になる。

(2) 送信電力を16倍にすると、R_{max} の値は、 B 倍になる。

(3) 物標の有効反射断面積を 4 倍にすると、R_{max} の値は、約 C 倍になる。

	A	B	C
1	1.4	2.0	1.7
2	1.4	4.0	1.7
3	0.7	2.0	1.4
4	0.7	4.0	1.7
5	0.7	4.0	1.4

練習問題・解答　Ⅰ 3　Ⅱ 3　Ⅲ 3

第10章

電　源

　最近の電子機器類はほとんどすべてが固体化されていて、非常に
微弱な信号を扱うため、雑音がなく電圧の安定している電池または
交流を整流した直流が使用される。ここでは、交流から安定した直
流にするまでの回路と電力変換装置及び電池を扱うことにする。

10.1　整流回路

　整流回路は、交流を一定方向に流れる電流に変換する回路であり、
この回路だけで一定の電圧（直流）を得るものではない。整流回路に
は、半波整流回路、全波整流回路、倍電圧整流回路などがある。

10.1.1　半波整流回路

　図10.1（a）のように、ダイオードによって交流の半サイクルのみ
を流すようにした回路が**半波整流回路**である。必要な電圧は、通常、

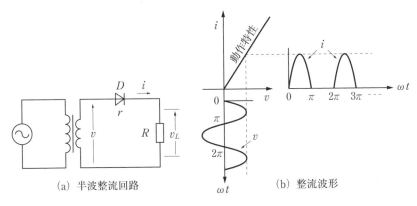

(a) 半波整流回路　　　　　　(b) 整流波形

図10.1　半波整流回路と整流波形

第10章　電源

333

変圧器により昇圧または降圧して得られる。

(1) 半波整流波の平均値と実効値

図10.1 (a) において、変圧器 2 次側の電圧を v、ダイオードの動作特性を直線とすれば、ダイオード D に流れる電流 i は、同図 (b) のように正の半サイクルの脈流となる。v の最大値を V_{max}、交流の角周波数を ω、ダイオードの順方向抵抗を r、負荷抵抗を R とすれば、i は次式で与えられる。

$$\left. \begin{array}{ll} i=\dfrac{V}{r+R}=\dfrac{V_{max}}{r+R}\sin\omega t & 2n\pi\leqq\omega t<(2n+1)\pi \\[2mm] i=0 & (2n+1)\pi\leqq\omega t<2(n+1)\pi \\[1mm] & (n=0,\ 1,\ 2\cdots) \end{array} \right\} \cdots(10.1)$$

負荷抵抗の端子電圧を v_L、その最大値を V_L とすれば、v_L は次式で表される。

$$\begin{aligned} v_L &= iR = \frac{RV_{max}}{r+R}\sin\omega t \\[2mm] &= V_L\sin\omega t \qquad\qquad 2n\pi\leqq\omega t<(2n+1)\pi \qquad \cdots(10.2) \end{aligned}$$

v_L の平均値を V_{dc}、実効値を V_e とすれば、これらは定義から次式のようになる。

$$\begin{aligned} V_{dc} &= \frac{1}{2\pi}\int_0^{2\pi} v_L\,d(\omega t) \\[2mm] &= \frac{1}{2\pi}\int_0^{\pi} V_L\sin\omega t\,d(\omega t) \\[2mm] &= \frac{V_L}{2\pi}\{-\cos\omega t\}_0^{\pi} = \frac{V_L}{\pi} \qquad\qquad \cdots(10.3) \end{aligned}$$

$$\begin{aligned} V_e &= \sqrt{\frac{1}{2\pi}\int_0^{2\pi} v_L^2\,d(\omega t)} \\[2mm] &= \sqrt{\frac{1}{2\pi}\int_0^{\pi} V_L^2\sin^2\omega t\,d(\omega t)} \end{aligned}$$

$$= \sqrt{\frac{V_L{}^2}{2\pi} \int_0^\pi \frac{1-\cos{(2\omega t)}}{2} d(\omega t)}$$

$$= \sqrt{\frac{V_L{}^2}{2\pi} \left[\frac{\omega t}{2} - \frac{\sin{(2\omega t)}}{4} \right]_0^\pi} = \frac{V_L}{2} \qquad \cdots (10.4)$$

V_{dc} を v の最大値 V_{max} で表すと、

$$V_{dc} = \frac{1}{\pi} \cdot \frac{R}{r+R} V_{max} = \frac{V_{max}}{\pi} \cdot \frac{1}{1+r/R} \qquad \cdots (10.5)$$

となる。この電圧 V_{dc} を整流回路の出力電圧という。

(2) **リプル含有率（リプル率、脈動率）**

整流されたままの電圧は、極性が一方向であるというだけで電池の電圧のように一定ではなく、変動の大きな脈流である。この脈流中には直流成分のほかに多くの高調波による交流成分（リプル）が含まれている。この交流成分が少ないほど直流電源として良いことになり、その目安としてリプル含有率が定義されている。

リプル含有率を γ とすれば、γ は次式によって定義される。

$$\gamma = \frac{整流された電圧（電流）の交流成分の実効値}{整流された電圧（電流）の直流成分} \qquad \cdots (10.6)$$

v_L 中に含まれる交流成分の瞬時値を v_{ac}、その実効値を V_{eac} とすれば、次式が成り立つ。

$$v_L = V_{dc} + v_{ac} \qquad\qquad\qquad \cdots (10.7)$$

$$V_e{}^2 = V_{dc}^2 + V_{eac}^2 \qquad\qquad\qquad \cdots (10.8)$$

$$\therefore \quad V_{eac} = \sqrt{V_e{}^2 - V_{dc}^2} \qquad\qquad \cdots (10.9)$$

したがって、リプル含有率は、式（10.6）から次式で表される。

$$\gamma = \frac{V_{eac}}{V_{dc}} = \frac{\sqrt{V_e^2 - V_{dc}^2}}{V_{dc}} = \sqrt{\left(\frac{V_e}{V_{dc}}\right)^2 - 1} \qquad \cdots(10.10)$$

半波整流回路のリプル率 γ は、式 (10.3) と (10.4) の値を式 (10.10) へ代入して次式となる。

$$\gamma = \sqrt{\left(\frac{V_L/2}{V_L/\pi}\right)^2 - 1} = \sqrt{\frac{\pi^2}{4} - 1} \fallingdotseq 1.21 \qquad \cdots(10.11)$$

(3) 電圧変動率

電圧変動率を ε とすれば、ε は次式で定義される。

$$\varepsilon = \frac{\text{無負荷時の出力電圧} - \text{定格負荷時の出力電圧}}{\text{定格負荷時の出力電圧}} \qquad \cdots(10.12)$$

無負荷時の出力電圧 V_0 は、式 (10.5) において $R \to \infty$ としたときの電圧であるから、

$$V_0 = \lim_{R \to \infty}\left(\frac{V_{max}}{\pi} \cdot \frac{1}{1 + r/R}\right) = \frac{V_{max}}{\pi} \qquad \cdots(10.13)$$

となる。

したがって、半波整流回路の電圧変動率 ε は、V_0 と定格負荷時の出力電圧として式 (10.5) の V_{dc} を式 (10.12) へ代入すれば、次式となる。

$$\varepsilon = \frac{V_{max}/\pi - V_{max}R/\{\pi(r+R)\}}{V_{max}R/\{\pi(r+R)\}} = \frac{r}{R} \qquad \cdots(10.14)$$

すなわち、電圧変動率はダイオードの順方向抵抗が大きいほど、また、負荷抵抗が小さいほど大きい。

(4) 整流効率

整流効率を η とすれば、η は次式で定義される。

$$\eta = \frac{\text{負荷で消費される電力}}{\text{整流回路に供給される交流電力}} \qquad \cdots (10.15)$$

負荷で消費される電力を P_{dc} とすれば、P_{dc} は、

$$P_{dc} = \frac{V_{dc}^2}{R} = \frac{RV_{max}^2}{\pi^2(r+R)^2} \qquad \cdots (10.16)$$

となる。また、整流回路に供給される交流電力 P_i は、

$$P_i = \frac{1}{2\pi} \int_0^\pi \frac{v^2}{r+R} d(\omega t) = \frac{V_{max}^2}{4(r+R)} \qquad \cdots (10.17)$$

である（式（10.4）参照）。

したがって、半波整流回路の整流効率 η は次式で与えられる。

$$\eta = \frac{P_{dc}}{P_i} = \frac{RV_{max}^2/\{\pi(r+R)\}^2}{V_{max}^2/\{4(r+R)\}}$$

$$= \frac{4}{\pi^2} \cdot \frac{1}{1+r/R} \qquad \cdots (10.18)$$

もし、ダイオードの抵抗が無視できれば、$r=0$ であるから

$$\eta = \frac{4}{\pi^2} \fallingdotseq 0.405 \qquad \cdots (10.19)$$

となり、これが巻線抵抗やトランスの磁気回路などによる損失がないときの理想半波整流回路の整流効率である。

10.1.2 全波整流回路

図10.2（a）（b）はともに**全波整流回路**または**両波整流回路**と呼ばれるものである。同図（b）は**ブリッジ整流回路**とも呼ばれ、同図（a）と比べてダイオードの数が倍であるので、一つのダイオードに加

わる電圧が半分になるとともに
トランスの２次巻線も半分で済
む。

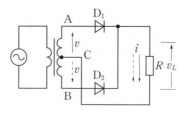

(a) 全波整流回路

　同図（a）において、トラン
ス２次側の端子Ｃは中間タッ
プであり、端子 AC 間と BC
間の電圧 v は等しく作られて
いる。いま、２次側の端子Ｂ
からＡ方向に電圧が発生した
とすると、端子Ｃから見た端
子ＡとＢの極性はそれぞれ ＋
と － になり、D_1 が導通となっ
て負荷に正の半サイクルの電流
を流すが、D_2 は導通とならな
い。逆に、端子ＡからＢ方向
に電圧が発生したときは、D_2
が導通となり、入力の負の半サ
イクルが反転して負荷に電流を
流すが、D_1 は導通とならない。
したがって、出力波形は同図
（c）のようになる。

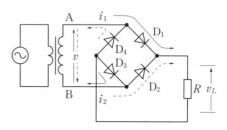

(b) ブリッジ全波整流回路

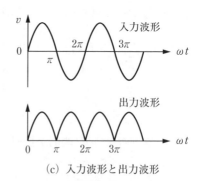

(c) 入力波形と出力波形

図10.2　全波整流回路と整流波形

　同図（b）では、端子Ｂから
Ａ方向に電圧が発生すると、
ダイオード D_1 と D_3 が導通となり、D_2 と D_4 は導通にならないので
図の実線方向の電流が流れ、また、逆方向の電圧に対しては点線方向
の電流が流れる。出力波形は同図（a）の回路の場合と同じになる。

(1)　**全波整流波の平均値と実効値**
　負荷に流れる電流 i と負荷の端子電圧 v_L はそれぞれ次式で表される。

$$i = \frac{1}{r+R} V_{max} |\sin \omega t| \qquad \cdots (10.20)$$

$$v_L = iR = \frac{R}{r+R} V_{max} |\sin \omega t| = V_L |\sin \omega t| \qquad \cdots (10.21)$$

ただし、図10.2 (b) の場合、r の値は同図 (a) の場合の2倍となる。v_L の平均値 V_{dc} と実効値 V_e は、それぞれ次式のように計算される。

$$V_{dc} = \frac{1}{2\pi} \int_0^{2\pi} v_L \, d(\omega t)$$

$$= \frac{1}{\pi} \int_0^{\pi} V_L \sin \omega t \, d(\omega t) = \frac{2V_L}{\pi} \qquad \cdots (10.22)$$

$$V_e = \sqrt{\frac{1}{2\pi} \int_0^{2\pi} v_L{}^2 \, d(\omega t)}$$

$$= \sqrt{\frac{1}{\pi} \int_0^{\pi} V_L{}^2 \sin^2 \omega t \, d(\omega t)} = \frac{V_L}{\sqrt{2}} \qquad \cdots (10.23)$$

V_{dc} は出力電圧であり、入力電圧の最大値で表すと次式となる。

$$V_{dc} = \frac{2}{\pi} \cdot \frac{RV_{max}}{r+R} = \frac{2V_{max}}{\pi} \cdot \frac{1}{1+r/R} \qquad \cdots (10.24)$$

このように、全波整流波の平均値と出力電圧は、半波整流波の値の2倍、また、実効値は $\sqrt{2}$ 倍となることが分かる。

(2) リプル含有率

半波整流の場合と同様にして、全波整流波のリプル含有率は、定義式 (10.6) 及び式 (10.22) と (10.23) から、次式で与えられる。

$$\gamma = \sqrt{\left(\frac{V_e}{V_{dc}}\right)^2 - 1}$$

$$= \sqrt{\left(\frac{V_L/\sqrt{2}}{2V_L/\pi}\right)^2 - 1} = \sqrt{\frac{\pi^2}{8} - 1} \fallingdotseq 0.483 \qquad \cdots (10.25)$$

(3) 電圧変動率

式 (10.24) から、定格負荷時の出力電圧 V_{dc} と無負荷時の出力電圧 $2V_{max}/\pi$ を式 (10.12) へ代入すると、全波整流の電圧変動率 ε が次

式によって求まる。

$$\varepsilon = \frac{2V_{max}/\pi - 2V_{max}R/\{\pi(r+R)\}}{2V_{max}R/\{\pi(r+R)\}} = \frac{r}{R} \qquad \cdots (10.26)$$

⑷ 整流効率

負荷で消費される電力 P_{dc} は次式となる。

$$P_{dc} = \frac{V_{dc}^2}{R} = \frac{4RV_{max}^2}{\pi^2(r+R)^2} \qquad \cdots (10.27)$$

また、整流回路に供給される交流電力 P_i は半波整流の2倍であるから、式（10.17）より次式となる。

$$P_i = \frac{V_{max}^2}{2(r+R)} \qquad \cdots (10.28)$$

したがって、全波整流回路の整流効率 η は次式で与えられる。

$$\eta = \frac{P_{dc}}{P_i}$$

$$= \frac{4RV_{max}^2/\{\pi(r+R)\}^2}{V_{max}^2/\{2(r+R)\}} = \frac{8}{\pi^2} \cdot \frac{1}{1+r/R} \qquad \cdots (10.29)$$

もし、ダイオードの順方向抵抗が無視できれば、上式は次のようになる。

$$\eta = \frac{8}{\pi^2} \fallingdotseq 0.81 \qquad \cdots (10.30)$$

この値は半波整流の2倍である。このように、全波整流は半波整流より性能が良く、さらに、半波整流のようにトランス2次巻線に一方向のみに電流が流れることによる直流磁化がないので、トランスの利用率が低下しない。

10.1.3 倍電圧整流回路

図10.3と図10.4はいずれも**倍電圧整流回路**であり、それぞれ半波倍電圧整流回路、全波倍電圧整流回路とその出力波形である。

半波倍電圧整流回路では、端子 B が正、A が負のとき、電流は D_1 と C_1 を通って流れ、C_1 には図の方向に交流電圧の最大値 V_{max} まで充電される。端子電圧が反転すると、電流は $C_1 \rightarrow D_2 \rightarrow C_2$ と流れて、C_2 には約 $2V_{max}$ の電圧まで充電される。

全波倍電圧整流回路では、端子 A が正のとき D_1 から C_1 へ流れ、端子 B が正のときは C_2 から D_2 へ流れて C_1 と C_2 にそれぞれ V_{max} まで充電される。出力は二つの電圧の和となるから $2V_{max}$ となる。

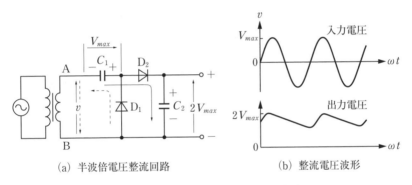

(a) 半波倍電圧整流回路   (b) 整流電圧波形

図10.3　半波倍電圧整流回路と電圧波形

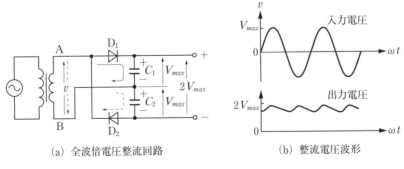

(a) 全波倍電圧整流回路   (b) 整流電圧波形

図10.4　全波倍電圧整流回路と電圧波形

図10.3（a）の回路において、DとCを図10.5のように追加していくとn倍の整流電圧が得られる。これを**コッククロフト**（Cockcroft）**結線**と呼び、耐圧の低いダイオードとコンデンサを使用して高電圧を作ることができる。

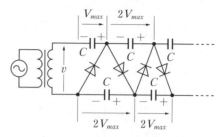

図10.5　n倍電圧整流回路

10.2　平滑回路

整流して得られた脈流を直流に直すこと、すなわち、脈流の中から交流成分を除去する回路を**平滑回路**（smoothing circuit）といい、一種の低域フィルタ回路である。平滑回路は、通常、大容量のコンデンサ（電解コンデンサ）とチョークコイルで構成され、図10.6のようにいくつかの回路がある。いずれも左端子が入力、右端子が出力である。同図（a）〜（c）の回路をコンデンサ入力形、（d）と（e）をチョーク入力形といい、一般に静電容量とインダクタンスが大きいほど平滑の効果が大きい。

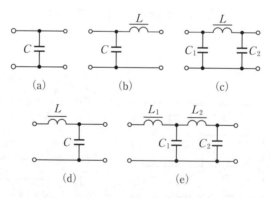

図10.6　各種の平滑回路

10.2.1 コンデンサ入力形平滑回路

図10.7（a）は、コンデンサ入力形半波整流回路である。回路が定常状態になったとき、負荷の端子電圧 v_L は同図（b）のように変動する。すなわち、コンデンサ C には、トランスに誘起する電圧 v が C の端子電圧より大きくなったときから、v がほぼ最大値 V_{max} となるまでの t_1 の間充電される。v が最大値を過ぎると充電は止まり、充電された電荷は負荷抵抗 R を通して t_2 の間放電される。この間の v_L は、コンデンサの容量 C と負荷抵抗の値 R で決まる時定数に従って、次式のように指数関数的に減少していく。

$$v_L = V_{max}\, e^{-\frac{t}{CR}} \qquad\qquad \cdots (10.31)$$

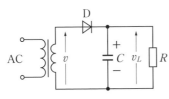

(a) コンデンサ入力形半波整流回路

(b) コンデンサ入力形半波
整流回路の電圧波形

図10.7　コンデンサ入力形半波整流回路と電圧波形

このような充放電特性の正確な解析は非常に複雑であるので、ここでは、簡単のため図10.8のように、v_L がのこぎり波状に変化するものとして解析する。実際、充電時間 t_1 は t_2 に比べて短く、また、時定

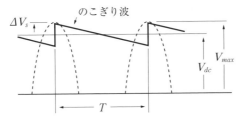

図10.8　平滑出力電圧を近似したのこぎり波

数 CR は交流電圧の周期に比べて非常に大きいので、t_2 の間の減衰特性も直線と見なすことができる。

　図10.8の電圧波形は、直流分の上にのこぎり波成分が重畳されたものである。のこぎり波の振幅を ΔV_s とすると、出力電圧（直流分）V_{dc} は次式となる。

$$V_{dc} = V_{max} - \Delta V_s \qquad \cdots (10.32)$$

　C に蓄積された電荷が周期 T の間に ΔQ 放電されるとすれば、C の端子電圧は $2\Delta V_s$ 低下するから次式が成立する。

$$\Delta Q = 2C\Delta V_s \qquad \cdots (10.33)$$

　また、のこぎり波の実効値 ΔV_e は次式で与えられる。

$$\Delta V_e = \frac{\Delta V_s}{\sqrt{3}} \qquad \cdots (10.34)$$

　したがって、負荷に流れる放電電流 I_{dc} は、電源の周波数を f とすれば、次式となる。

$$I_{dc} = \frac{\Delta Q}{T} = \frac{2C\Delta V_s}{T} = 2fC\Delta V_s = 2\sqrt{3}\,fC\Delta V_e \qquad \cdots (10.35)$$

　式（10.32）と上式から、出力電圧は次式となる。

$$V_{dc} = V_{max} - \frac{I_{dc}}{2fC} \qquad \cdots (10.36)$$

　上式から、コンデンサ入力半波整流回路の出力電圧は、負荷電流の変動に伴って変化することが分かる。また、$I_{dc} = V_{dc}/R$ であるから、上式は次式のようにも表される。

$$V_{dc} = \frac{V_{max}}{1 + 1/(2fCR)} \qquad \cdots (10.37)$$

すなわち、出力電圧の変動は負荷 R が変動することによって生ずることになる。

また、リプル含有率は式 (10.6) と (10.35) から、次式で与えられる。

$$\gamma = \frac{\Delta V_e}{V_{dc}} = \frac{I_{dc}}{2\sqrt{3}\,fCV_{dc}} = \frac{1}{2\sqrt{3}\,fCR} \qquad \cdots (10.38)$$

$$\because \quad V_{dc} = RI_{dc}$$

以上のような、のこぎり波による近似で解析した結果は、実際とよく合うとされている。

10.2.2　チョーク入力形平滑回路

図10.9 (a) はチョーク入力形平滑回路の例であり、同図 (b) はその電圧波形である。すでに述べたように、平滑回路は直流分のみを通過させる一種の低域フィルタであるから、図中のチョークコイル L は、交流成分に対して大きな抵抗を示す必要がある。コイルは変化する電流に対してのみ抵抗を示すので、半波整流波のように半周期のみ電流が流れる回路では効率が悪い。このため、チョーク入力形平滑回路は、常に変化する電流が流れる全波整流回路に使用されるのが普通である。

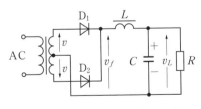

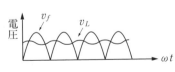

(a) チョーク入力形全波整流回路　　(b) チョーク入力形平滑回路の電圧波形

図10.9　チョーク入力形平滑回路と電圧波形

ここではまず、チョーク入力
形平滑回路として、図10.10の
ように、チョークだけによる平
滑効果について調べてみる。全
波整流波 v_f を、その最大値を
V_{max} としてフーリエ級数に展開
すると、次式のようになる。

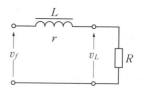

図10.10　チョーク入力形平滑回路

$$v_f = \frac{2V_{max}}{\pi}\left\{1 - \frac{2}{3}\cos(2\omega t) - \frac{2}{15}\cos(4\omega t) - \frac{2}{35}\cos(6\omega t) - \cdots\right\}$$
$$\cdots(10.39)$$

上式から、交流成分の最も低い周波数成分は第2高調波であり、低
域フィルタである平滑回路でこの成分が除去されるとすれば、これよ
り高次の高調波は当然除去される。そこで、平滑回路の入力電圧 v_f
は、直流に第2高調波だけが重畳されたものとする。

いま、チョークコイルのインダクタンスを L、その内部抵抗を r
とすれば、この回路の第2高調波に対する入力インピーダンス Z_2 は、

$$Z_2 = r + R + j2\omega L \qquad\qquad \cdots(10.40)$$

である。したがって、直流出力電圧 V_{dc} は、式 (10.39) の第1項と式
(10.40) の実数部から次式となる。

$$V_{dc} = \frac{2RV_{max}}{\pi(r+R)} \qquad\qquad \cdots(10.41)$$

また、第2高調波電圧の実効値 V_e は、交流電圧の実効値と同じ
(最大値)/$\sqrt{2}$ であるから、式 (10.39) の第2項と式 (10.40) から、

$$V_e = \frac{1}{\sqrt{2}} \cdot \frac{4RV_{max}}{3\pi\sqrt{(r+R)^2 + (2\omega L)^2}} \qquad\qquad \cdots(10.42)$$

となる。したがって、リプル含有率 γ は式 (10.6) から次式で表される。

$$\gamma = \frac{V_e}{V_{dc}}$$

$$= \frac{\sqrt{2}\,(r+R)}{3\sqrt{(r+R)^2+(2\omega L)^2}} = \frac{\sqrt{2}}{3} \cdot \frac{1}{\sqrt{1+\{2\omega L/(r+R)\}^2}} \cdots (10.43)$$

　すなわち、チョークだけの平滑回路では、上式から L が大きいほど、また、負荷抵抗 R が小さく負荷電流が大きいほど、リプル含有率は小さくなることが分かる。

　チョーク入力形平滑回路は、通常、図10.9 (a) のようにコンデンサと組み合わせて構成されるので、これと同じ図10.11 (a) の平滑回路の出力電圧について調べてみる。負荷電流が流れないとき、コンデンサ C は交流入力電圧の最大値 V_{max} まで充電されるので、チョークコイルの両端の電位差がなくなり、交流成分に対するチョークコイルとしての効果はなくなる。負荷電流が流れると C の両端の電圧が下がり、チョークコイルの両端に電圧が現れるのでチョークコイルに電流が流れ、交流に対して抵抗を示すようになる。負荷電流 I_L が増加して、ある値 I_s になるまでこの交流抵抗は増加し続ける。この I_s で平滑効果が最大になり、出力電圧はほぼ $2V_{max}/\pi$ の直流となる。I_s 以上の I_L では、トランスとチョークコイルの巻線抵抗及びダイオードの順方向抵抗による電圧降下が現れて、全体として図10.11 (b) のような特性となる。この図から分かるように、I_L が I_s になるまでの間、出力電圧は大きく変動する。もし、負荷に並列に抵抗 R_b を接続し、I_s の大きさの一定電流を

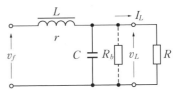

(a) チョーク入力形平滑回路

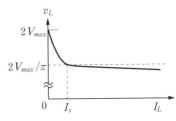

(b) 負荷電流に対する出力電圧特性

**図10.11　チョーク入力形平滑回路と
　　　　　その出力電圧特性**

流しておけば、負荷電流が零付近で変動したときの出力電圧の変動を小さくできる。この抵抗をブリーダ（bleeder）抵抗、その電流をブリーダ電流といい、通常、定格負荷電流の10〜20％とされている。

10.3　直流安定化電源

整流と平滑をして得られた直流電圧は、そのままでは交流電源電圧や負荷の変動に伴って変動する。一方、通信機器類の電源電圧には誤動作や雑音などの発生を避けるために、非常に電圧変動の少ない安定したものが要求される。このため、**安定化電源回路**または**定電圧電源回路**と呼ばれる回路が使われる。安定化電源回路には線形（リニア）方式とスイッチング方式がある。

10.3.1　線形方式安定化電源
線形方式安定化電源回路には、図10.12のように、直列制御形（シリーズレギュレータ）と並列制御形（シャントレギュレータ）がある。

直列制御形回路の場合、もし出力電圧 V_o が変化すれば、それを検出し、基準電圧と比較して変化分を増幅し、制御回路により変化分を打ち消すように働く。すなわち、安定化回路は負帰還回路である。制御回路は可変抵抗と同じ働きをして、V_o が上がれば抵抗値が大きくなって電圧降下を大きくし、下がれば抵抗値が小さくなり電圧降下を少なくする。

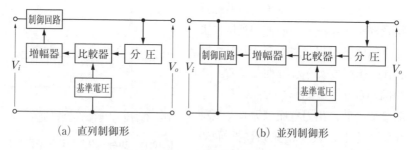

(a) 直列制御形　　　　　　　　(b) 並列制御形

図10.12　安定化電源回路の構成

第10章
電
源

並列制御形の制御回路も上記同様に抵抗値の変わる回路が使われ、その抵抗値と負荷の抵抗値の並列合成抵抗値が常に一定になるように働く。

　直列制御形の方が効率が良く一般に多く使われているので、ここでは図10.13の直列制御形の安定化電源回路例について説明する。最初に同図(a)において、Tr_1 は制御用の大電力トランジスタであり、Tr_2 は検出、比較、増幅を行い、Dz は基準電圧を与える定電圧ダイオード（ツェナーダイオード）である。出力電圧 V_o が上昇すると V_D が上昇し、V_Z が一定であるので V_{BE2} が増加する。このため I_{C2} が増加して R_4 の電圧降下 V_{CB1} が増加する。V_i は変わらないので Tr_1 のベース電圧が低下してエミッタ電圧（出力電圧）V_o を下げる。逆に

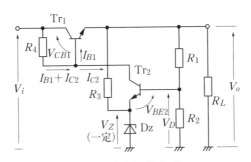

(a) 基本安定化電源回路

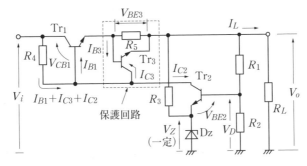

(b) 電流制限形保護回路付き安定化電源回路

図10.13　直列制御形安定化電源回路

出力電圧 V_o が下降した場合は、この逆の動作をするので出力電圧は一定に保たれる。

次に、図10.13 (b) のように、トランジスタ Tr_3 と抵抗 R_5 で構成される電流制限形保護回路がある場合について考える。Tr_3 は、負荷電流 I_L が許容値以内のときには R_5 の電圧降下 V_{BE3} が小さいので、ほとんど動作しない。もし、I_L が許容値を超えると V_{BE3} が上昇して I_{B3} が流れ、Tr_3 が導通し I_{C3} が流れる。このため、R_4 の電圧降下 V_{CB1} が大きくなり Tr_1 のベース電圧を押し下げて I_{B1} が減少するので Tr_1 を非導通にする。このようにして負荷電流 I_L を遮断する。

10.3.2　スイッチング方式安定化電源（スイッチングレギュレータ）

直線方式は、電圧を制御する手段としてトランジスタ抵抗による電圧降下を利用しているため常に電力損失が存在し、特に大電力電源ではトランジスタの温度上昇などが問題となる。スイッチング方式は、この問題を解決して効率良い安定化電源にしたものであり、チョッパ方式、制御整流方式、インバータ方式などがある。ここでは一般に多く使用されているチョッパ方式について説明する。

チョッパ方式は、パルスによりチョッパトランジスタの ON、OFF を制御して、単位時間に通過させる電力量を変えるもので、パルスの幅、周波数、位相の各制御方法がある。図10.14はパルス幅制御ス

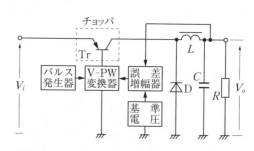

図10.14　スイッチング方式安定化電源の構成例

イッチング方式の安定化電源の構成例であり、パルス発生器は平滑回路の LC による共振周波数より十分高い周波数のパルスを発生する。V_o と基準電圧との差の誤差電圧により電圧–パルス幅（V–PW）変換器を制御し、誤差電圧に対応したパルス幅を得る。このパルスをチョッパトランジスタ Tr のベースに加えて V_i の導通時間を制御し、

チョーク入力平滑回路により導通時間に対応した直流出力電圧を得る。ダイオード D は**フライホイールダイオード**（flywheel diode）と呼ばれ、L に蓄えられたエネルギーを Tr が OFF の間に C に放電する役目をする。このため、L には常に電流 i_L が流れていることになる。

図10.15は動作説明図と各部の波形である。同図（a）のスイッチ S はチョッパトランジスタと同じ動作をして、パルスの制御により ON、OFF を繰り返すものとする。S が ON の Δt_1 の間、L に電流が流れて C に充電される。Δt_1 または Δt_2 の間の i_L の変化量を ΔI_L とすれば、ON のとき回路は次式の関係が成立する。

$$V_i = V_o + L\frac{\Delta I_L}{\Delta t_1} \qquad \cdots(10.44)$$

また、OFF の Δt_2 の間は、L に蓄えられたエネルギーが D を通って C に放電される。このときは次式の関係が成立する。

$$V_o = L\frac{\Delta I_L}{\Delta t_2} \qquad \cdots(10.45)$$

したがって、スイッチングの周期を T とすれば、これら2式から次式の関係が得られる。

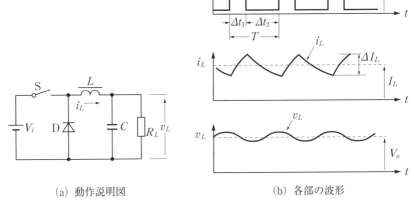

| (a) 動作説明図 | (b) 各部の波形 |

図10.15　スイッチング方式安定化電源の原理

$$V_o = \frac{\Delta t_1}{\Delta t_1 + \Delta t_2} V_i = \frac{\Delta t_1}{T} V_i \qquad \cdots (10.46)$$

　上式から、Δt_1 を変えればパルス幅制御方式、T を変えれば周波数制御方式の安定化電源となることが分かる。

　スイッチング方式は、線形方式に比べて効率が良く小型にできるなどの長所がある反面、リプルと雑音が多く、回路が複雑になるなどの短所がある。しかし、現在では回路は IC 化され、また、リプルと雑音はフィルタによって取り除くことができるので、広く使用されるようになった。

10.4　電力変換装置

　電力変換装置を広い意味でコンバータといい、交流または直流電力を任意の電圧の交流または直流電力に変換する装置である。コンバータの入出力の組合せにより、DC-DC コンバータ、DC-AC コンバータ、AC-DC コンバータなどのように呼ばれる。このうち特にDC-AC コンバータをインバータと呼ぶ。コンバータにはモータなどの回転機を使用する方法と、トランスと半導体素子などによる電子回路を使用する方法があるが、ここでは後者について説明する。

10.4.1　インバータ（DC-AC コンバータ）

　蓄電池などの直流から交流を作るもので、主に商用電源が停電したときに代替として使用される。交流の場合は電圧の変換にトランスを使用するが、直流では使用できない。そこで、図10.16の動作説明図のように、スイッチ S_1 と S_2 を連動させ、電流の方向を交互に切り替えて擬似交流を作りトランスの1次側に加えると、2次側には方形波に近い交流電圧が発生する。これを正弦波にするには低域フィ

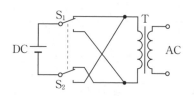

図10.16　インバータの動作説明図

ルタを通して高調波成分を除去すればよい。出力電圧はトランスの巻線比を変えることによって自由に設定できる。実際のインバータでは、スイッチとしてトランジスタが使われる。また、トランス1次側回路として方形波の発振回路を使用することもできる。

10.4.2　DC−DC コンバータ

　直流電圧を昇圧または降圧する装置で、前述のインバータ出力に整流回路と平滑回路を付け加えたものである。図10.17はDC−DC コンバータの回路例であり、昇圧（降圧）用トランス T_2 のほかにトランス T_1 を使用し、2個のトランジスタをプッシュプル的に動作させて T_2 の2次側に方形波を発生させる。これを整流し平滑して直流電圧を得る。出力電圧は T_2 の巻線比によって変えられる。

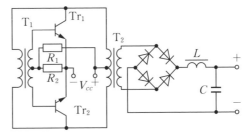

図10.17　トランジスタによる
DC-DC コンバータの例

10.5　電池

　電池は化学エネルギーを電気エネルギーに変換して取り出す電源であり、1次電池と2次電池に大別される。1次電池は生産工場で封印された化学エネルギーをすべて使い終わるとそのまま廃棄されるもので、マンガン乾電池やアルカリ乾電池などがある。2次電池は、電気エネルギーを化学エネルギーに変換（充電）して蓄え、これを電気エネルギーとして取り出して（放電）使用するもので、充電、放電を繰り返して使用できる。これは蓄電池と呼ばれ、鉛蓄電池やニッケル水素蓄電池、ニッケルカドミウム蓄電池、リチウムイオン電池などがある。

10.5.1　1次電池

マンガン乾電池は古くから使われ、二酸化マンガン（MnO_2）を減極剤にした陽極と亜鉛を陰極にして、塩化亜鉛または塩化アンモニウム溶液を電解液としたもので、現在でも広く使用されている。なお、陽極に使用されている炭素棒は集電棒であって反応には関係しない。公称電圧は化学反応で決まり、1.5〔V〕である。電池を使用すると、端子電圧は徐々に低下していく。この低下の割合は、連続して使用するよりもある程度の休止時間をおいて繰り返し使用する方がゆるやかになる。これは電池に電圧回復力があるためである。電池の容量は、通常、通電時間とその電流の積（アンペア時）によって表されるが、乾電池の場合は、端子電圧が実用限度の電圧に低下するまでの時間によって表される。

アルカリ乾電池は、減極剤に酸化第二水銀（Hg_2O）と MnO_2 の混合したものを陽極、亜鉛を陰極、苛性カリ溶液に酸化亜鉛を溶解したものを電解液に使用したものである。公称電圧はマンガン乾電池とほぼ同じであるが、容量が大きいので一般に広く使われている。

1次電池にはこのほかに、水銀電池やリチウム電池など数多くあるが省略する。

10.5.2　2次電池（蓄電池）

ここでは、2次電池の代表的なものとして、現在最も多く使用されている**鉛蓄電池**について解説する。陽極として二酸化鉛（PbO_2）、陰極として鉛（Pb）を使用し、これらを板状にして隔離板を挟んで希硫酸の電解液中に入れたものである。1セルの公称電圧は 2〔V〕で、これより高電圧を得るにはセルを必要な数 n だけ直列に接続して $2n$〔V〕とする。蓄電池の容量は完全充電状態から**放電終止電圧**になるまでの全放電量をアンペア時〔Ah〕で表す。この容量は放電電流の大きさで異なり、大電流で短時間放電をするほど小さくなる。例えば、6〔A〕を連続して10時間流すことができる蓄電器の容量は（$6 \times 10 =$）60〔Ah〕であるから、12〔A〕を5時間（$12 \times 5 = 60$）流し続けるこ

とができるはずであるが、実際には5時間以下の時間しか流せない。そこで**時間率**というものを決めて、ある一定の時間率の電流で放電したときの容量を比較する。h時間率の電流とは、h時間にわたって一定電流Iを放電し続けることができたとき、その電流Iをいう。鉛蓄電池では、10時間率で容量を表すのが普通である。例えば、40〔Ah〕の容量は、(40/10 =)4〔A〕の一定電流で10時間放電できることを意味する。図10.18は10〔Ah〕の容量の蓄電池を10時間率の電流（1〔A〕）で規定の放電終止電圧（1.8〔V〕）まで放電したときの電圧特性の例である。図から、放電開始時と終了時に電圧変動が大きいが、そのほかの長時間にわたって比較的安定な電圧が維持されていることが分かる。すなわち、放電中の電圧変動が少なく安定している。また、

蓄電池を平滑回路に使用すれば、非常に大きな平滑効果が得られる。これらの特徴は通信機器の電源として非常に有効である。このほかの特徴としては、瞬間的な大電流放電ができること、電池容量の範囲が大きいことなどがある。

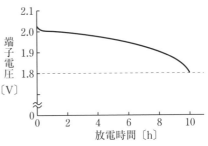

図10.18　鉛蓄電池（10〔Ah〕）の放電特性

10.5.3　蓄電池の充電

　蓄電池を単独で使用する場合には、放電終了時期や充電完了時期などを知り、適切な操作をしなければならず、その維持に相当の労力を要する。しかし、通信機器の電源に使用する場合は、充電しながら使用する**浮動充電方式**（floating charge system）が一般に使われるので扱いやすい。これは図10.19のように交流を整流し、これを蓄電池と負荷の並列回路に供給する方式である。整流電流の大部分は負荷に供給され、一部が蓄電池の自己

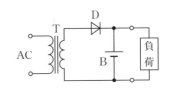

図10.19　浮動充電方式

放電を補うために使われている。負荷が一時的に増加したときには蓄電池から放電されるが、通常は蓄電池への流入電流は小さく、過充電、過放電になる機会が少ないため寿命も長くなる。このような蓄電池の使用方法をすると蓄電池は平滑回路の役目をするので、コンデンサとチョークコイルによる平滑回路は不要になるが、リプルが目立つときは平滑回路を使用することもある。

10.5.4　太陽電池

太陽電池は電池という名前が付いているが、一次電池や二次電池のように電気を溜めておくものではなく、発電素子またはフォトセルである。

(1)　動作原理

p形半導体とn形半導体を接合すると、n形半導体中の多数キャリアである自由電子が移動してp形半導体中の正孔と結合して消滅する。このためn形半導体は電子が不足するので正に、p形半導体は電子を得て負に帯電し、接合部分には電荷がなくなり空乏層ができるので、図10.20のように空乏層中に電界が発生する。この電界は、正に帯電したn形半導体から負に帯電したp形半導体に向かう方向であり、電子の移動を妨げる力を作るので、これ以上の電子の移動はなくなり平衡する。この接合部に外部から光エネルギーを加えると電子が叩き出され（励起され）て電界によってn形半導体に運ばれ、また正孔はp形半導体に運ばれる。このようにして次々と叩き出されて

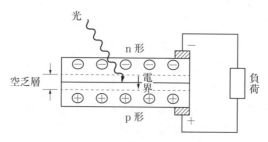

図10.20　太陽電池の原理

運び出される電子の圧力が起電力となる。このn形半導体とp形半導体に外部回路（負荷）を接続すると、n形半導体中の電子はこの回路を通ってp形半導体に戻り正孔と結合して消滅する。

(2) 変換効率

太陽電池の変換効率は太陽エネルギーがどの程度電気エネルギーに変換されるかを表す指標であり、セル変換効率とモジュール変換効率がある。モジュールとは太陽光パネルのことで、多数のセルをつなぎ合わせて構成されている。モジュール変換効率は太陽光パネル1m²当たりの変換効率であり、発電量を計算するときなどに使われる。一方、セル変換効率は太陽電池1枚当たりの変換効率であり、次式によって与えられる。

$$\text{セル変換効率} = \frac{\text{出力電気エネルギー}}{\text{太陽光エネルギー}} \times 100 \ [\%]$$

なお、セル変換効率は一般にモジュール変換効率より高い。

変換効率は使用している半導体材料によって異なる。現在、使われている材料の主な物は、シリコン系、化合物系、有機系の3種類であり、流通量の最も多いのはシリコン系である。シリコン系は加工法によって結晶系と薄膜系に分類される。結晶系には単結晶シリコン（変換効率20％）と多結晶シリコン（15％）があり、薄膜系にはアモルファス（9％）と多接合型（18％）がある。化合物系はGaAs半導体（25％）以外は13％程度以下で低いが、シリコン系より製造コストが大幅に低い。しかし、GaAs半導体は非常に高価であるので衛星以外で使われることは少ない。

太陽電池は自然環境で使用されるので気候の影響を大きく受ける。特に温度の影響は大きく、気温が25℃を超えると1℃毎に0.5％程度発電効率が低下し、30℃を超えると30％も低下することがある。このため、発電効率の最も良い季節は夏季ではなく、日射が強く気温があまり上がらない季節で、北海道と沖縄地方を除けば5月頃である。

10.6 無停電電源

外部から供給されている商用電源に停電などの異常が発生したとき、一定時間これに代わって電力を供給し続ける装置を**無停電電源**という。この装置には直流出力のものと交流出力のものがあり、交流出力のものを一般に **UPS**（uninterruptible power supply）と呼び、また **CVCF**（constant voltage constant frequency：定電圧定周波数）と呼ぶこともある。UPS の構成回路には常時インバータ給電方式と常時商用給電方式がある。

10.6.1 常時インバータ給電方式

図10.21に示すように、商用電源が正常なときには整流器で直流に変換し、2次電池に充電しながら定電圧定周波数制御のインバータで商用電源周波数に同期した交流に戻して出力する。この方式では、常にインバータが動作しているために損失が大きいが、切り替わる時に起こる電圧などの変動が少ないため、特に電圧や波形の変動が許されない機器類の給電方式として使用される。インバータや2次電池が故障したときのためにこれらを平行運転していることも多いが、インバータが完全に故障したときには、バイパス回路に瞬時に切り替わることもできる。

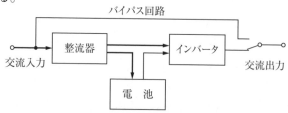

図10.21 常時インバータ給電法式（太線：正常時、細線：異常時）

この方式には、商用電源周波数と非同期の方式もあるが、上記の同期式に比べてインバータの故障時に切り替わるまでの時間が掛かり瞬断が発生する。しかし、制御が単純であり寿命も長く安価であるので、小型機器類の給電方式として使用される。

10.6.2 常時商用給電方式

図10.22に示すように、商用電源が正常なときには商用電源を直接負荷へ供給するとともに2次電池に**トリクル充電**★していて、停電などの異常時には負荷を商用電源から高速に切り離し、電池からの直流電力をインバータによって変換した交流電源に接続する。この方式は上記の常時インバータ給電方式に比べると、インバータが常時動作していないため損失は少ないが、切り替え時における変動がやや大きい。

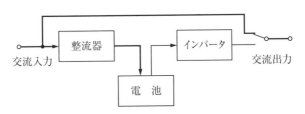

図10.22　常時商用給電方式（太線：正常時、細線：異常時）

10.7　直流電源による給電

通信機器類などはすべて直流電源で動作しているにもかかわらず、上記のような無停電電源を使うと、交流→直流→交流→直流のように何回も変換するため、損失が増加するとともに装置も大型になる。そこで近年、機器類の電源を直流とし、機器類の内部にDCコンバータを持たせて各回路で必要な電圧に直接変換する方法が採用されるようになった。例えば、携帯電話の基地局では、従来は照明器具をはじめ通信機器類すべてがAC100V電源であったが、これをDC48V電源に変えたことにより、ほんの一部の機器を除き、直流電源入力となり省電力と小型化が実現した。

★トリクル充電（trickle charge）：電池に与えるダメージがなるべく少ないようにして自己放電量を補い、常時満充電状態になるように小さな電流で連続的に充電する方法。通常、電池は負荷から切り離されている。

第10章　電源

次の記述は、図に示す直列形定電圧回路に用いられる電流制限形保護回路の原理的な動作について述べたものである。￣￣内に入れるべき字句の正しい組合せを下の番号から選べ。

(1) 負荷電流 I_L〔A〕が規定値以内のとき、保護回路のトランジスタ Tr_3 は非導通である。I_L が増加して抵抗 ￣A￣〔Ω〕の両端の電圧が規定の電圧 V_S〔V〕より大きくなると、Tr_3 が導通する。このとき ￣B￣ のベース電流が減少するので、I_L の増加を抑えることができる。

(2) Tr_3 が導通して保護回路が動作し始める I_L は、$I_L ≒$ ￣C￣〔A〕である。

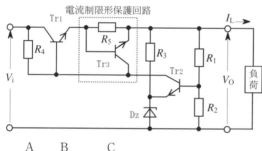

電流制限形保護回路

V_i：入力電圧
V_O：出力電圧
I_L：負荷電流
$Tr_1 \sim Tr_3$：トランジスタ
$R_1 \sim R_5$：抵抗
Dz：ツェナーダイオード

	A	B	C
1	R_3	Tr_1	V_S / R_5
2	R_3	Tr_2	$(V_i - V_O)/R_5$
3	R_5	Tr_2	$(V_i - V_O)/R_5$
4	R_5	Tr_1	V_S / R_5
5	R_5	Tr_1	$(V_i - V_O)/R_5$

整流回路のリプル率 γ、電圧変動率 δ 及び整流効率 η を表す式の組合せとして、正しいものを下の番号から選べ。ただし、負荷電流に含まれる直流成分を I_{DC}〔A〕、交流成分の実効値を i_r〔A〕、無負荷電圧を V_0〔V〕、負荷に定格電流を流したときの定格電圧を V_n〔V〕とする。また、整流回路に供給される交流電力を P_1〔W〕、負荷に供給される電力を

P_2〔W〕とする。

1　$\gamma = \{i_r/(i_r + I_{DC})\} \times 100$ 〔%〕　　$\delta = \{(V_o - V_n)/V_n\} \times 100$ 〔%〕
　　$\eta = (P_1/P_2) \times 100$ 〔%〕

2　$\gamma = \{i_r/(i_r + I_{DC})\} \times 100$ 〔%〕　　$\delta = \{(V_o - V_n)/V_o\} \times 100$ 〔%〕
　　$\eta = (P_2/P_1) \times 100$ 〔%〕

3　$\gamma = (i_r/I_{DC}) \times 100$ 〔%〕　　　　$\delta = \{(V_o - V_n)/V_o\} \times 100$ 〔%〕
　　$\eta = (P_1/P_2) \times 100$ 〔%〕

4　$\gamma = (i_r/I_{DC}) \times 100$ 〔%〕　　　　$\delta = \{(V_o - V_n)/V_o\} \times 100$ 〔%〕
　　$\eta = (P_2/P_1) \times 100$ 〔%〕

5　$\gamma = (i_r/I_{DC}) \times 100$ 〔%〕　　　　$\delta = \{(V_o - V_n)/V_n\} \times 100$ 〔%〕
　　$\eta = (P_2/P_1) \times 100$ 〔%〕

練 習 問 題 Ⅲ　　平成31年1月施行「一陸技」（A–11）

　次の記述は、シリコン太陽電池について述べたものである。このうち誤っているものを下の番号から選べ。

1　pn接合は、単結晶シリコン、多結晶シリコン及びアモルファスシリコンなどの材料に不純物を添加して形成する。

2　変換効率は、一般的に太陽電池に入射する光のエネルギーに対する最大出力（電気エネルギー）の割合で評価できる。

3　変換効率は、光の反射等の光学的損失、半導体や電極の抵抗損失及びキャリアの再結合等による電気的損失により影響を受ける。

4　受光面の放射照度が一定等の基準条件における温度特性は、温度の上昇とともに短絡電流は微減するが、開放電圧が大幅に増加するので、変換効率は温度の上昇とともに増加する。

5　太陽電池の素子に太陽光を入射すると、pn接合部で吸収され、そのエネルギーにより電子が励起されて、p側が正、n側が負に帯電する。

次の記述は、静止通信衛星の電源系に用いられる太陽電池、二次電池及び太陽食について述べたものである。このうち誤っているものを下の番号から選べ。

1　日照時に太陽電池から衛星搭載機器に電力が供給される。

2　夏至又は冬至の日を中心にして前後で約1箇月の間は、1日に最長70分程度、衛星が地球の陰に隠れる（太陽食）ため、太陽電池は発電ができなくなる。

3　太陽電池のセルは、一般に、三軸衛星では展開式の平板状のパネルに実装される。

4　サービスエリアからみた太陽食が始まる時間は、衛星軌道位置がサービスエリアに対応した経度よりも西にあるほど遅くなる。

5　太陽食により太陽電池が発電できなくなる間は、リチウムイオン電池などの二次電池により衛星搭載機器に電力が供給される。

練習問題・解答　Ⅰ　4　Ⅱ　5　Ⅲ　4　Ⅳ　2

第11章

測定用機器

　送信機や受信機などの無線機器類が、規定以上の性能を持って
いるか否かを調べるために種々の測定が行われる。これらの測定に
は目的に合った種々の測定器類が使われる。ここでは、無線機器類
の測定で主に使われる測定器類の動作原理について解説する。

11.1　測定器具類

11.1.1　減衰器

　減衰器（attenuator）は測定の際によく使われるものであり、抵抗
減衰器とリアクタンス減衰器がある。これらはさらに固定形と可変形
に分けられる。また、測定回路によって同軸形と導波管形が使い分け
られる。

⑴　同軸固定減衰器

　図11.1（a）は集中定数形の**同軸固定減衰器**の構造を示したもので
ある。これは円盤状の抵抗体（抵抗値 R_2）で内部導体と外部導体を
接続し、その両側の内部導体の一部を抵抗体（抵抗値 R_1 と R_3）にし
て T 形の減衰器を構成している。同図（b）は T 形減衰器の等価回
路である。入力（出力）インピーダンスは同軸ケーブルの特性インピ
ーダンスや測定器類の内部インピーダンスと同じに作られている。使

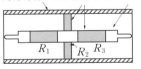

（a）減衰器の構造

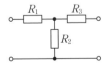

（b）等価回路

図11.1　集中定数形の同軸固定減衰器

用可能な周波数範囲は、DC〜4〔GHz〕程度で、減衰量は5〔dB〕、10〔dB〕、20〔dB〕など各種ある。

(2) 導波管形減衰器

方形導波管は通常 TE_{10} モード（基本モード）で使われる。TE_{10} モードは図11.2（a）のように、導波管断面の長辺の壁に垂直な方向に電界が生じ、中央部でその電界分布が最大になる。この電界に平行に抵抗板を入れると大きな減衰が生ずる。これを利用した減衰器が**導波管形減衰器**である。抵抗板を中央に入れると、電界分布が最大であるので減衰量が最大になり、左右どちらかへずらすと電界分布が小さくなるので減衰量も少なくなる。このように抵抗板を移動できるようにしたものが同図（b）に示すベイン形の導波管可変減衰器である。このほかに、抵抗板の挿入量を変えて減衰量を変えるフラップ形可変減衰器などもある。

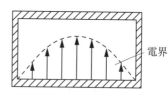

(a) 導波管断面図の電界分布
（TE_{10} モード）

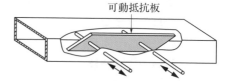

可動抵抗板

(b) ベイン形導波管可変減衰器

図11.2 導波管可変減衰器の構造

(3) リアクタンス減衰器

導波管には伝送路として使用できる最低の周波数がある。これを遮断周波数といい、これ以下の周波数の電磁波は非常に大きな減衰を受ける。**リアクタンス減衰器**は、このような周波数で生ずる大きな減衰を利用するものであるため**カットオフ**（遮断）**減衰器**とも呼ばれる。その減衰量は導波管の寸法だけで決まり、その長さの方向に指数関数的に増大する。

減衰器には円形導波管が使われ、デシベルで表した単位長さ当たりの減衰量 A は、次式で与えられる。

$$A = 8.69 \cdot \frac{2\pi}{\lambda_c} \sqrt{1 - \left(\frac{\lambda_c}{\lambda}\right)^2} \ \text{〔dB/m〕} \qquad \cdots (11.1)$$

ただし、λ_c は導波管の遮断波長、λ は使用波長である。

上式から、$\lambda_c \ll \lambda$ であれば、減衰量は導波管の寸法で決まる λ_c だけの関数となる。すなわち、遮断周波数より十分低い周波数で使用すれば、減衰量は周波数に無関係になる。

図11.3は可変リアクタンス減衰器の構造であり、結合方法により (a) インダクタンス形と (b) 容量形があり、それぞれ TE_{11} と TM_{01} の伝送モードとなる。結合部の両側に挿入されている抵抗板は、整合のためと、結合電極間が小さい範囲で生ずる減衰量の非直線変化を除くためである。この減衰器は、挿入損失が $20 \sim 30$〔dB〕程度と大きいが、デシベル減衰量は電極間の距離 x に比例し、計算で正確に求まるため減衰器の標準器として使われる。

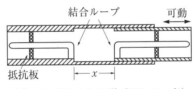

(a) インダクタンス形（TE_{11}モード）

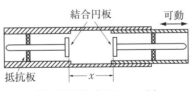

(b) 容量形（TM_{01}モード）

図11.3 可変リアクタンス減衰器の構造

11.1.2 方向性結合器

方向性結合器（directional coupler）は、伝送路中を一定方向に向かう波だけ一部取り出す装置であり、主導波管と副導波管との結合方

法により十字形と多孔形があるが、ここでは多孔形方向性結合器について説明する。

　図11.4は2孔形方向性結合器の動作説明図であり、主導波管と副導波管を平行にして結合し、両導波管に管内波長の1/4波長離して同じ大きさの小さな結合孔を二つ開けたものである。主導波管中を①から②方向へ向かう波は、二つの結合孔AとBを通してわずかに副導波管に流出し、それぞれ③と④方向へ向かう。結合孔Bを通って③へ向かう波は、結合孔Aを通った波に比べて1/4波長の2倍の距離を往復するので位相がπ遅れる。したがって、③へ向かう波は互いに打ち消し合って出力されない。しかし、④へ向かう波は同相であるので加え合わされて出力される。また、②から①へ向かう波は、同様にして、③へ出力され④へは出力されない。このように、この結合器は電磁波を入れる方向によって出口が異なる方向性を持っている。

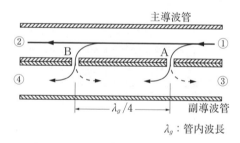

λ_g：管内波長

図11.4　2孔形方向性結合器の動作

　方向性結合器の特性は結合度と方向性によって表される。主線路の伝送電力をP_i、副線路からの出力電力をP_fとすれば、**結合度C**は次式で定義される。

$$C = 10\log_{10}\frac{P_i}{P_f}\ \text{〔dB〕} \qquad \cdots(11.2)$$

　また、主線路の伝送方向を逆にしたとき、同じ出力端子に出る電力をP_bとすれば、方向性Dは次式で定義される。

$$D = 10\log_{10}\frac{P_f}{P_b} \ \text{[dB]} \qquad\qquad \cdots(11.3)$$

11.1.3 プローブ

オシロスコープの入力端子と測定点を接続するために、通常、専用のケーブルとその先端に取り付けられたプローブが使われる。ケーブルは分布容量を持っているため、その周波数特性は平坦ではなく、このままで使用すると測定点の波形を忠実に再現できない。そこでこの周波数特性を補償し、平坦な特性にするためにケーブルの先端にはプローブが取り付けられている。

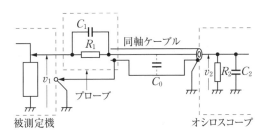

図11.5 プローブの等価回路

図11.5に示すように、オシロスコープの入力抵抗と入力容量をそれぞれ R_2、C_2、ケーブルの静電容量を C_0、プローブの抵抗と静電容量をそれぞれ R_1、C_1 とする。測定点の電圧を v_1、オシロスコープの入力端における電圧を v_2 とすれば、v_2 は次式で表される。

$$\begin{aligned}
v_2 &= \frac{-jR_2 X_2/(R_2-jX_2)}{-jR_1 X_1/(R_1-jX_1)-jR_2 X_2/(R_2-jX_2)} \cdot v_1 \\
&= \frac{R_2 X_2}{R_2-jX_2} \cdot \frac{(R_1-jX_1)(R_2-jX_2)}{R_1 X_1(R_2-jX_2)+R_2 X_2(R_1-jX_1)} \cdot v_1 \\
&= \frac{R_2}{R_1 X_1(R_2-jX_2)/\{X_2(R_1-jX_1)\}+R_2} \cdot v_1 \qquad \cdots(11.4)
\end{aligned}$$

ただし、$X_1 = 1/(\omega C_1)$、$X_2 = 1/\{\omega(C_0+C_2)\}$ とする。

ここで、分母の第1項を取り出して書き直すと、次式のようになる。

$$\frac{X_1 R_1 (R_2 - jX_2)}{X_2 (R_1 - jX_1)} = \frac{j\omega (C_0 + C_2) R_1 \left(R_2 + \dfrac{1}{j\omega (C_0 + C_2)} \right)}{j\omega C_1 \left(R_1 + \dfrac{1}{j\omega C_1} \right)}$$

$$= \frac{j\omega (C_0 + C_2) R_2 + 1}{j\omega C_1 R_1 + 1} \cdot R_1 \qquad \cdots (11.5)$$

上式において、$(C_0 + C_2) R_2 = C_1 R_1$ であれば v_2 は、

$$v_2 = \frac{R_2}{R_1 + R_2} \cdot v_1 \qquad \cdots (11.6)$$

のように表され、v_1 に比例する。実際のプローブでは、C_1 はトリマコンデンサであり半固定となっているので、上記条件を満足するように調整できる。実際の調整方法は、測定周波数に近い周波数の正確な方形波をプローブから入力し、オシロスコープにその方形波を描かせる。その波形が微分波形や積分波形のときには C_1 の容量を調整して正確な方形波にすればプローブは正しく調整される。

オシロスコープには入力抵抗が1〔MΩ〕のものと50〔Ω〕のものがあり、非常に高い周波数の測定には50〔Ω〕のものが使用される。一般には1〔MΩ〕のものが使用されるので、プローブの抵抗を、例えば9〔MΩ〕にすると、式（11.6）から測定電圧は1/10になるが、プローブ入力端から見たインピーダンスの抵抗分は10倍の10〔MΩ〕となる。したがって、測定点の回路状態を乱すことが少なくなり、忠実な測定が可能になる。

11.2　デジタルマルチメータ

電子回路等の動作状態をチェックするために作られた片手に乗る程度の小さな測定器を**回路試験器**、**テスター**または**デジタルマルチメータ**と呼び、広く使われている。図11.6は二重積分形デジタルマルチメ

ータの構成例である。

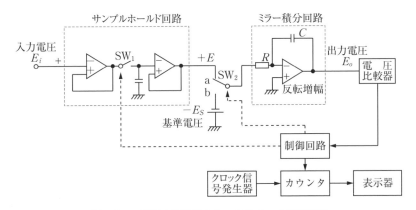

図11.6　二重積分形デジタルマルチメータの構成例

　測定電圧 E_i はサンプルホールド回路に加えられ、一定周期でサンプリングされ保持されて E_i に等しい階段状の電圧 E が出力される。SW_1 と連動している SW_2 が a に入ると、E は**ミラー積分回路**に一定時間加えられ、この間その出力電圧 E_o は、図11.7のように直線的に負方向へ変化していく。E_o は電圧比較器を通して制御回路に加えられ、カウンタを制御してクロックパルス発生器からのパルス数が一定数 N_1 になるまで計測される。続い

て SW_2 が b に切り換わり、基準電圧 E_s が加えられると、E_s は E とは逆極性であるためミラー積分回路の出力電圧は前とは逆方向に変化し、E_o は 0 に戻る。この間のパルス数を N_2 とすれば、N_2 は E_i に比例した値となり表示器に表示される。

　すなわち、SW_2 が a に入ったとき、ミラー積分回路ではオペアンプの反転入力が常に 0 になるように、

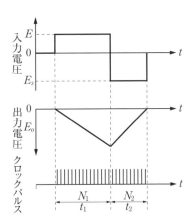

図11.7　ミラー積分回路の入出力電圧とクロックパルス

抵抗 R とコンデンサ C に次式で与えられる電流 i が流れる。

$$i = \frac{E}{R} \qquad \cdots(11.7)$$

オペアンプの入力抵抗は非常に大きいので、この電流はすべてコンデンサに充電される。充電された電荷を Q、コンデンサの両端の電圧は出力電圧に等しいからこれを E_o、また、N_1 を計数するのに要した時間を t_1 とすると、次式が成立する。

$$Q = i\,t_1 = CE_o \qquad \cdots(11.8)$$

式（11.7）を（11.8）に代入して E_o を求めると、次式となる。

$$E_o = \frac{Et_1}{CR} \qquad \cdots(11.9)$$

次に、SW_2 が b に切り換わり、E_s が加えられて、E_o が 0 になるまでの時間を t_2（パルス数 N_2）とすれば、E_o は次式で表される。

$$E_o = \frac{Et_1}{CR} - \frac{E_s t_2}{CR} = 0 \qquad \cdots(11.10)$$

したがって、次式が得られる。

$$E = \frac{t_2}{t_1} E_s \qquad \cdots(11.11)$$

t_2/t_1 は N_2/N_1 にほぼ等しいので、

$$E_i = E \fallingdotseq \frac{E_s}{N_1} N_2 \qquad \cdots(11.12)$$

となる。

E_s と N_1 は固定値であるので、E_i は N_2 にほぼ比例する。

11.3　測定信号源

　受信機のように外部から取り込んだ信号を増幅する機器の測定をする場合、外部信号として周波数や強度などの情報が分かっている信号を入力する必要がある。測定信号源はこのようなときに使われる。

11.3.1　標準信号発生器

　図11.8は、**標準信号発生器**（**SSG**：standard signal generator）または信号発生器（SG：signal generator）の構成である。LC回路による発振器からの高周波信号を増幅し、その強度をレベルメータにより常に一定強度（通常 0〔dB〕）に保ち、可変減衰器を通して出力する。出力レベルは正確な可変減衰器によって変えられ、また、目的の周波数は高周波発振器の発振周波数を変えて得られる。その周波数はダイヤル直読または内蔵している周波数カウンタにより表示される。スイッチSWをONにすると、CR発振器からの規定周波数（1 000〔Hz〕または400〔Hz〕）の低周波信号で振幅変調することができ、その強度を変えることにより変調度を変えることができる。高周波発振器は自励発振であるため周波数が正確でない。このため周波数校正部が設けられていて、水晶発振器による基準周波数と比較し、出力周波数を正しい値に校正できるようになっている。

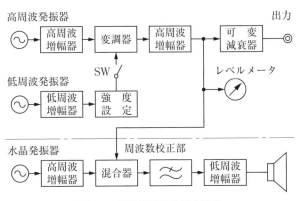

図11.8　標準信号発生器の構成

11.3.2 直接方式の PLL 周波数シンセサイザ

　周波数シンセサイザ（frequency synthesizer）は、高安定度の水晶発振器の発振周波数をもとにして、これを分周し、逓倍して目的の周波数を作り出すものである。このため、出力周波数の確度は水晶発振器の周波数確度に等しくなる。

　図11.9は直接方式の **PLL 周波数シンセサイザ**の構成である。XO は水晶発振器であり、その発振周波数を分周器（FD）で分周して基準周波数 f_r を作る。VCO の発振周波数 f_o をプログラマブルデバイダ（PD）で $1/N$ に分周して、これと基準周波数 f_r とを PC（位相比較器）で比較する。PC の出力は多くの高調波を含んでいるので、これを LPF で取り除くと、f_r と f_o/N との位相差に応じて変わる直流出力電圧（制御電圧）が得られる。この制御電圧は、$f_o = Nf_r$ となるように VCO を制御する。PLL 回路がロックしたときの周波数 f_o を f_L とすれば、出力周波数は $f_L = Nf_r$ となる。すなわち、出力周波数は f_r の周波数間隔（ステップ周波数）で得られることになる。

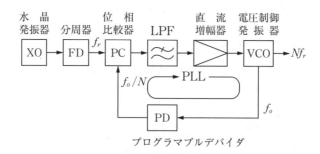

図11.9　直接方式の PLL 周波数シンセサイザの構成

　この方式の特徴は、周波数の切替速度は速いが、回路構成が複雑であり、高性能のフィルタを必要とし、スプリアスの発生が多いことである。

11.3.3 間接合成方式の PLL 周波数シンセサイザ

　図11.10は、PLL 回路 3 個による間接合成方式の周波数シンセサイ

ザの構成例である。基準周波数 f_r の信号を二分し、その一方の周波数を $1/10^4$ 倍して $1/N$ デバイダを持つ PLL1 回路に入れ、出力周波数 $Nf_r/10^4$ の信号を作る。他方の信号はそのまま $1/M$ デバイダを持つ PLL2 回路に入れ、出力周波数 Mf_r の信号を作る。この二つの信号を PLL 回路構成の周波数合成回路（PLL3）に入れて合成し、出力とする。

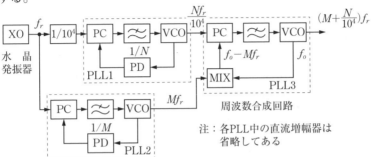

図11.10　間接合成方式の PLL 周波数シンセサイザの構成

ここで、各 PLL 回路がロックしたときの周波数 f_o を f_L とすれば、次式が成立する。

$$\frac{Nf_r}{10^4} = f_L - Mf_r \qquad \cdots(11.13)$$

したがって、周波数 $(M+N/10^4)\,f_r$ の出力が得られる。

PLL 回路の $1/N$ デバイダと $1/M$ デバイダはプログラマブルであるから、N と M の値は自由に設定できる。この場合、次式のように、

$$\left.\begin{array}{l} M = M_1 \times 10^3 + M_2 \times 10^2 + M_3 \times 10 + M_4 \\ N = N_1 \times 10^3 + N_2 \times 10^2 + N_3 \times 10 + N_4 \end{array}\right\} \qquad \cdots(11.14)$$

N と M を設定すれば、$M_1 \sim M_4$ によって上位4けたの周波数が、また、$N_1 \sim N_4$ によって下位4けたの周波数が決まり、全体として8けたの周波数シンセサイザができる。

この方式の特徴は、スプリアスの発生が少なく小型にできるが、周波数切換時間が長く、FM雑音が発生しやすい。

11.4 周波数カウンタ

周波数カウンタは測定機能が周波数だけのものであり、これに対して、周期、時間、周波数比なども測定できるものをユニバーサルカウンタと呼んでいる。

11.4.1 動作原理

周波数を測定する方法には、被測定信号の周波数を直接計数する方法と、周期を測定してその逆数から周波数を求めるレシプロカル方式がある。図11.11にこれらの構成を示す。同図（a）は被測定信号をクリッパと微分回路などの波形整形回路により信号波の周波数と同じ数のパルスに変換し、ゲート回路へ入れる。一方、基準パルス発生器から正確な幅を持つパルスをゲート回路に加えてゲートを開き、この間に通過するパルス数を計数して表示する。1回の計測時間はゲートが

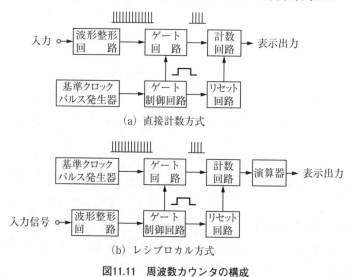

（a）直接計数方式

（b）レシプロカル方式

図11.11 周波数カウンタの構成

開いている時間にほぼ比例する。この間、前の測定結果が表示されている。計測が終わるとリセット回路により前回の結果がクリアされ、新しい計測結果が表示される。ゲートパルスは一定周期で連続的に送られてくるので、計測と表示は繰り返し行われる。

　同図（b）のレシプロカル方式では、被測定信号の周期に対応したゲートパルスを作り、この長さを基準クロックパルスで計数する。これを演算器で（1/周期）として周波数に変換して表示する。これらの測定方法では、回路素子の動作限界のため測定できる最高の周波数に限界がある。このような場合には、被測定信号の周波数を分周器や周波数変換器によって$1/M$に分周して測定し、これをM倍して表示する。

11.4.2　測定誤差

　測定誤差には、非同期誤差、トリガ誤差、タイムベース誤差などがある。

⑴　±1カウント誤差

　これは**非同期誤差**とも呼ばれ、ゲートパルスとトリガパルスが同期していないことによって生じる誤差であり、直接計数方式に発生する。図11.12のように、トリガパルスの周期とゲートパルスの長さと周期が一定であっても、ゲート1では計数が5であり、ゲート2では計数4となって、ゲートの開くタイミングによって±1カウントの誤差が生じる。現在、使用されているカウンタには、この誤差を防ぐ装置がついているものが多い。

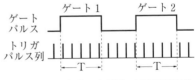

図11.12　±1カウント誤差（非同期誤差）

⑵　トリガ誤差

　この誤差はレシプロカル方式で発生するものである。波形整形回路で、例えば、信号電圧が0〔V〕を負から正へ横切るときにパルスが立ち上がり、1周期後の同じ条件で立ち下がるようになっているとき、信号に雑音が重畳していれば、0〔V〕を横切る時刻が正規より進ん

だり遅れたりする。このため被測定信号から作られるゲートパルスの幅が変化することになり、誤差が発生する。トリガ誤差は雑音電圧の振幅に比例し、被測定信号の振幅と周波数に反比例する。

(3) **タイムベース誤差**

これは、基準となるパルスを作るための水晶発振器の確度で決まる誤差である。

11.5 オシロスコープ

オシロスコープはアナログオシロスコープとデジタルオシロスコープ（デジタルストレージオシロスコープ）に大別できる。最近では、種々の機能を持ち、応用範囲の広いデジタルオシロスコープが主流になっている。

11.5.1 アナログオシロスコープ

図11.13はアナログオシロスコープの原理的な構成である。被測定入力信号を垂直軸増幅器で増幅し、**CRT**（cathode ray tube、ブラウン管）の垂直偏向板へ加える。トリガ回路では増幅した入力信号からトリガパルスを作り、これを掃引発振器の掃引開始トリガとして使う。掃引発振器で作られたのこぎり波は、増幅されてCRTの水平偏向板に加えられる。したがって、CRT蛍光面上の輝点（スポット）は、水平方向へ時間に比例して移動するとともに、垂直方向に入力信号の

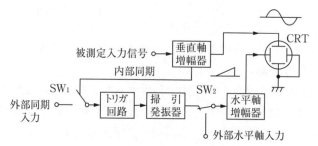

図11.13　アナログオシロスコープの動作と構成

振幅に比例して変動するので、被測定信号の時間的変動を観測することができる。

　SW_1 は外部からの同期信号を使うときに切り換えられる。外部同期信号は、位相、周波数、パルス間の時間差などの測定に使われる。また、SW_2 は水平軸にのこぎり波以外の信号を入れるとき、例えば、リサジュー図形を描かせるときなどに使われる。

　オシロスコープでは、被測定波形を忠実に増幅する必要があり、DC〜200〔MHz〕程度またはそれ以上まで振幅ひずみや位相ひずみのない増幅をしなければならないので、垂直軸増幅器の特性が特に重要である。この忠実に増幅できる均一な周波数帯域幅によって、ほぼオシロスコープの性能が決まるといえる。

11.5.2　2現象アナログオシロスコープ

　二つの現象を比較して見たい場合がある。このようなとき**2現象アナログオシロスコープ**が使われる。図11.13において、垂直軸増幅器を2台用意し、それらの出力に異なる直流電圧（バイアス電圧）を加えておいて、これを交互に切り換えてCRTへ出力する。この切換方式にはオルタネートとチョップがあり、観測する現象によって使い分けられる。図11.14は、波形A（正弦波）と波形B（方形波）をオルタネート方式とチョップ方式で観測したときの説明である。オルタネート方式では、掃引ごとに波形Aと波形Bを交互に切り換えてCRT画面の上下に表示する。チョップ方式では、観測波の周波数よりはるかに速い周期で波形Aと波形Bを切り換えて画面に表示する。図では分かりやすいように破線で波形を描いたが、実際に使用するときは、このような表示にならないように掃引周波数を低く選ぶ。したがって、チョップ方式は低い周波数の波形を観測するのに適している。一方、速い現象を観測するときには掃引周波数を高くしなければならないから、オルタネート方式が使われる。

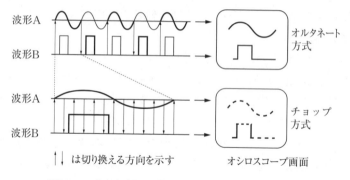

波形A

波形B

オルタネート
方式

波形A

波形B

チョップ
方式

↑↓ は切り換える方向を示す

オシロスコープ画面

図11.14　オルタネート方式とチョップ方式の動作説明

11.5.3　デジタルオシロスコープ

　図11.15は**デジタルオシロスコープ**の構成例である。被測定入力信号は、垂直軸増幅器で増幅され、A/D 変換器でデジタル値に変換されて順次データメモリに記憶される。一方、分岐した入力信号をトリガ回路に入れてトリガパルスを生成させる。トリガパルスはメモリ制御回路に入れられてサンプリング時期やメモリへの書込みなどの制御を行うのに使われる。必要な量のデータがメモリに蓄積されると、CPU はディスプレイ用メモリ（RAM）にそのデータを転送する。RAMに移されたデータはCPUで目的の形式に変換処理した後、ディスプレイ（表示器）へ表示される。

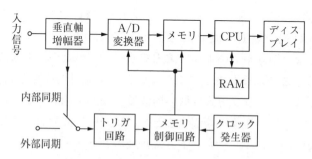

入
力
信
号

垂直軸
増幅器

A/D
変換器

メモリ

CPU

ディス
プレイ

内部同期

RAM

外部同期

トリガ
回路

メモリ
制御回路

クロック
発生器

図11.15　デジタルオシロスコープの構成例

　デジタルオシロスコープはCPUを搭載しているため、観測データの出力処理だけでなく、入力制御も行うことができる。例えば、プリトリガ機能は、トリガが入る前の信号の状態を観測するときに使う。また、単発的な現象もメモリに記憶することができるので、静止画像として表示することができる。

　周期波形の観測をする場合、アンダーサンプリングすると**エイリアシング**を生じる。図11.16はアンダーサンプリングによるエイリアシングの例である。エイリアシングと同じ現象はテレビや映画でも見ることができ、例えば、車輪が自動車の進む方向と反対に回転しているように見える等。エイリアシングが起きているかどうかを調べるには、サンプリング周波数を変えてみる。もし、画面の波形が変わらなければ、エイリアシングは起きていないことになる。また、エンベロープ機能を使ってエイリアシングを起こさないようにする方法もある。エンベロープ機能は、サンプリングと次のサンプリングの間にある波形の最大値と最小値を読み取り、これを使ってエイリアシングの発生をなくす方法であり、デジタルオシロスコープに搭載されている機能の一つである。

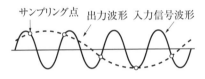

サンプリング点　出力波形　入力信号波形

図11.16　エイリアシングの例

11.5.4　サンプリングオシロスコープ

　このオシロスコープは、回路の一部でデジタル処理が行われているが、アナログ方式に分類されている。非常に高い周波数で周期的変化をする波形を観測するのに観測周波数より非常に低いサンプリング周波数でサンプリングし、これを再合成して元の周波数より非常に低い相似波形にしてCRTに描く方法である。図11.17は**サンプリングオシロスコープ**の構成例である。入力信号は増幅され、分岐されてトリガパルス発生回路で入力信号の周期と等しい、または、整数倍の周期のパルスを作り、これを高速のこぎり波発生回路に入れて、のこぎり波を発生させる。低速のこぎり波発生回路では、CRTの水平軸の掃引

に使用するのこぎり波を発生する。低速のこぎり波は高速のこぎり波の整数倍の周期に作られている。高速及び低速のこぎり波は、比較回路で比較され、両波形の傾斜部分の電圧が一致したときサンプリングパルス発生回路を駆動し、パルスを発生させる。このため、サンプリングパルスはトリガパルスから一定の時間ずつ遅れていくことになる。一方、入力信号は、このサンプリングパルスの周期でサンプリングされ、ホールドされて階段状の波形となる。これを平滑回路で滑らかにし、低周波増幅してCRTの垂直軸に加えられる。サンプリングオシロスコープは、周期波形以外の孤立した現象は観測できない。

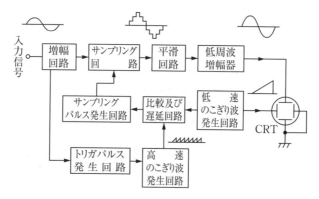

図11.17　サンプリングオシロスコープの構成例

　サンプリングオシロスコープはこのような方式のほかに、図11.17のサンプリング回路においてサンプリングとA/D変換を行い、データを蓄積し、これを再構成して波形を再生する方式がある。この方式では、サンプリングしたときのデータの順序と波形を再生したときの順序は、一般に一致しないので、これを等価サンプリングという。

11.5.5　サンプリング方式

　オシロスコープでA/D変換を行うときのサンプリング方式には、実時間サンプリング方式と等価サンプリング方式がある。**実時間サンプリング方式**は、サンプリング定理に従って信号周波数の2倍以上の

サンプリング周波数で、観測波形をそのままサンプリングする方法である。

等価サンプリング方式には、シーケンシャル方式とランダム方式がある。図11.18はシーケンシャルサンプリングの例である。入力信号のある点を基準にしてそこをトリガ点とし、ここからサンプリング点を一定時間ずつ遅らせて、例えば、入力信号の1周期についてサンプリングし、これを再合成することによって入力信号波形に相似な波形を再生する。ランダムサンプリングではサンプリング点が不規則であるので、トリガ点からサンプリング点までの時間を測って入力波形のどの部分のサンプル値であるかを調べ、その時間に対応した位置にデータをいったん格納し、全サンプリングを終了後、トリガ点を基準にして合成し、相似な波形を再生する。ランダムサンプリングは、シーケンシャルサンプリングではできないプリトリガ機能によってトリガパルスが入る以前の波形の観測ができる。

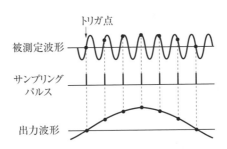

図11.18 シーケンシャルサンプリングの原理

この等価サンプリング方式は、観測波形の何周期かを測定して得られた測定値から一つの波形を再生するため、ナイキスト周波数に関係なく高い周波数の信号でも観測でき、しかも実時間サンプリング方式より高い時間分解能が得られる。これは観測波形の1周期中のサンプリング点を等価的に増加したことになるためである。

11.6 スペクトルアナライザ

スペクトルアナライザには実時間処理形と掃引同調形があり、ここでは掃引同調形の一種であるスーパヘテロダイン方式のスペクトルアナライザについて説明する。この方式は、過渡信号の分析や超高分解能などの機能はないが、高周波帯までの広い周波数帯の測定が可能であり、また分解能が可変である。

11.6.1 動作原理

図11.19はスーパヘテロダイン方式のスペクトルアナライザの構成例である。周波数 f_S の高周波入力信号は周波数混合器に入れられ、発振周波数 f_L の局部発振信号と混合され、中間周波数 f_{IF} の IF 信号に変換される。この IF 信号は、帯域幅が変えられる中心周波数が f_0 の帯域フィルタを通ったあと増幅され、検波器で検波され入力信号の大きさに比例した DC 電圧としてディスプレイの垂直軸に加えられる。掃引信号発生器ではディスプレイの水平軸を掃引するのこぎり波を発生する。のこぎり波は同時に電圧同調形局部発振器に加えられ、発振周波数をのこぎり波の電圧に比例して直線的に変化させる。このため入力信号は、$f_{IF} = f_0$ を満足したときにだけ帯域フィルタを通過して、検波され出力される。

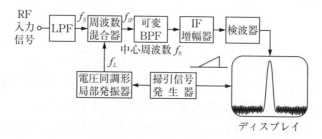

図11.19　スーパヘテロダイン方式のスペクトルアナライザの構成例

11.6.2 性能

⑴ 測定可能な周波数範囲と周波数分解能

BPF を通過できる入力信号の周波数は、次式のように二つある。

$$f_S = f_L \pm f_{IF} \qquad\qquad \cdots (11.15)$$

このため、高い方の周波数を除去する LPF を入力回路に挿入している。したがって、測定可能な周波数範囲は、局部発振器の発振周波数範囲を $f_{L1} \sim f_{L2}$ とすれば、式（11.15）の－符号を採用して、

$$f_S = (f_{L1} \sim f_{L2}) - f_0 \qquad\qquad \cdots (11.16)$$

となる。

周波数分解能は IF 回路の BPF の帯域幅によって決まる。

⑵ ダイナミックレンジ

ダイナミックレンジはディスプレイ上に同時に表示できる最小信号と最大信号の振幅の比を dB で表したものである★。これは主に混合器のダイナミックレンジで決まる。ダイナミックレンジを大きくする方法として、入力段に帯域フィルタを入れる方法と前置増幅器を使う方法がある。すなわち、最大信号は増幅すればいくらでも大きくなるが、同時に雑音と最小信号も比例して大きくなるのでその比は変わらない。これに対して、前置増幅器などにより入力における S/N を大きくし、検出できる最小信号を小さくすれば、最小信号と最大信号の比を大きくでき、ダイナミックレンジが大きくなる。

★ダイナミックレンジは、増幅器やスピーカなど多方面で広く使われている
　用語である。

11.7　FFTアナライザ

FFTアナライザは、1〜2チャネルの入力信号をA/D変換し、高速フーリエ変換（FFT）して各周波数成分の振幅及び各信号間の位相差などをディスプレイに表示するものである。スペクトルアナライザと異なり、実際の信号波形をフーリエ変換するので短い時間の信号でも解析することができ、各周波数成分の波形や相対位相なども測定できる。しかし、測定できる最高の周波数はFFTの動作周波数によって決まり、一般にスペクトルアナライザより低い。

11.8　ネットワークアナライザ

ネットワークアナライザ（network analyzer）は、回路網のSパラメータを測定する装置であり、その絶対値のみを測定するスカラネットワークアナライザと複素量として測定するベクトルネットワークアナライザがある。

11.8.1　Sパラメータ

Sパラメータは、回路網の各端子から見た伝送特性と反射特性を測定することによって求まる回路定数である。図11.20に示す**4端子回路網**（2ポート回路）において、ポート1に入力波 a_1 を入れたときの反射波を b_1、透過波（伝送波）を b_2 とし、ポート2に入力波 a_2 を入れたとき反射波を b_2、透過波を b_1 とすれば、それぞれの波はSパラメータによって次式のように関係づけられる。

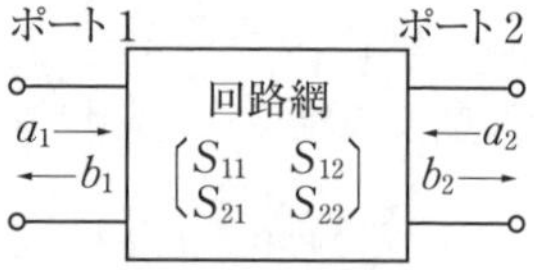

図11.20　4端子回路網のSパラメータ

$$
\left.
\begin{aligned}
b_1 &= S_{11}\,a_1 + S_{12}\,a_2 \\
b_2 &= S_{21}\,a_1 + S_{22}\,a_2
\end{aligned}
\right\}
\qquad \cdots (11.17)
$$

この式は、行列で書き表すと次のようになる。

$$\begin{bmatrix} b_1 \\ b_2 \end{bmatrix} = \begin{bmatrix} S_{11} & S_{12} \\ S_{21} & S_{22} \end{bmatrix} \begin{bmatrix} a_1 \\ a_2 \end{bmatrix} \qquad \cdots(11.18)$$

ここでSの物理的意味を考えてみると、S_{ii} は $a_j = 0$（i、jは正の整数）としたときのポート i における反射波と入射波の比になっているから反射係数であり、$S_{ij}(i \neq j)$ は $a_j = 0$ としたときのポート i からの入射波がポート j に出る割合を表しているので透過係数である。可逆回路では $S_{ij} = S_{ji}$ となる。

11.8.2　スカラネットワークアナライザ

図11.21はスカラネットワークアナライザの基本構成図である。周波数が連続的に変わる掃引発振器からの正弦波信号をパワーデバイダで分けて、その一方をパワーセンサで検出し、入射波に比例した信号として比率計に加える。他方の信号は方向性結合器を通して被測定回路に加え、そこからの反射波に比例した信号を方向性結合器で取り出してパワーセンサで検出し、切換えスイッチ SW に送る。また、被測定回路を通過し、透過波に比例した信号をパワーセンサで検出し SW に送る。SW を a 側にすると反射波と入射波の比から反射係数の絶対値が求まり、b 側に切換えると透過係数の絶対値が求まる。

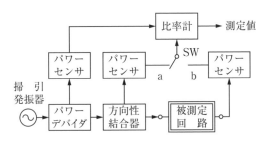

図11.21　スカラネットワークアナライザの構成

この測定器は、測定精度が方向性結合器の方向性や接合部などからの反射波によって制限されるが、掃引発振器により広い周波数範囲の

特性を短時間で測定でき、また回路構成が簡単である。

11.8.3 ベクトルネットワークアナライザ

ベクトルネットワークアナライザはアンテナ回路や給電路、フィルタなどの受動回路の特性やインピーダンスの測定、整合状態や反射箇所の検出などを精度良く行うことができる。

図11.22はベクトルネットワークアナライザの構成例である。信号源には周波数シンセサイザによる正弦波信号が使われる。測定方法は、まずスイッチ SW を a 側に倒し、信号を分波器1で2等分して、その一方を方向性結合器1に通して被測定回路へ入れる。このとき反射波があれば、それを方向性結合器1の結合回路で取り出してヘテロダイン検波器2へ入力し、その電力を計測する。一方、被測定回路を通過した波は、方向性結合器2から取り出してヘテロダイン検波器3へ入力し、その電力を計測する。分波器1で2等分した他方の信号は、

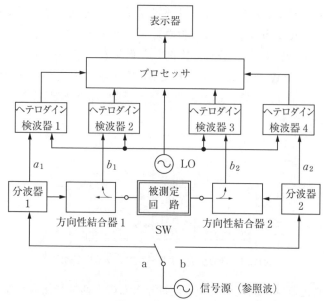

図11.22　ベクトルネットワークアナライザの構成例

ヘテロダイン検波器1で検波後プロセッサへ入力し、ヘテロダイン検波器2と3からの信号とそれぞれ比較して、それらの位相を算出する。このようにして得られた二つの電力と位相および計測前に得られた補正値を使って、プロセッサで被測定回路の正確な反射波電力と通過波電力をSパラメータとして求める。

このときの計測値をそれぞれ a_1、b_1、a_2、b_2 とすれば、反射波電力パラメータは S_{11}（$= b_1/a_1$）であり、通過波電力パラメータは S_{21}（$= b_2/a_1$）である。S_{12}（$= b_1/a_2$）と S_{22}（$= b_2/a_2$）はSWをb側に倒して同様の測定を行うことにより得られる。

ベクトルネットワークアナライザの特徴は、高感度なヘテロダイン方式を使用しているため測定範囲が非常に広いこと、Sパラメータからほかのパラメータなどへの変換が容易であること、測定系が不完全であることによる誤差を補正できるので高精度な測定ができること、などである。補正値を求める方法は、ベクトルネットワークアナライザの二つの端子に性質の分かった簡単な回路、例えば、短絡器や特性インピーダンスの分かった一定長さの伝送路などを接続して各Sパラメータを測定し、これらから補正値を計算する。

練 習 問 題 Ⅰ　　平成30年7月施行「一陸技」（A-19）

　図に示す抵抗素子 R_1〔Ω〕及び R_2〔Ω〕で構成される同軸形抵抗減衰器において、減衰量を14〔dB〕にするための抵抗素子 R_2 の値を表す式として、正しいものを下の番号から選べ。ただし、同軸形抵抗減衰器の入力端には出力インピーダンスが Z_0〔Ω〕の信号源、出力端には Z_0〔Ω〕の負荷が接続され、いずれも整合しているものとする。また、Z_0 は純抵抗とし、$\log_{10} 2 = 0.3$ とする。

1　$2Z_0/3$〔Ω〕

2　$4Z_0/7$〔Ω〕

3　$4Z_0/9$〔Ω〕

4　$5Z_0/14$〔Ω〕

5　$5Z_0/12$〔Ω〕

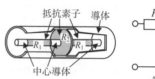

等価回路

練 習 問 題 Ⅱ　　平成31年1月施行「一陸技」（A-19）

　次の記述は、図に示す構成例のスーパヘテロダイン方式によるスペクトルアナライザの原理的な動作等について述べたものである。□内に入れるべき字句の正しい組合せを下の番号から選べ。

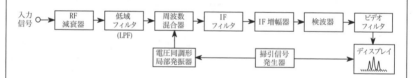

(1)　周波数分解能は、図に示す　A　フィルタの通過帯域幅によって決まる。

(2)　掃引時間は、周波数分解能が高いほど　B　する必要がある。

(3)　雑音の分布が一様分布のとき、ディスプレイ上に表示される雑音のレベルは、周波数分解能が高いほど　C　なる。

(4)　図に示すビデオフィルタは雑音レベルに近い微弱な信号を測定する場合に効果を発揮する。ビデオフィルタはカットオフ周波数可変の　D　であり、雑音電力を平均化して信号を浮き立たせる。

	A	B	C	D
1	IF	短く	高く	高域フィルタ（HPF）
2	IF	長く	低く	低域フィルタ（LPF）
3	IF	長く	高く	帯域フィルタ（BPF）
4	低域	短く	高く	帯域フィルタ（BPF）
5	低域	長く	低く	低域フィルタ（LPF）

練 習 問 題 Ⅲ　　平成31年1月施行「一陸技」（B−3）

　　次の記述は、図1に示す等価回路で表される信号源及びオシロスコープの入力部との間に接続するプローブの周波数特性の補正について述べたものである。　内に入れるべき字句を下の番号から選べ。ただし、オシロスコープの入力部は、抵抗 R_i〔Ω〕及び静電容量 C_i〔F〕で構成され、また、プローブは、抵抗 R〔Ω〕、可変静電容量 C_T〔F〕及びケーブルの静電容量 C〔F〕で構成されるものとする。

(1)　図2の(a)に示す方形波 e_i〔V〕を入力して、プローブの出力信号 e_o〔V〕の波形が、e_i と相似な方形波になるように C_T を調整する。この時 C_T の値は　ア　の関係を満たしており、原理的に e_o/e_i は、周波数に関係しない一定値　イ　に等しくなり、e_o/e_i の周波数特性は平坦になる。

(2)　静電容量による分圧比と抵抗による分圧比を比較すると、(1)の状態から、C_T の値を小さくすると、静電容量による分圧比の方が　ウ　なり、周波数特性として高域レベルが　エ　ため、e_o の波形は、図2の　オ　のようになる。

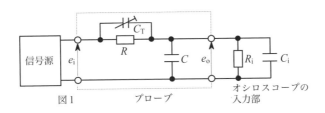

図1　　　　　プローブ　　　　　オシロスコープの入力部

1　R_i / R

2　$R_i / (R + R_i)$

3　小さく

4　持ち上がる

5　落ちる

6　$(C + C_i) R = C_T R_i$

7　$(C + C_i) R_i = C_T R$

8　大きく

9　(b)

10　(c)

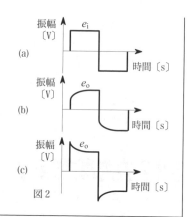

振幅〔V〕　e_i

(a)

時間〔s〕

振幅〔V〕　e_o

(b)

時間〔s〕

振幅〔V〕　e_o

(c)

時間〔s〕

図2

練習問題 Ⅳ　令和元年7月施行「一陸技」（A−18）

デジタルオシロスコープのサンプリング方式に関する次の記述のうち、誤っているものを下の番号から選べ。

1　実時間サンプリング方式は、単発性のパルスなど周期性のない波形の観測に適している。

2　等価時間サンプリング方式は、繰返し波形の観測に適している。

3　等価時間サンプリング方式の一つであるランダムサンプリング方式は、トリガ時点と波形記録データが非同期であるため、トリガ時点以前の入力信号の波形を観測するプリトリガ操作が容易である。

4　等価時間サンプリング方式の一つであるランダムサンプリング方式は、トリガ時点を基準にして入力信号の波形のサンプリング位置を一定時間ずつ遅らせてサンプリングを行う。

5　実時間サンプリング方式で発生する可能性のあるエイリアシング（折返し）は、等価時間サンプリング方式では発生しない。

練習問題・解答	Ⅰ	5	Ⅱ	2			
	Ⅲ	ア−7	イ−2	ウ−3	エ−5	オ−9	
	Ⅳ	4					

第12章

測 定

　無線通信では、機器類の不具合などのため互いに影響しないように、使用する無線設備は一定の基準（技術基準）に適合したもの以外は使用できないことになっている。この技術基準に適合するか否かは測定によって判定される。ここでは、波形や電力などの基本測定及び送信機と受信機の各種特性の測定法について述べる。

12.1　基本測定

　無線機器類の動作状態を調べるときに共通して行われる測定には、波形観測や位相差の測定、周波数測定などがある。これらは機器類の性能を測定するものではないが、故障場所の探査などの重要な手段である。

12.1.1　波形測定

　波形を観測するにはオシロスコープが使われ、回路や端子にプローブを直接接触させて観測する。波形測定で特に重要なのはデジタル回路で使われるパルス波形の観測である。図12.1はパルス波形の各部の名称であり、それぞれ以下のように定義されている。

　A：（振幅）、ベースラインから100〔％〕までの電圧、電流の値

　T：（周期または繰返し時間）、次のパルスまでの繰り返す時間〔s〕

　W：（パルス幅）、振幅の50〔％〕の2点間を横切る時間〔s〕

　t_r：（立上り時間）、振幅の10〔％〕から90〔％〕までの時間〔s〕

　t_f：（立下り時間）、振幅の90〔％〕から10〔％〕までの時間〔s〕

　$(a/A) \times 100$：（プレシュート）、パルスが立ち上る前にベースラインから下がる量〔％〕

$(b/A)\times100$：（**オーバーシュート**）、パルスが立ち上がった後に振幅の100〔%〕から上がる量〔%〕

$(c/A)\times100$：（**アンダーシュート**）、パルスが立ち下がった後にベースラインから下がる量〔%〕

$(d/A)\times100$：（**サグ**）、振幅の100〔%〕から立ち下がる前までに下がる量〔%〕

これらをもとにして定義されるものとして、以下の各量がある。

$f=1/T$：繰返し周波数〔Hz〕

$D=(W/T)\times100$：**衝撃係数（デューティファクタ）**〔%〕

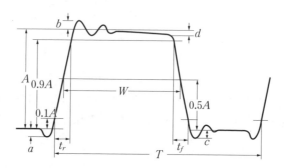

図12.1　パルス波形各部の名称

オシロスコープでパルス波形を観測するとき、オシロスコープの性能、特に観測可能な最高周波数によって左右されることは言うまでもない。したがって逆に、オシロスコープにパルス波形を描かせてその立上り時間を調べることによってオシロスコープの性能が分かる。そこで、パルスの立上り時間と回路の遮断周波数の関係について調べてみる。

図12.2 (a) の CR 積分回路に、振幅が V_0〔V〕で立上り時間が 0〔s〕の理想的なパルスを入力したとき、t〔s〕後の出力電圧 V〔V〕は次式で与えられる。

$$V=V_0(1-e^{-t/CR})$$

この式を書き直して、次式が得られる。

$$e^{-t/CR} = 1 - \frac{V}{V_0}$$

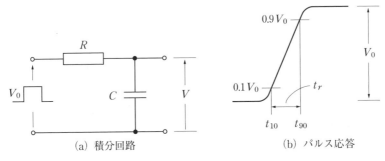

(a) 積分回路　　　(b) パルス応答

図12.2　パルスの立上り時間

立上り時間は振幅の10％から90％までの時間であるので、同図（b）に示すように、V が $0.1V_0$ になるまでの時間を t_{10}、$0.9V_0$ になるまでの時間を t_{90} とすれば、上式から、

$$-\frac{t_{10}}{CR} = \ln\left(1 - \frac{0.1V_0}{V_0}\right) = \ln 0.9$$

$$\therefore \quad -t_{10} = CR \cdot \ln 0.9$$

同様にして、

$$-t_{90} = CR \cdot \ln 0.1$$

これらの式から、立上り時間 t_r は次式のようになる。

$$t_r = t_{90} - t_{10} = CR \cdot (\ln 0.9 - \ln 0.1) = CR \cdot \ln 9$$

ここで、CR 積分回路の3dB 遮断周波数を f_c として、$f_c = 1/(2\pi CR)$ の関係を使って、上式の CR を消去すれば次式となる。

$$t_r = \frac{\ln 9}{2\pi f_c} \fallingdotseq \frac{0.35}{f_c}$$

$$\therefore \quad t_r f_c \fallingdotseq 0.35 \qquad \cdots(12.1)$$

上式は CR 積分回路にパルスを通したときに得られる出力波形の立上り時間と遮断周波数の関係を表す重要な式である。

したがって、オシロスコープの立上り時間は、オシロスコープの3dB 遮断周波数 f_c を式（12.1）に代入すれば求めることができる。

実際の測定では、ディスプレイで読み取った立上り時間を t_V、オシロスコープの立上り時間を t_{OS} とすれば、真の立上り時間 t_T は次式で与えられる。

$$t_T^2 = t_V^2 - t_{OS}^2 \qquad \cdots(12.2)$$

この式から、観測で得られる立上り時間 t_V は、真の立上り時間 t_T とオシロスコープの立上り時間 t_{OS} を合成したものとなることに注意する必要がある。したがって、$t_T < t_{OS}$ のときには正しい観測値は得られないことになる。

12.1.2　位相差の測定

高周波の位相差を測定する方法の一つとしてオシロスコープを使用する方法があり、図12.3 (a) は測定系の構成である。オシロスコープの水平軸には、通常、時間軸としてのこぎり波が加えられているので、これを外部入力に切り換えて使用する。

オシロスコープの水平軸と垂直軸に加える電圧を、図12.3 (b) に示すように、それぞれ v_x と v_y、その最大値を V_x と V_y、両電圧の位相差を θ とすれば、オシロスコープ画面には同図 (c) のような図形が描かれる。この図形を**リサジュー図形**という。リサジュー図形上の

a、b、c、…各点は、同図 (b) の
各点の時刻における値に対応してい
る。同図 (b) において、時刻 a で
は $v_x = 0$ であり $v_y = v_0$ とすれば、

$$\frac{v_0}{V_y} = \sin\theta$$

である。同図 (c) の y_0 と y_m は、v_0
と V_y にそれぞれ比例するから次式
が得られる。

$$\frac{v_0}{V_y} = \frac{y_0}{y_m} = \sin\theta$$

$$\therefore \quad \theta = \sin^{-1}\left(\frac{y_0}{y_m}\right) \quad \cdots (12.3)$$

(a) 測定系の構成

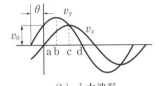

(b) 入力波形

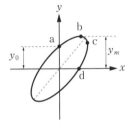

(c) リサジュー図形

図12.3　オシロスコープを使用した位相測定

12.2　送信機の測定

　送信機は法律に規定されている性能を持っている必要があり、無線
局を開局して使用するためには使用許可を取得し、認められた機関に
よる検査を受けなければならない。検査項目には空中線電力、送信周
波数、不要発射などがある。

12.2.1　空中線電力

　空中線電力は**アンテナ電力**、送信電力、送信出力などとも呼ばれ、
送信機の特性のうちで周波数とともに最も重要なものである。空中線
電力として電波法では、せん頭電力、平均電力、搬送波電力、規格電
力が定義されており、電波の型式に対して使用する電力形式を指定し
ている（電波法施行規則　第四条の四　参照）。

図12.4は、空中線電力を測定する
ときの測定系の構成であり、送信機
出力を給電線と整合している擬似負
荷（純抵抗負荷）に加える。電力計

図12.4　空中線電力の測定系構成

には測定する電力量に相応した電力計が使われる。例えば、せん頭電
力の測定にはせん頭電力計、平均電力の測定には電力を熱に換算して
測定する**ボロメータ**（bolometer）、熱電対電力計、カロリメータなど
が使われる。

(1)　ボロメータによる測定

　温度によって抵抗値が大きく変化する素子（ボロメータ）に高周波
電力を加え、その温度変化による抵抗値の変化量を測り、それを高周
波電力に換算する方法である。ボロメータは、金属酸化物を焼き固め
たサーミスタが主に使われているので、サーミスタ電力計とも呼ばれ
ている。この測定法による測定可能電力は数十 mW 以下である。

　図12.5は、直流置換法によるボロメータブリッジの動作原理を示す。
まず、ボロメータ B に高周波電力を加えない状態でスイッチを入れ
て抵抗 r を調整してブリッジの平衡をとる。このときの電流計 A の
読みを I_1 とし、ブリッジ各辺の抵抗を R とすれば、ボロメータで消
費される電力 P_1 は次式で表される。

$$P_1 = \left(\frac{1}{2}I_1\right)^2 R \qquad \cdots(12.4)$$

　次に、ボロメータに高周波
電力を加えるとその抵抗値が
変化して平衡がくずれるの
で、再度、抵抗 r を調整し
てブリッジの平衡をとる。こ
のときの A の読みを I_2 とす
ると、消費される電力 P_2 は
次式で表される。

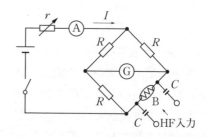

図12.5　ボロメータブリッジによる電力測定

$$P_2 = \left(\frac{1}{2}I_2\right)^2 R \qquad \cdots(12.5)$$

電力の増加分は高周波電力を供給したことによるものであるから、高周波電力 P は次式で与えられる。

$$P = P_1 - P_2 = \frac{1}{4}(I_1{}^2 - I_2{}^2)R \qquad \cdots(12.6)$$

(2) カロリメータによる測定

カロリメータ（熱量計）は、物体の温度、熱容量、時間などを測定して電力を測定する計器である。カロリメータには、水などの液体を発熱体中に流してその温度上昇から電力量を求める方法と、断熱体の中に入れられた発熱体の温度上昇から電力量を求める方法がある。

図12.6は、液体として通常使われる水を負荷としたカロリメータの電力測定系の例であり、比較的大きな電力の測定に適している。

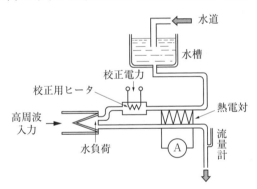

図12.6　水負荷によるカロリーメータの電力測定

(a) 置換法

水を流しておき、まず高周波だけを水負荷に加えて水負荷の入口と出口の温度差を測定する。次に高周波を切り、校正用ヒータに直流または商用電源を加えて、温度差が高周波だけのときの値と同じになるように調整する。高周波電力は、このとき校正用ヒータに加えた電力に置き換えられたことになるので、加えた直流電力または商用電力と

等しくなる。

(b) **計算で求める方法**

一定の高周波電力 P を加えて定常状態になったとき、水の流量を Q、温度上昇を T とし、水の比熱を C、比重を S とすれば、P は次式で求められる。

$$P = QCST \qquad\qquad \cdots(12.7)$$

(3) **飽和電力法による SSB（J3E）波の電力測定**

A3E や F3E などの型式の電波は、変調がないときには搬送波のみとなるので、平均電力やせん頭電力は容易に測定することができる。しかし、J3E 波は変調がないときには、電波は出ないのでほかの測定法によらなければならない。この測定法には、飽和電力法と 2 信号法があるが、ここでは**飽和電力法**について説明する。

電波法によると、J3E 波のアンテナ電力はせん頭電力で表示することになっており、そのせん頭電力は一つの変調波によって変調したときの飽和電力とされている。

図12.7は、この測定系の構成を示す。

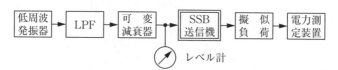

図12.7　SSB（J3E）波の電力測定法の構成例

測定法

① 送信機を通常の動作状態に調整し、可変減衰器を大きな減衰量にする。

② 変調信号として低周波発振器から 1 500〔Hz〕を LPF と可変減衰器を通して送信機に加える。LPF は 1 500〔Hz〕から高調波成分を取り除くために挿入する。

③ 可変減衰器の減衰量を徐々に減らして、変調信号を大きくしながらレベル計でその大きさを読み取り、同時に出力電力を測定する。

④ このときの変調信号レベルと出力電力の関係をグラフに描きながら測定し、変調信号をいくら大きくしても出力電力が増加しなくなるまで測定する。

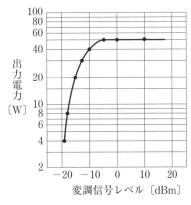

図12.8　SSB（J3E）送信機の出力特性例

図12.8は測定例であり、変調信号のあるレベル以上で飽和する。この飽和値（この例では50〔W〕）を読み取り、飽和電力とする。

12.2.2　スプリアス発射

送信機からの**不要発射**にはスプリアス発射と帯域外発射がある。**スプリアス発射**は必要周波数帯域外における電波の発射であり、帯域外発射は含まれない。**帯域外発射**は必要周波数帯域に近接する電波の発射で変調のときに生じるものである。ここでは、この内スプリアス発射の測定について述べる。スプリアス周波数は不特定で、搬送波周波数から遠く離れていることがあるので、測定にはスペクトルアナライザが使われる。スプリアス発射の強度は搬送波強度より一般に弱いので、測定には搬送波抑圧のためのフィルタを使うことがある。使わないで測定することもできるが、ここではフィルタを使う方法を説明する。

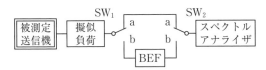

図12.9　スプリアス発射強度測定の構成

図12.9は搬送波抑圧用の帯域阻止フィルタ（BEF）を使用してスプリアス発射強度を測定する測定系の構成を示す。

測定法

① 送信機を無変調で動作させて出力を擬似負荷（純抵抗）に加える。

② スイッチ SW_1 と SW_2 をともにa側にして、BEF を通さないで搬送波の電力 P_C 〔dBm〕をスペクトルアナライザで測定する。

③ 両スイッチをb側に切り換えて、BEF を挿入し、フィルタの中心周波数を搬送波周波数に合わせる。

④ スペクトルアナライザの入力減衰器をフィルタの減衰量だけ減らし、スプリアス発射を検出しやすくする。

⑤ スペクトルアナライザの周波数掃引幅をなるべく低い周波数から搬送波周波数の３倍程度まで広く設定して、電力スペクトルを描かせる。

⑥ 電力スペクトルの中からスプリアス発射（通常、複数個ある）の電力を読み取る。

このとき、フィルタの減衰量を考慮した電力値を P_S 〔dBm〕とすると、スプリアス発射の減衰度は $(P_C - P_S)$ 〔dB〕である。

12.2.3 占有周波数帯幅

占有周波数帯幅は、全放射電力の 99 〔%〕が含まれる帯域幅であると定義されていて、その測定法は電波型式にかかわらず共通である。

図12.10は占有周波数帯幅の測定系の構成を示す。雑音発生器で発生した雑音を、指定されたフィルタ（擬似音声フィルタ）に通して擬似音声を作り、これを変調信号として送信機に加える。送信機の出力を擬似負荷に加えて、送信出力をスペクトルアナライザで測定する。

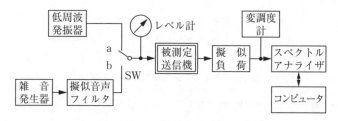

図12.10　占有周波数帯幅の測定系の構成

測定法

① SW を a 側にして低周波発振器を接続し、その出力を調整して送信機を規定の変調（例えば、1〔kHz〕、60〔%〕変調）で動作させ、そのときの入力電圧をレベル計で読み取る。

② SW を b 側に切り換えて擬似音声を加え、雑音発生器の出力を調整して、レベル計の読みが①のときの値と同じになるようにする。これにより、擬似音声による変調度を指定された値にする。

③ スペクトルアナライザの中心周波数を送信周波数に合わせて、掃引幅を規定の占有周波数帯幅より十分大きく設定して、電力スペクトルを描かせる。

④ 掃引幅の中を適当な周波数間隔で選んだ n 個のサンプル点について送信出力を測定し、コンピュータに取り込む。

⑤ コンピュータにより、n 個全サンプル点の送信出力の合計を求めて、これを全電力とする。

⑥ 計算により、最低の周波数から順次高い方へ測定値を加えて行き、その値が全電力の 0.5〔%〕となるサンプル点の周波数を求め、これを下限周波数 f_L とする。

⑦ ⑥と同様に、これを最高の周波数から低い方へ行い、上限周波数 f_H を求める。

占有周波数帯幅は、(f_H-f_L) として求められる。

12.2.4 変調度

変調度を計算するため、送信波形の上半分が図12.11のようになっているとする。これは変調信号波形と同じで、0 レベルからの値 V_3 は搬送波の振幅の平均値であり、図から、

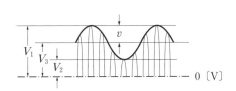

図12.11 高周波信号の包絡線と振幅

$$V_3 = \frac{V_1 + V_2}{2} \qquad \cdots (12.8)$$

となる。

　信号波の振幅を v とすれば、変調度 m は次式で定義される。

$$m = \frac{v}{V_3} \qquad \cdots (12.9)$$

また、図から、

$$v = \frac{V_1 - V_2}{2} \qquad \cdots (12.10)$$

上式と式（12.8）を式（12.9）へ代入すると、

$$m = \frac{(V_1 - V_2)/2}{(V_1 + V_2)/2} = \frac{V_1 - V_2}{V_1 + V_2} \qquad \cdots (12.11)$$

となって、変調度が求まる。

　A3E 送信機の変調度の測定法は種々あるが、ここではオシロスコープに楕円を描かせる方法について説明する。

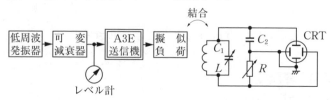

(a) 測定系の構成

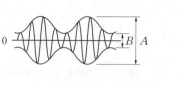

(b) 送信波

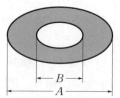

(c) オシロスコープ画面

図12.12　オシロスコープに楕円を描かせる変調度測定

図12.12（a）は、オシロスコープに楕円を描かせる測定方法の構成である。送信機とは別に L と C_1 で構成した同調回路を作り、その出力を R と C_2 によって位相が異なる二つの電圧に分割して、これをオシロスコープの水平軸と垂直軸に加えると、画面には高周波の1周期に一つの楕円が描かれる。もし、変調された高周波の包絡線が同図（b）であるとすれば、高周波の振幅の最も小さい部分で最も小さな楕円が描かれ、包絡線が大きくなるにしたがって徐々に楕円が大きくなり、最大の振幅で最も大きな楕円が描かれる。このため、同図（c）のようなドーナツ形の楕円図形ができる。

　測定法

① 同調回路を送信機に近づけ、誘導結合により C_1 を調整して送信周波数に同調させる。

② R を調整して、見やすい図形にする。

③ 楕円図形の長軸の外側の長さを A、内側の長さを B とすれば、変調度 m は図12.12（b）との関係から、次式で求められる。

$$m = \frac{A-B}{A+B} \qquad\qquad \cdots(12.12)$$

12.2.5　変調指数と周波数偏移

　FM（F3E）送信機の変調指数 m_f に対する搬送波と両側波帯中の各側波の振幅は m_f を変数とするベッセル関数 $J_n(m_f)$ で表される。図12.13は、これらのうち、搬送波と第1側波の振幅のみを取り出して描いたものである。グラフの各値は、無変調（$m_f = 0$）のときの搬送波の振幅を1として規格化して描いてある。

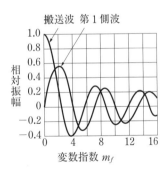

図12.13　変調指数に対する搬送波と第1側波の振幅

　図12.14は搬送波零位法による変調指数測定の構成であり、送信機出力は誘導によってスペクトルアナライザに取り込む。

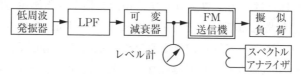

低周波発振器 → LPF → 可変減衰器 → FM送信機 → 擬似負荷
レベル計 🔘
スペクトルアナライザ

図12.14　変調指数測定の構成

　可変減衰器を調整して、低周波発振器からの正弦波信号の振幅を 0 から徐々に大きくしていくと、m_f はこれに比例して大きくなるから、図12.13に示すように、搬送波の振幅は徐々に小さくなっていく。反対に、第 1 側波は徐々に大きくなっていく。この様子は図12.15に示すように、スペクトルアナライザの中心周波数（搬送波周波数）の大きさとその両側にある上下両側波の大きさによって観測できる。同図 (a) は無変調で搬送波のみの状態、同図 (b) は搬送波と第 1 側波の大きさが等しく、また、同図 (c) は搬送波が 0 になった状態である。

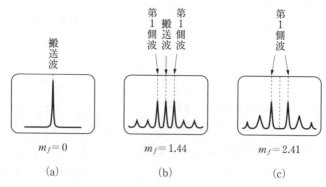

搬送波

第1側波　搬送波　第1側波

第1側波

$m_f = 0$　　$m_f = 1.44$　　$m_f = 2.41$

(a)　　　　(b)　　　　(c)

図12.15　スペクトルアナライザの表示

測定法

① 送信機を動作させ、スペクトルアナライザの中心周波数を送信機の搬送波周波数に合わせる。

② 低周波発振器から周波数 f_p の正弦波を LPF と可変減衰器を通して FM 送信機に変調信号として加える。LPF は正弦波から高調波成分を取り除くために挿入する。

③ 可変減衰器を調整して、図12.15 (c) のように搬送波の振幅を 0

第12章　測定

にしたとき、図12.13から変調指数 $m_f = 2.41$ であることが分かる。

④　このようにして m_f を求めれば、周波数偏移 Δf は次式によって計算される。

$$\Delta f = m_f f_p \qquad \cdots (12.13)$$

このときのレベル計の読み V が Δf に対する変調信号の大きさとなる。

⑤　搬送波の振幅が0になる点はいくつかあるので、これらについて V を読み取り、V と Δf の関係をグラフにすると、図12.16のようになる。これが FM 送信機の変調直線性を表すものであり、直線部が長いほど良いことになる。

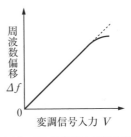

図12.16　FM 送信機の変調直線性

12.2.6　信号対雑音比（S/N）の測定

正弦波で変調した送信波を直線検波して得られた信号強度とそのときの雑音強度の比を、送信機の信号対雑音比という。図12.17は AM 送信機の信号対雑音比測定の構成である。

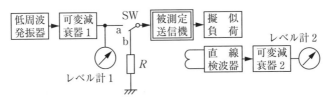

図12.17　AM 送信機の S/N 測定系構成

測定法

①　送信機を動作させ、その出力を誘導結合により取り出して検波器に加える。

②　スイッチ SW を b 側にして無誘導抵抗 R を変調入力端子に接続

し、レベル計2の指示が見やすい値になるように可変減衰器2を調整する。このときの可変減衰器2の値を D_1 とする。これが雑音出力に比例した値を与える。

③　SW を a 側に切り換えて1〔kHz〕の正弦波を変調信号として送信機に加え、可変減衰器1を調整して測定したい変調度にし、可変減衰器2を調整して、レベル計2の指示が②の値と同じになるようにする。このときのレベル計1の読みを V_n、可変減衰器2の値を D_2 とする。

④　可変減衰器2を調整する前のレベル計2の指示が信号出力に比例した値を与えるから、変調入力 V_n に対する信号対雑音比 S_n は、次式で求められる。

$$S_n = D_2 - D_1 〔\text{dB}〕 \qquad\qquad \cdots(12.14)$$

⑤　可変減衰器1を変えて、異なる変調入力に対する信号対雑音比を多数測定してグラフにし、変調入力対 S/N の曲線を作成する。

12.3　受信機の測定

一般に、受信機の性能を表す項目として、感度、選択度、忠実度、安定度、雑音指数などがあり、FM 受信機ではこのほかに、感度抑圧効果、周波数弁別器の特性などがある。ここでは、これらの特性のうちから主なものを取り上げて、その測定法を説明する。

12.3.1　感度
規定の出力を得るために必要な最小受信入力の大きさを最大有効感度という。このときの出力端における信号対雑音比 S/N をどのように扱うかによって、雑音制限感度と利得制限感度に分けられる。このうち、通常、**感度**と呼ばれるのは**雑音制限感度**である。FM 受信機では雑音抑圧感度が使われる。

(1)　**雑音制限感度**

受信機の出力端における SN 比が規定値 U〔dB〕で、かつ、規定の出力 P_0〔W〕を得るのに必要な入力電圧レベルを〔dBμ〕または〔μV〕で表し、これを感度とする。〔dBμ〕は 1〔μV〕を 0〔dB〕とした値である。U は通常 20〔dB〕、P_0 は通常 50〔mW〕である。この測定系の構成を図12.18に示す。

図12.18　AM 受信機の感度測定の構成例

測定法

① 標準信号発生器（SSG）の信号を規定の変調（例えば、1〔kHz〕、30〔%〕変調）とし、受信機の測定希望周波数に合わせ AGC を切る。

② SSG を止めて、受信機出力（雑音）が規定の出力 P_0〔W〕より U〔dB〕低い値になるように受信機の利得を調整する。

③ SSG を再び①の状態で動作させ、受信機出力が P_0〔W〕になるように SSG の出力を調整する。このときの SSG の出力レベル〔dBμ〕が雑音制限感度である。

(2)　**利得制限感度**

受信機の利得が少なく、感度と音量を最大にしても規定の雑音量にならない（前項(1)の②の調整ができない）場合は、規定の SN 比に関係なく感度と音量を最大にし、SSG の出力レベルを調整して受信機出力を規定出力 P_0〔W〕にしたときの SSG 出力レベルを利得制限感度とする。

(3)　**FM 受信機の雑音抑圧感度（NQ 法）**

FM 受信機の感度測定法には、**NQ**（noise quieting）**法**と **SINAD**（signal to noise and distortion）**法**があり、最初に NQ 法を説明する。

FM 受信機は信号がないとき大きな雑音を発するが、信号が入ってくると雑音が抑えられる。この特性を利用して、信号がないときの雑音を 20〔dB〕低下させるような入力信号レベルによって感度を表す。

この NQ 法で測定した感度を**雑音抑圧感度**と呼ぶ。この測定系の構成を図12.19に示す。

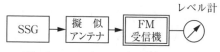

図12.19　NQ 法による感度測定の構成

測定法

①　受信機のスケルチ回路が動作しないようにする。

②　標準信号発生器（SSG）を、規定変調（例えば、1〔kHz〕、最大周波数偏移の70〔%〕）とし、発振周波数を受信周波数に合わせる。

③　上記変調信号が良好に受信されるように SSG の出力を調整し、また、受信機の出力レベルが読みやすい値になるように受信機の利得を調整する。

④　SSG の出力を OFF にすれば受信機の出力は雑音のみとなり、このときのレベル計の読みを N とする。

⑤　SSG の変調を OFF にしてから出力を ON にし、SSG の出力レベルを最小値から徐々に上げていくと、雑音が徐々に小さくなっていく。レベル計の読みが N より 20〔dB〕低くなったときの SSG の出力を S_{in} とする。

　S_{in} の値を〔dBμ〕または〔μV〕の単位で表したものが雑音抑圧感度である。

(4)　SINAD 法による FM 受信機の感度測定

通常、音声などの信号を受信できなくする原因は雑音であるとされ、その程度を表す指標として SN 比（S/N）がある。$S \geqq N$ のとき、デシベルで表した SN 比 0〔dB〕が信号の検出限界であり、この SN 比が大きいほど受信信号が明りょうになる。しかし、受信機内部でひずみが発生すると受信信号の質が低下したり不明りょうになる。このため、受信機の性能（感度）を単に SN 比を使って表すのでは不十分であり、ひずみを含めて考えなければならないことになる。$SINAD$（signal to noise and distortion）は、S を信号、N を雑音、D をひずみ成分とすれば、次のように定義される。

$$SINAD = \frac{S+N+D}{N+D} \qquad \cdots (12.15)$$

この定義で注意しなければならないことは、S/Nの分母に単にDを加えた$S/(N+D)$ではないことである。S/Nは、$S<N$ではデシベルで負の値になるが、$SINAD$は$S=0$でも0〔dB〕であって両者の差は大きい。しかし、Sを徐々に大きくしていき、S/Nが12〔dB〕以上になるとS/Nと$SINAD$はほぼ等しくなる。

SINAD法をNQ法と比較したときの長所は、NQ法は搬送波による測定であるのに対してSINAD法は変調波による測定であるので、実際の使用状態を表す値に近くなることである。

なお、この測定法による受信感度を電波法では**基準感度**と呼んでいる。

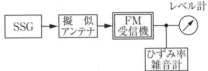

図12.20 SINAD法による感度測定の構成

測定法

① 図12.20の構成の接続で、SSGの出力を1〔kHz〕の正弦波で周波数偏移を許容値の70%となるように変調する。

② SSGの出力を60〔dBμ〕以上にした後、受信機の低周波出力が定格出力の1/2になるように、レベル計を読みながらボリュームを調節する。

③ 上記の状態でSSGの出力を変えて、ひずみ率雑音計の指示値（$SINAD$）が12〔dB〕（技術基準）になるようにする。

④ このときの受信機入力電圧を〔dBμ〕、または〔μV〕で表したものが基準感度である。

12.3.2 選択度

選択度は希望波と妨害波を分離する能力を表すものである。測定法には1信号法と2信号法があり、1信号法は隣接チャネル選択度特性

の測定に、また、2信号法は実効選択度特性の測定に使用される。

(1) 隣接チャネル選択度特性

　1信号法の測定により、**隣接チャネル選択度特性**または**近接周波数選択度特性**が得られる。この測定系の構成を図12.21に示す。標準信号発生器（SSG）の出力を規定の変調（例えば、1〔kHz〕、30〔％〕変調）とし、擬似アンテナを通して受信機に加え、その検波出力をレベル計で読み取る。

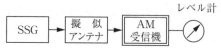

図12.21　隣接チャネル選択度特性測定の構成

測定法

① 　SSG の周波数を受信機の測定希望周波数 f_0 に合わせ、レベル計の振れが適度になるように受信機の利得を調整する。このときのレベル計の読みを V_0、SSG の出力を S_0 〔dB〕とする。

② 　SSG の周波数を f_0 から上及び下方向に少しずつ変えて、それぞれレベル計の値が V_0 となるように SSG の出力を調整する。このときの SSG の出力を S_n 〔dB〕とする。

③ 　周波数を横軸にとり、縦軸に SSG の相対出力 $(S_n - S_0)$ 〔dB〕をとってグラフに描くと、図12.22のような選択度特性が得られる。

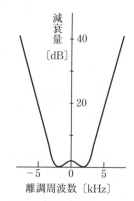

図12.22　選択度特性の例

(2) FM 受信機の感度抑圧効果（NQ 法）

　感度抑圧効果は、受信機の高周波増幅段などの選択度特性が悪いときに強力な妨害波が入ると、高周波増幅器や周波数混合器が飽和したり、動作点が移動して利得が低下する現象である。感度抑圧効果は受信機の実際の動作状態における選択度を表す実効選択度の一つである。

測定系の構成は、図12.23に示すように、標準信号発生器を希望波用（SSG1）と妨害波用（SSG2）の2台使用する2信号法である。無線設備規則★で規定されている感度抑圧効果を下欄に示す。

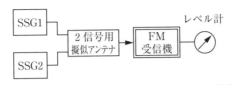

図12.23　感度抑圧効果、相互変調特性測定の構成

測定法

① SSG1とSSG2の信号出力をともにOFFとする。このとき受信機出力は雑音のみとなるので、その値Nをレベル計から読み取る。

② SSG1のみを無変調で働かせ、希望波周波数に合わせると雑音出力が低下するので、SSG1の出力を調整してレベル計の読みがNより20〔dB〕低くなるようにする。このときのレベル計の読みをV_1とする。

③ SSG1の出力をさらに6〔dB〕大きくする。（受信機の雑音出力はさらに小さくなる）

④ SSG2を無変調で動作させ、妨害波周波数（測定周波数）に合わせる。

⑤ SSG2の出力を徐々に増加していくと感度が抑圧され、雑音出力が増加してくるので、レベル計の指示がV_1となるようにSSG2の出力を調整する。

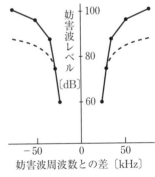

図12.24　感度抑圧効果の測定例

★無線設備規則「F3E電波450〔MHz〕を超え467.58〔MHz〕以下を使用する船上通信設備の受信装置の感度抑圧効果は、雑音抑圧を20〔dB〕とするために必要な受信機入力電圧より6〔dB〕高い希望波入力電圧を加えた状態の下で希望波から25〔kHz〕以上離れた妨害波を加えた場合において、雑音抑圧が20〔dB〕となるときのその妨害波入力電圧が3.16〔mV〕以上」

このときのSSG2の出力レベルから擬似アンテナ整合損失の6〔dB〕
を引いた値が、求める妨害波入力レベルである。

⑥　SSG2の周波数を、SSG1の周波数を中心として上及び下方向に
変えて、複数の妨害波周波数での測定を行い、図12.24のような感
度抑圧効果の特性曲線を作る。なお、受信機の性能が悪いと破線の
ようになる。

⑶　FM受信機の相互変調特性（NQ法）

受信機に2波以上の強力な電波が入ったとき、増幅器の非直線性に
よってこれらの電波の**相互変調積**を生ずる。この相互変調積が希望波
周波数または中間周波数に一致したとき妨害波となる。特に、希望波
周波数に隣接する2波の3次相互変調積が最も問題になる。

希望波周波数をf_0、二つの妨害波周波数をf_1、f_2とすると、3次
の相互変調積の一つに$2f_1-f_2$という周波数がある。チャネル間隔を
Δfとすれば、f_1、f_2がそれぞれ次式の関係にあるとき、

$$\left.\begin{array}{l} f_1 = f_0 + \Delta f \\ f_2 = f_0 + 2\Delta f \end{array}\right\} \qquad \cdots(12.15)$$

この相互変調積は次式のようになる。

$$2f_1 - f_2 = 2(f_0 + \Delta f) - (f_0 + 2\Delta f) = f_0 \qquad \cdots(12.16)$$

すなわち、二つの妨害波による3次の相互変調積は、希望波周波数
と一致することになる。このようにして発生する相互変調による妨害を
軽減するには、受信機の初段増幅器の選択度を良くすることと、増幅
器と周波数変換器を直線性が良い状態で使用することである。

測定系の構成は図12.23と同じで、標準信号発生器2台を使う2信
号法である。

測定法

①　SSG1とSSG2の出力をOFFとし、このときの被測定受信機の

雑音出力をレベル計から読み取り、これを N とする。

② 二つの SSG の出力を ON とし、SSG1 出力を妨害波 1 として第一の隣接チャネルの周波数 $(f_0+\Delta f)$ に合わせておき、SSG2 出力を妨害波 2 として第二の隣接チャネルの周波数 $(f_0+2\Delta f)$ に合わせ、その出力を徐々に増加していくと相互変調積が現れてくるので、雑音が抑圧されるのを確認する。

③ SSG1（または SSG2）の出力をできるだけ大きな値にし、SSG2（または SSG1）の出力を調整してレベル計の読みが N より 20〔dB〕低くなるようにする（20〔dB〕雑音抑圧）。このときの SSG1 と SSG2 の出力をそれぞれ S_{11}、S_{21} とする。

④ SSG1（または SSG2）の出力を一定値（例えば 10〔dB〕）ずつ下げ、③と同様にして 20〔dB〕雑音抑圧の測定を繰り返し行う。n 回目の測定のときの SSG1 と SSG2 の出力をそれぞれ S_{1n}、S_{2n} とする。

⑤ 被測定受信機の入力電圧は、各測定値から擬似アンテナ結合損失の 6〔dB〕を差し引いた値であるので、妨害波 1 $(f_0+\Delta f)$ と妨害波 2 $(f_0+2\Delta f)$ の入力レベルはそれぞれ $S_{1n}-6$〔dB〕、$S_{2n}-6$〔dB〕

となる。これをグラフにすると図12.25のような相互変調特性が得られる。

このグラフから、妨害波 1 と妨害波 2 の入力レベルが等しい点を表す直線と相互変調特性曲線との交点 P における入力レベルが、規定値（例えば 65〔dBμ〕）以上であればよい。

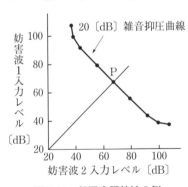

図12.25 相互変調特性の例

（4）**AM 受信機の混変調特性**

混変調は、主に AM 受信機で発生するものであり、振幅の変動に関係しない FM 受信機などではほとんど問題ない。

混変調のうちで特に問題になるのは 3 次の変調積である。希望波周

波数を f_0、妨害波の変調周波数を f_p とすると、希望波が妨害波の変調周波数 f_p によって変調を受けて $f_0 \pm f_p$ の関係ができる。

このため、希望波は本来の変調信号以外に、妨害波の変調信号で変調されたことになり、両波が検波出力として現れることになる。

測定系の構成を図12.26に示す。この AM 受信機の測定では NQ 法を使わないため、レベル計の前に雑音を除去する帯域フィルタ（中心周波数は規定の変調波周波数：1〔kHz〕）を挿入する。

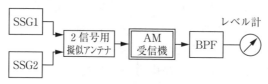

図12.26　混変調特性測定系の構成

測定法

① SSG1 を希望波用とし、希望波周波数 f_0 の搬送波を規定の変調（例えば1〔kHz〕、30〔%〕変調）にしてその出力 P を被測定受信機に加える。

② 受信機は AGC を OFF とし、f_0 に同調させて受信機出力が規定の出力（例えば50〔mW〕）になるように受信機の利得（感度と音量）を調整する。

③ SSG1 の出力はそのままにして変調のみを止める。このとき受信機出力はなくなる。

④ SSG2 を妨害波用とし、離調周波数（例えば隣接チャネルの周波数）f_n の搬送波を規定の変調で被測定受信機に加える。

⑤ 受信機出力が規定の出力より20〔dB〕低い値になるように、SSG2 の出力レベルを調整する。このときの SSG2 の出力を S_n とする。

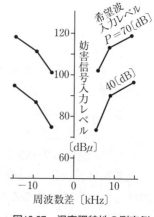

図12.27　混変調特性の測定例

⑥　f_0 の上及び下方向に f_n を変えて④⑤の操作を繰り返し、そのつど S_n を読み取る。

⑦　SSG1の出力 P を変えて、①～⑥を繰り返す。

　受信機入力レベルは各 S_n から擬似アンテナ結合損失の6〔dB〕を差し引いた値であり、これと各離調周波数との関係をグラフにすると図12.27のような混変調特性が得られる。

12.3.3　スプリアスレスポンス

　スーパヘテロダイン受信機で局部発振器の発振周波数を何逓倍かして混合器に加えている場合には、多くのスプリアスを生ずることがあるので、それらによる受信機のレスポンスをすべて測定する。

⑴　**AM 受信機のスプリアスレスポンス**

　測定系の構成は図12.21と同じである。

　測定法

①　SSG を希望波周波数 f_0 に合わせ、規定の変調をする。

②　受信機を f_0 に同調させ、AGC を OFF にする。

③　SSG の出力を調整し、受信機の出力が規定値になるようにする。このときの SSG 出力レベルを S_1〔dB〕とする。

④　SSG の周波数を、f_0 を中心にして上及び下方向へ連続的に変えていき、レベル計が振れる周波数（スプリアス周波数）で止め、SSG 出力を調整して受信機の出力が規定値になるようにする。このときの SSG 出力レベルを S_2〔dB〕とすれば、スプリアスレスポンスは $(S_2 - S_1)$〔dB〕となる。

⑤　④の操作を続けて、スプリアス周波数がなくなるまで行う。

　このようにして、各スプリアス周波数に対するスプリアスレスポンスを測定する。

⑵　**FM 受信機のスプリアスレスポンス**（NQ 法）

　測定系の構成は図12.19と同じである。

　測定法

①　SSG を希望波周波数 f_0 に合わせ、規定の変調をする。

② 受信機を f_0 に同調させ、スケルチを OFF とする。

③ SSG の出力を OFF とし、受信機の雑音出力をレベル計で読み取る。このときのレベル計の読みを N とする。

④ SSG の出力を ON にし無変調にして、出力レベルを最小値から徐々に上げていき、受信機の出力が N より 20〔dB〕低くなったときの SSG 出力レベルを S_1〔dB〕とする。（雑音抑圧感度）

⑤ SSG の周波数を、f_0 を中心にして上及び下方向へ連続的に変えて、レベル計が振れる周波数（スプリアス周波数）で止め、SSG 出力を調整して、受信機の出力が N より 20〔dB〕低くなったときの SSG 出力レベルを S_2〔dB〕とすれば、スプリアスレスポンスは $(S_2 - S_1)$〔dB〕となる。

⑥ ⑤の操作を続けて、スプリアス周波数がなくなるまで行う。

12.3.4 雑音指数

雑音指数 F は、受信機の入力端における信号電力を S_i、雑音電力を N_i とし、受信機出力端における信号電力を S_o、雑音電力を N_o とすれば、次式で与えられる。ただし、受信機の利得を G とする。

$$F = \frac{S_i / N_i}{S_o / N_o} = \frac{S_i}{S_o} \cdot \frac{N_o}{N_i} = \frac{N_o}{G N_i} \qquad \cdots (12.17)$$

屋内の絶対温度を T、雑音等価帯域幅を B、ボルツマン定数を $k = 1.38 \times 10^{-23}$〔J/K〕とすれば、$N_i = kTB$ であるから、上式は次のように表される。

$$F = \frac{N_o}{G} \cdot \frac{1}{kTB} \qquad \cdots (12.18)$$

この式において、N_o / G は雑音出力電力 N_o を入力に換算したものである。

そこで、受信機に何らかの信号を加えて、出力が N_o の 2 倍になるようにするとすれば、加える信号電力 S_p は N_o / G と同じにしなけれ

ばならない。したがって、式（12.18）は $N_o/G = S_p$ であるから、次式のようになる。

$$F = \frac{S_p}{kTB} \qquad \cdots (12.19)$$

受信機に加える信号として SSG 出力を使用するとすれば、測定系の構成は図12.21と同じになる。

測定法

① SSG の出力を OFF として受信機の出力を読む。（雑音出力）

② SSG の出力を ON として受信機の同調をとり、SSG の出力を調整して、受信機出力が①の値の2倍になるようにする。このとき、電圧で表した SSG 出力を E〔V〕とする。

③ 雑音指数 F は以下のようにして求める。受信機の入力抵抗を R、入力電圧を E_s とすれば、$S_p = E_s{}^2/R$ であり、また、擬似アンテナの入力インピーダンスは SSG の出力インピーダンスより十分大きいので、E_s は SSG の出力電圧 E に等しいとしてよいから、式（12.19）は次式のようになる。

$$F = \frac{E^2}{kTBR} \qquad \cdots (12.20)$$

12.4　データ伝送品質の測定

デジタル回路で特に問題になるのはパルス波形のくずれである。送信機や受信機の電子回路ではパルス波形がくずれることは少ないが、伝送路においては送信しないパルスが受信されたり、送信したパルスが受信されなかったりすることが起こり、伝送品質の低下の原因となる。

12.4.1　誤り率

誤り率は、送ったデジタル信号すべての数に対する誤って受信され

た数の割合である。誤り率には、**ビット誤り率**と符号誤り率があり、一般にビット誤り率が使われる。図12.28は、送受信機を含む伝送系全体のビット誤り率測定法の構成例である。測定原理は、受信されて再生されたパルスと送信したパルス信号を比較して、誤っているパルスを検出し計数するものである。測定のときに送信機で使用する変調パルス（パルスパターン）は、実際のPCM信号に対する伝送系の特性を近似するためにランダムパルスが望ましいが、再現性がないため送受信点が離れている場合の測定には使用できない。このため、再現性があり、ランダムパルスに近い擬似ランダムパルスを発生するパルスパターン発生器を使用する。

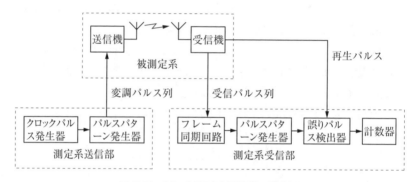

図12.28　ビット誤り率測定系の構成例

測定法

① 測定系送信部のパルスパターン発生器で擬似パルスパターンを発生し、変調パルスとして送信機に加えて搬送波を変調し送信する。

② 測定系受信部では、受信パルス列から抽出したクロックパルスとフレーム同期パルスでパルスパターン発生器を駆動し、送信側に同期した同じ擬似パルスパターンを発生する。

③ 受信機からの復調信号と擬似パルスを、誤りパルス検出器に加えて両パルス列を比較し、一致するものとしないものを検出し、その数を計数器でカウントする。

④ 計数器の計数時間を目的の時間に設定することにより、その時間

における誤りパルス数と全パルスの比としてビット誤り率が求められる。

12.4.2　アイパターン

　これは、受信し復調されたパルスのベースバンド信号を、その信号に同期した一定周期でＡスコープにより重畳した波形パターンとして描かせたものである。図12.29（a）のような送信パルスを受信し、その復調波形をそのままオシロスコープに加えて、繰返し周期 T で表示すると、周期の波形は重ね合わされて同図（c）、（d）のようなパターンが得られる。これを**アイパターン**と呼び、伝送回路のひずみや雑音に対する余裕度を表す。もし、同図（a）のパルスのアイパターンを描くと（c）のようになるが、（b）のように、波形がひずみや雑音などによって乱れて、振幅や位相が変化すると、アイパターンの線は太くなり、線で囲まれた目の形をした部分「アイ」が狭くなる。アイの横方向の大きさ x はパルスの位相変動（ジッタ）が大きいほど小さくなり、また、縦方向の大きさ y は、パルスの振幅の変動が大きいほど小さくなる。これを数値化したものがアイ開口率であり、デジタル信号の"1"レベルの定常値から"0"レベルの定常値までの長さ

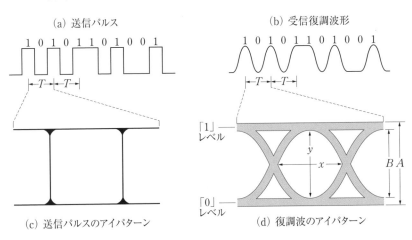

（a）送信パルス　　　　　　　（b）受信復調波形

（c）送信パルスのアイパターン　（d）復調波のアイパターン

図12.29　アイパターンの表示原理

を A、目の形をした部分の最大値から最小値までの長さを B とすれば、アイ開口率 ξ は次式で定義される。

$$\xi = \frac{B}{A} \times 100 \ \text{〔％〕} \qquad\qquad \cdots(12.21)$$

　アイが閉じる原因には、雑音、波形ひずみ、漏話、信号パルスの振幅変動及び位相ジッタなどがある。ただし、周期の長い変動はアイが閉じる原因にはならない。

練習問題 I 　　平成30年1月施行「一陸技」（B-4）

次の記述は、法令等に基づく無線局の送信設備の「スプリアス発射の強度」及び「不要発射の強度」の測定について、図を基にして述べたものである。 ☐ 内に入れるべき字句を下の番号から選べ。ただし、不要発射とはスプリアス発射及び帯域外発射をいう。また、帯域外発射とは、必要周波数帯に近接する周波数の電波の発射で情報の伝送のための変調の過程において生ずるものをいう。なお、同じ記号の ☐ 内には、同じ字句が入るものとする。

(1) 「 ア におけるスプリアス発射の強度」の測定は、無変調状態において、 ア におけるスプリアス発射の強度を測定し、その測定値が許容値内であることを確認する。

(2) 「 イ における不要発射の強度」の測定は、 ウ 状態において、中心周波数 f_c 〔Hz〕から必要周波数帯幅 B_N 〔Hz〕の ±250 〔%〕離れた周波数を境界とした イ における不要発射の強度を測定し、その測定値が許容値内であることを確認する。

この測定では、 ウ 状態において、不要発射が周波数軸上に広がって出てくる可能性が エ ことから、許容値を規定するための参照帯域幅の範囲内に含まれる不要発射の オ 値を測定することとされている。

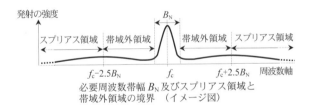

必要周波数帯幅 B_N 及びスプリアス領域と
帯域外領域の境界 　（イメージ図）

1	帯域外領域	2	スプリアス領域	3	変調
4	無変調	5	中で電力が最大の	6	B_N
7	f_c	8	ない	9	ある
10	電力を積分した				

練習問題 Ⅱ 平成30年7月施行「一陸技」（A−18）

次の記述は、搬送波零位法による周波数変調（FM）波の周波数偏移の測定方法について述べたものである。□□□内に入れるべき字句の正しい組合せを下の番号から選べ。なお、同じ記号の□□□内には、同じ字句が入るものとする。

(1) FM波の搬送波及び各側帯波の振幅は、変調指数 m_f を変数（偏角）とするベッセル関数を用いて表され、このうち搬送波の振幅は、零次のベッセル関数 $J_0(m_f)$ の大きさに比例する。$J_0(m_f)$ は、m_f に対して図1に示すような特性を持つ。

(2) 図2に示す構成例において、周波数 f_m〔Hz〕の単一正弦波で周波数変調したFM（F3E）送信機の出力の一部をスペクトルアナライザに入力し、FM波のスペクトルを表示する。単一正弦波の振幅を零から次第に大きくしていくと、搬送波及び各側帯波のスペクトル振幅がそれぞれ消長を繰り返しながら、徐々にFM波の占有周波数帯幅は □ A □ なる。

(3) 搬送波の振幅が □ B □ になる度に、m_f の値に対するレベル計の値（入力信号電圧）を測定する。周波数偏移 f_d は、m_f 及び f_m の値を用いて、$f_d = $ □ C □ であるので、測定値から入力信号電圧対周波数偏移の特性を求めることができ、搬送波の振幅が □ B □ となるときだけでなく、途中の振幅でも周波数偏移を知ることができる。

	A	B	C
1	狭く	極大	f_m / m_f
2	狭く	零	$m_f f_m$
3	狭く	極大	$m_f f_m$
4	広く	零	$m_f f_m$
5	広く	極大	f_m / m_f

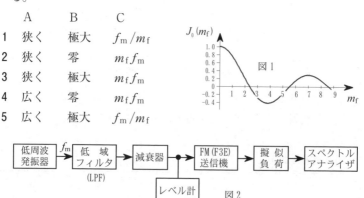

図1

図2

練 習 問 題 Ⅲ	平成31年1月施行「一陸技」（B-4）

　次の記述は、図に例示するデジタル信号が伝送路などで受ける波形劣化を観測するためのアイパターンの原理について述べたものである。このうち正しいものを1、誤っているものを2として解答せよ。

　ア　アイパターンは、パルス列の繰り返し周波数（クロック周波数）に同期させて、識別器直前のパルス波形を重ねて、オシロスコープ上に描かせたものである。

　イ　アイパターンには、雑音や波形ひ
　　　ずみ等により影響を受けたパルス波
　　　形が重ね合わされている。

　ウ　アイパターンを観測することによ
　　　り符号化率を知ることができる。

アイの縦の開き

アイの横の開き

識別時刻

　エ　アイパターンにおけるアイの横の開き具合は、信号のレベルが減少したり伝送路の周波数特性が変化することによる符号間干渉に対する余裕の度合いを表している。

　オ　アイパターンにおけるアイの縦の開き具合は、クロック信号の統計的なゆらぎ（ジッタ）等によるタイミング劣化に対する余裕の度合いを表している。

練 習 問 題 Ⅳ	令和元年7月施行「一陸技」（B-3）

　次の記述は、FFTアナライザについて述べたものである。　　　内に入れるべき字句を下の番号から選べ。

　(1)　入力信号の各周波数成分ごとの　ア　の情報が得られる。

　(2)　解析可能な周波数の上限は、　イ　の標本化周波数 f_S〔Hz〕で決まる。

　(3)　移動通信で用いられるバースト状の信号など、限られた時間内の信号を解析　ウ　。

　(4)　被測定信号を再生して表示するには、　エ　変換を用いる。

　(5)　エイリアシングによる誤差が生じないようにするには、原理的に入力信号の周波数を標本化周波数 f_S〔Hz〕の　オ　制限する必要がある。

1　振幅のみ	2　A−D 変換器	3　できる
4　逆フーリエ	5　2倍より低く	6　振幅及び位相
7　D−A 変換器	8　できない	9　ラプラス
10　1/2 より低く		

練習問題・解答	I	ア−1　　イ−2　　ウ−3　　エ−9　　オ−10
	II	4
	III	ア−1　　イ−1　　ウ−2　　エ−2　　オ−2
	IV	ア−6　　イ−2　　ウ−3　　エ−4　　オ−10

付　録

公式集

1　対　数

$a^x = b$ のとき、$\log_a b = x$ と書き、x は a を底とする b の対数であるという。

$$\log_a a = 1 \qquad \log_a 1 = 0 \qquad \log_a(xy) = \log_a x + \log_a y$$

$$\log_a \frac{y}{x} = \log_a y - \log_a x \qquad \log_a x^n = n \log_a x$$

$$\log_a \sqrt[n]{x} = \frac{1}{n} \log_a x \qquad \log_c a = \log_c b \times \log_b a$$

$$\log_b a = \frac{\log_c a}{\log_c b} \qquad \log_b a \times \log_a b = 1$$

$$\log_{10} x：（常用対数）\qquad \log_e x = \ln x：（自然対数）$$

ここに、$e = 1 + \dfrac{1}{1!} + \dfrac{1}{2!} + \dfrac{1}{3!} + \cdots + \dfrac{1}{n!} = 2.71828\cdots\cdots$

! は階乗といい、例えば、$3! = 1 \times 2 \times 3$ である。

$$\log_{10} x = 0.4343 \log_e x \qquad \log_e x = 2.3026 \log_{10} x$$

$$\log_{10} \pi = 0.4971 \qquad \log_{10} 1 = 0 \qquad \log_{10} 2 = 0.3010$$

$$\log_{10} 3 = 0.4771 \qquad \log_{10} 10 = 1 \qquad \log_{10} 0.1 = -1$$

2　二項定理

$$(a+b)^n = a^n + na^{n-1}b + \frac{n(n-1)a^{n-2}b^2}{2!}$$

$$+ \frac{n(n-1)(n-2)a^{n-3}b^3}{3!} + \cdots\cdots + b^n$$

$|x| \ll 1$ のとき

$$(1+x)^n = 1 + nx + \frac{n(n-1)}{2!}x^2 + \frac{n(n-1)(n-2)}{3!}x^3 + \cdots$$

$$\fallingdotseq 1 + nx$$

3　近似値の計算

α、β が 1 に比べて非常に小さいとき

$$(1\pm\alpha)(1\pm\beta) \fallingdotseq 1\pm\alpha\pm\beta \qquad (1\pm\alpha)^2 \fallingdotseq 1\pm 2\alpha$$

$$\sqrt{1\pm\alpha} \fallingdotseq 1\pm\frac{\alpha}{2} \qquad \frac{1}{1\pm\alpha} \fallingdotseq 1\mp\alpha \qquad \frac{1}{\sqrt{1\pm\alpha}} \fallingdotseq 1\mp\frac{\alpha}{2}$$

$$\sin\alpha \fallingdotseq \alpha \qquad \cos\alpha \fallingdotseq 1 \qquad \tan\alpha \fallingdotseq \alpha \qquad (\alpha、\beta はラジアン)$$

4　三角関数

$$\sin(-x) = -\sin x \qquad \sin\left(x+\frac{\pi}{2}\right) = \cos x$$

$$\cos(-x) = \cos x \qquad \cos\left(x+\frac{\pi}{2}\right) = -\sin x$$

$$\tan(-x) = -\tan x \qquad \tan\left(x+\frac{\pi}{2}\right) = -\cot x$$

$$\cot(-x) = -\cot x \qquad \cot\left(x+\frac{\pi}{2}\right) = -\tan x$$

(1)　**主要公式**

$$\sin^2 x + \cos^2 x = 1$$

$$\sec^2 x = \frac{1}{\cos^2 x} = 1 + \tan^2 x$$

$$\operatorname{cosec}^2 x = \frac{1}{\sin^2 x} = 1 + \cot^2 x$$

$$\sin x = \pm\sqrt{1-\cos^2 x} = \pm\frac{\tan x}{\sqrt{1+\tan^2 x}} = \pm\frac{1}{\sqrt{1+\cot^2 x}}$$

$$\cos x = \pm\sqrt{1-\sin^2 x} = \pm\frac{1}{\sqrt{1+\tan^2 x}} = \pm\frac{\cot x}{\sqrt{1+\cot^2 x}}$$

$$\tan x = \pm\frac{\sin x}{\sqrt{1-\sin^2 x}} = \pm\frac{\sqrt{1-\cos^2 x}}{\cos x} = \frac{1}{\cot x}$$

(2) 倍角・半角公式

$$\sin 2x = 2\sin x\cos x = \frac{2\tan x}{1+\tan^2 x}$$

$$\cos 2x = \cos^2 x - \sin^2 x = \frac{1-\tan^2 x}{1+\tan^2 x}$$

$$\tan 2x = \frac{2\tan x}{1-\tan^2 x} \qquad \cot 2x = \frac{\cot^2 x - 1}{2\cot x}$$

$$\sin^2 x = \frac{1}{2}(1-\cos 2x) \quad \cos^2 x = \frac{1}{2}(1+\cos 2x)$$

$$\sin\frac{x}{2} = \pm\sqrt{\frac{1-\cos x}{2}} \quad \cos\frac{x}{2} = \pm\sqrt{\frac{1+\cos x}{2}}$$

(3) 角の和と差の公式

$$\sin(x\pm y) = \sin x\cos y \pm \cos x\sin y$$

$$\cos(x\pm y) = \cos x\cos y \mp \sin x\sin y$$

(4) 和積変換式

$$\sin x \pm \sin y = 2\sin\frac{x\pm y}{2}\cos\frac{x\mp y}{2}$$

$$\cos x + \cos y = 2\cos\frac{x+y}{2}\cos\frac{x-y}{2}$$

$$\cos x - \cos y = -2\sin\frac{x+y}{2}\sin\frac{x-y}{2}$$

5 双曲線関数

$$\cosh x \equiv \frac{e^x + e^{-x}}{2}$$

$$\sinh x \equiv \frac{e^x - e^{-x}}{2}$$

$$\tanh x \equiv \frac{e^x - e^{-x}}{e^x + e^{-x}}$$

と定義すると次式の関係式が得られる。

$$\cosh^2 x - \sinh^2 x = 1$$

$$\sinh 2x = 2\cosh x \sinh x$$

$$\cosh 2x = \cosh^2 x + \sinh^2 x$$

6 オイラーの公式

$$e^{jx} = \cos x + j\sin x$$

$$e^{-jx} = \cos x - j\sin x$$

$$\begin{cases} \cos x = \dfrac{e^{jx} + e^{-jx}}{2} \\ \sin x = \dfrac{e^{jx} - e^{-jx}}{2j} \end{cases}$$

7 微分法

⑴ **基本公式**

$$\frac{d(u \pm v)}{dx} = \frac{du}{dx} \pm \frac{dv}{dx}$$

$$\frac{d(u \cdot v)}{dx} = \frac{du}{dx}v + \frac{dv}{dx}u$$

$$\frac{d}{dx}\left(\frac{u}{v}\right) = \frac{\dfrac{du}{dx}v - \dfrac{dv}{dx}u}{v^2}$$

$$\frac{d}{dx}\left(\frac{C}{u}\right) = -\frac{C}{u^2} \cdot \frac{du}{dx} \qquad \frac{dy}{dx} = \frac{dy}{dz} \cdot \frac{dz}{dx}$$

⑵　**重要関数の微分**

$$\frac{d}{dx}C = 0 \quad [C = 定数], \quad \frac{d}{dx}x^n = nx^{n-1}$$

$$\frac{d}{dx}x = 1 \qquad\qquad \frac{d}{dx}\frac{1}{x} = -\frac{1}{x^2}$$

$$\frac{d}{dx}e^x = e^x \qquad\qquad \frac{d}{dx}e^{ax} = ae^{ax}$$

$$\frac{d}{dx}\log x = \frac{1}{x} \qquad\qquad \frac{d}{dx}a^x = a^x \log a$$

$$\frac{d}{dx}\sin x = \cos x \qquad\qquad \frac{d}{dx}\cos x = -\sin x$$

$$\frac{d}{dx}\tan x = \sec^2 x \qquad\qquad \frac{d}{dx}\cot x = -\operatorname{cosec}^2 x$$

$$\frac{d}{dx}\sin mx = m\cos mx \qquad \frac{d}{dx}\cos mx = -m\sin mx$$

$$\frac{d}{dx}\tan mx = m\sec^2 mx \qquad \frac{d}{dx}\cot mx = -m\operatorname{cosec}^2 mx$$

8　積分法

⑴　**定積分**

$$\int_a^b f(x)\,dx = [F(x)]_a^b = F(b) - F(a)$$

⑵　**不定積分公式**（ただし積分定数は省略）

$$\int x^n\,dx = \frac{1}{n+1}x^{n+1} \quad (n \neq -1)$$

$$\int (ax+b)^n\,dx = \frac{(ax+b)^{n+1}}{(n+1)a} \quad (n \neq -1)$$

$$\int \frac{1}{x}\,dx = \log x \equiv \ln x \quad (x > 0)$$

$$\int \frac{1}{ax+b}\,dx = \frac{1}{a}\log(ax+b)$$

$$\int e^{kx}\,dx = \frac{1}{k}e^{kx} \qquad\qquad \int a^x\,dx = \frac{1}{\log a}a^x\,(a>0,\ a\neq1)$$

$$\int \log x\,dx = x\log x - x$$

$$\int \sin x\,dx = -\cos x \qquad\qquad \int \cos x\,dx = \sin x$$

$$\int \sin^2 x\,dx = \frac{1}{2}\left(x - \frac{\sin 2x}{2}\right) \quad \int \cos^2 x\,dx = \frac{1}{2}\left(x + \frac{\sin 2x}{2}\right)$$

9　級数展開式

$$e^x \equiv \exp x = 1 + \frac{x}{1!} + \frac{x^2}{2!} + \frac{x^3}{3!} + \cdots\cdots(|x| < \infty)$$

$$\log(1+x) = \frac{x}{1} - \frac{x^2}{2} + \frac{x^3}{3} - \frac{x^4}{4} + \cdots\cdots(-1 < x \leqq 1)$$

$$\sin x = \frac{x}{1!} - \frac{x^3}{3!} + \frac{x^5}{5!} - \frac{x^7}{7!} + \cdots\cdots(|x| < \infty)$$

$$\cos x = 1 - \frac{x^2}{2!} + \frac{x^4}{4!} - \frac{x^6}{6!} + \cdots\cdots(|x| < \infty)$$

10　フーリエ級数 （$f(x)$ が $-\pi < x < \pi$ において）

$$f(x) = a_0 + \sum_{n=1}^{\infty}(a_n \cos nx + b_n \sin nx)$$

$$a_0 = \frac{1}{2\pi}\int_{-\pi}^{\pi} f(x)\,dx$$

$$a_n = \frac{1}{\pi}\int_{-\pi}^{\pi} f(x)\cos nx\,dx$$

$$b_n = \frac{1}{\pi}\int_{-\pi}^{\pi} f(x)\sin nx\,dx$$

図記号集

(1) ここに取り上げた図記号は、新 JIS 規格であるが、参考のため従来から使われていた図記号を併記した。

(2) 従来の様式と新 JIS 規格とが変わらないものは、取り上げてはいない。

名称	新 JIS 様式	従来の様式	説明
線			T接続
			二重接続
			線の交差
抵抗器			抵抗器
			可変抵抗器
			しゅう動接点付ポテンショメータ
コイル			コイル、インダクタ、巻線、チョーク
			鉄心入りインダクタ
スイッチ			メーク接点（スイッチを表す図記号として使用してもよい）

名称	新 JIS 様式	従来の様式	説明
サイリスタ			3端子サイリスタ
トランジスタ			PNP トランジスタ
			NPN トランジスタ
接合形FET			Nチャネル接合形電界効果トランジスタ
			Pチャネル接合形電界効果トランジスタ
絶縁ゲート形FET			絶縁ゲート形電界効果トランジスタで、エンハンスメント形、単ゲート、Pチャネル
			絶縁ゲート形電界効果トランジスタで、エンハンスメント形、単ゲート、Nチャネル
			絶縁ゲート形電界効果トランジスタで、デプレッション形、単ゲート、Pチャネル
			絶縁ゲート形電界効果トランジスタで、デプレッション形、単ゲート、Nチャネル
演算増幅器			演算増幅器

名称	新 JIS 様式	従来の様式	説明
フィルタ			フィルタ
			ハイパスフィルタ（高域ろ波器）
			ローパスフィルタ（低域ろ波器）
			バンドパスフィルタ（帯域ろ波器）
			バンドストップフィルタ （帯域阻止ろ波器）
半導体ダイオード			半導体ダイオード
			発光ダイオード（LED）
			可変容量ダイオード バラクタダイオード
			トンネルダイオード エサキダイオード
			定電圧ダイオード ツェナーダイオード

名称	新 JIS 様式	従来の様式	説明
光電素子			フォトダイオード
			フォトトランジスタ（PNP 形）
			フォトセル
論理素子	≧1		OR（論理和）素子
	&		AND（論理積）素子
	1		NOT（論理否定）素子
	= 1		EX-OR（排他的論理和）

参考文献

1. アナログ電子回路：大類重範著、日本理工出版会、2002

2. インマルサットシステム概説：千葉榮治編著、安永正幸監修、(財) 電気通信振興会、2007

3. 誤り訂正技術の基礎：和田山正著、森北出版、2011

4. 航空無線工学概論：川田輝雄著、鳳文書林出版販売、1996

5. 高周波・マイクロ波測定：大森俊一、横島一郎、中根央共著、コロナ社、1995

6. 実用デジタル無線技術：津田良雄著、(一財) 情報通信振興会、2012

7. 情報通信技術・法令用語辞典、(財) 電気通信振興会、2003

8. 技術者のための数学要論：德重寛吾著、(一財) 情報通信振興会、2017

9. 地デジ受信機のしくみ：川口英、辰巳博章共著、CQ 出版、2010

10. ディジタル通信：大下眞二郎、半田志郎、デービット　アサノ著、共立出版、2008

11. ディジタル通信・放送の変復調技術：生岩量久著、コロナ社、2009

12. ディジタル伝送用語集：電気通信協会、オーム社、2003

13. ディジタル変復調の基礎：関清三著、オーム社、2002

14. テキストブック無線通信機器：堤坂秀樹、大庭英雄、日本理工出版会、2002

15. 電子回路（1）アナログ編：赤羽進、岩崎臣男、川戸順一、牧康之著、コロナ社、1990

16. 電子工学ポケットブック：電子工学ポケットブック編集委員会編、オーム社、1974

17. 電子情報通信ハンドブック：電子情報通信学会編、オーム社、1988

18. 電子情報通信用語辞典：電子情報通信学会編、コロナ社、1999

19. 電子通信ハンドブック：電子通信学会編、オーム社、1979

20. 電波辞典[第二版]：電波用語研究会編集、郵政省電気通信局電波部監修、クリエイト・クルーズ、1995

21. 電波・テレコム用語辞典、(財) 電気通信振興会、1995

22. 放送システム：山田宰編著、コロナ社、2003

23. 無線機器：大塚政量著、(財) 無線従事者教育協会編、CQ 出版株式会社、1995

24. 無線機器システム：萩野芳造、小滝国雄、東京電機大学出版局、2001

25. 無線機器測定法の実際：高野光祥、中川永伸著、(財) テレコムエンジニアリングセンター監修、(財) 電気通信振興会、2003

26. 無線工学ハンドブック：無線工学ハンドブック編集委員会編、オーム社、1974

27. 無線測定：鈴木省吾著、啓学出版、1992

28. JIS ハンドブック図記号：日本規格協会、1982

29. NHK テレビ技術教科書[上]：日本放送協会編、日本放送出版協会、2003

30. NHK デジタルテレビ技術教科書：日本放送協会編、NHK 出版、2007

31. NHK ラジオ技術教科書[AM/FM/PCM]：日本放送協会編、日本放送出版協会、1993

索 引

437

五十音順

443

一之瀬　優（いちのせ・まさる）
東京電機大学大学院修士課程修了、通信
総合研究所主任研究官、電気通信大学非
常勤講師、日本無線協会主査及び試験問
題作成委員を歴任。昭和52年、平成8年
及び平成18年電波受験界の講座「アンテ
ナ電波伝搬」を担当。
主な著書に一陸技・完全マスターシリー
ズ【無線工学A】【無線工学B】、【入門
無線工学A】などがある。

一陸技・無線工学 A【無線機器】完全マスター（電略：リキ）

著　者　一之瀬　優

発行所　一般財団法人 情報通信振興会　〒170－8480
　　　　　　　　　　　　　　　　　　東京都豊島区駒込 2 丁目 3 － 10
　　　　　　　　　　　　　　　　　　販売　電　話　(03) 3940 － 3951
　　　　　　　　　　　　　　　　　　　　　FAX　(03) 3940 － 4055
　　　　　　　　　　　　　　　　　　編集　電　話　(03) 3940 － 8900

　　　　　　　　　　　　　　　　　　振替　00100 － 9 － 19918
　　　　　　　　　　　　　　　　　　URL　https://www.dsk.or.jp/

　　　　　　　　　　　　　　　　　　印刷　船舶印刷株式会社

定価・発行日はカバーに表示してあります。

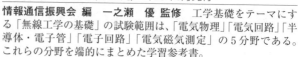